污染防治攻坚战科技支撑与创新

中　国　环　境　科　学　研　究　院
生态环境部土壤与农业农村生态环境监管技术中心　编

中国环境出版集团·北京

图书在版编目（CIP）数据

污染防治攻坚战科技支撑与创新/中国环境科学研究院，生态环境部土壤与农业农村生态环境监管技术中心编. —北京：中国环境出版集团，2021.6

ISBN 978-7-5111-4570-3

Ⅰ. ①污…　Ⅱ. ①中…　②生…　Ⅲ. ①污染防治—研究—中国　Ⅳ. ①X505

中国版本图书馆 CIP 数据核字（2020）第 259549 号

出 版 人　武德凯
责任编辑　王　菲
责任校对　任　丽
封面设计　岳　帅

出版发行　中国环境出版集团
（100062　北京市东城区广渠门内大街 16 号）
网　　址：http://www.cesp.com.cn
电子邮箱：bjgl@cesp.com.cn
联系电话：010-67112765（编辑管理部）
010-67162011（第四分社）
发行热线：010-67125803，010-67113405（传真）

印　　刷　北京中科印刷有限公司
经　　销　各地新华书店
版　　次　2021 年 6 月第 1 版
印　　次　2021 年 6 月第 1 次印刷
开　　本　787×1092　1/16
印　　张　17.75
字　　数　338 千字
定　　价　88.00 元

指导委员会

编写委员会

主　编　李海生

副主编

陈斌　宋永会　陈炜　姜华　席北斗　刘晓文　陈和东
史庆敏　周岳溪　乔琦　武雪芳　孟凡　丁焰　付青
高红杰　黄启飞　胡京南　李俊生　刘瑞志　刘录三　王文杰
许其功

编　委（按姓氏拼音排列）

傲德姆　白杨　白利平　柏杨巍　曹红业　昌盛　陈盛
陈唯　陈建华　陈斯傲　陈伟程　陈义珍　程苗苗　褚旸晰
邓双　杜谨宏　段菁春　樊月婷　高健　高玉娟　谷秀
关潇　管旭　郭观林　韩雪娇　郝春晓　郝雅琼　何友江
胡妍玢　黄国鲜　姜霞　靳方园　雷坤　李斌　李丹
李虹　李慧　李佳　李晓洁　李燕丽　李莹杰　李志涛
李子成　廖海清　刘枫　刘成程　刘丹妮　刘寒冰　刘佳媛
刘景洋　刘瑞霞　刘伟玲　刘晓玲　刘勇丽　路金霞　吕纯剑
罗建武　罗上华　马彤　马京华　孟凡生　孟庆佳　牟英春
潘丽波　齐童　秦延文　申璐　申茜　师华定　石应杰
束韫　宋楠楠　孙菲　谭玉玲　唐伟　田苗　涂响
王超　王迪　王凡　王凡（大气所）　王蕊　王婉
王维　王伟　王瑜　王恩瑞　王军方　王丽婧　王丽平
王山军　王书航　王淑兰　王思宇　王学中　吴昌永　伍斌
毋振海　夏建新　谢琼　谢德援　熊燕娜　续鹏　薛明明
薛志钢　杨芳　杨光　杨艳　杨荣金　杨小阳　杨玉飞
姚月　易鹏　尹航　于瑞　于泓锦　于会彬　于晓霞
余红　袁鹏　张朝　张凯　张乐　张立博　张列宇
张铃松　张茉莉　张秋英　张文杰　张晓楠　张新民　张岳翀
赵彤　赵少延　赵喜亮　郑丙辉　支国瑞　周炳炎

序

过去五年，对于全国生态环保工作者来说，是极不平凡的五年。党中央吹响坚决打好防范化解重大风险、精准脱贫和污染防治三大攻坚战的战斗号角，环保人肩负国家重大历史使命，承载人民热切期盼。在党中央、国务院的坚强领导下，环保人不负重托，不辱使命，积极投身打赢打好污染防治攻坚战“7+4”行动（“蓝天保卫战”等七场标志性重大战役和“禁止洋垃圾入境”等四大专项行动）的时代洪流，谱写了一曲又一曲感人至深的壮丽诗篇，用实际行动和累累硕果交出满意答卷，展现了生态环保铁军“政治强、本领高、作风硬、敢担当，特别能吃苦、特别能战斗、特别能奉献”的精神风貌。以中国环境科学研究院（简称“环科院”）为代表的广大环境科技工作者就是其中的先进典型。

打赢打好污染防治攻坚战，既是党中央、国务院对人民群众的庄严承诺，更是检验环境科技战略支撑国家重大需求的重要舞台。在 960 万 km^2 的广袤国土同时打这么多场苦仗硬仗，历史上没有先例，国际上也无章可循，因此环境科技的有效支撑显得尤其重要。特别在“三个治污”和“五个精准”方面，更是离不开广大环境科技工作者的创新和探索。环科院千余名科技工作者没有辜负党和人民的重托，他们秉承“顶天立地惠民，求实创新奉献”的价值追求，自觉提高政治站位，思国家之所想、急人民之所盼、干攻坚之所需。他们统筹谋划，精心组织，先后承担了国家大气污染防治攻关联合中心和国家长江生态环境保护修复联合研究中心两个新型国家级平台的运管工作；联合国内优势科研单位，创新实践模式，开展集中攻关，形成跨部门协作和闭合应用研究体系；瞄准高精尖技术和重大难问题，不断攻坚克难，推陈出新，促进科学研究和管理决策高度融合，形成了许多重要科技成果和政策建议，为污染防治攻坚战提供了强有力的科技支撑。摆在面前的这本《污染防治攻坚战科技支撑与创新》就是他们数年心血和智慧的结晶。

总结过去是为了更好地开创未来。站在新的历史起点，我们必须对生态环境问题的长期性、艰巨性和复杂性保持清醒的认识。以高质量发展为主题的新发展格局正在加速构建，产业绿色升级、社会消费增长和升级将重塑生态环保重点，履行碳排放达峰与碳中和承诺机遇与挑战并存。可以预见，未来我国生态环境保护工作的结构性、整体性和趋势性压力依然不减。要想充分发挥生态环保倒逼、引导和促进经济社会高质量发展的重要作用，推动生活生产全面绿色转型，就必须坚持创新在我国现代化建设全局中的核心地位，必须加强环境科学研究对高质量发展的战略支撑作用。要全面深化环境科技的“供给侧改革”，紧盯国家污染防治重大需求和环境科技领域的“卡脖子”问题，集中优势兵力，以“不破楼兰终不还”的决心和勇气，攻破城墙，打开局面，达成目标。

其作始也简，其将毕也必巨。生态环境保护是关系党的使命宗旨的重大政治问题，也是关系民生福祉的普遍社会问题。我们已经取得了不小的成绩，但未来的路还很长。党中央、国务院明确要求，广大人民群众热切期盼，生态环境质量必须进一步提升。我们将义无反顾，坚持一张蓝图绘到底，一茬一茬接着干。作为一名环境科技工作者，我愿与全国广大生态环保工作者一道，不忘初心，不负韶华，牢记使命，砥砺前行，为实现中华民族伟大复兴的美丽中国梦而不懈奋斗。

郝吉明

2021 年 6 月

前言

污染防治攻坚战是党的十九大提出的重大战略任务，是我国全面迈向小康社会的三大攻坚战之一，是关系人民群众切身利益的大事。打好污染防治攻坚战面临着大量的科学问题和技术难题。习近平总书记指出："要突破自身发展瓶颈、解决深层次矛盾和问题，根本出路就在于创新，关键要靠科技力量。"生态环境科技的进步和创新，可以为打好污染防治攻坚战创造基本条件，为实现精准治污、科学治污、依法治污，促进我国走高质量发展道路提供强有力的支撑。

在生态环境部党组的坚强领导下，中国环境科学研究院和生态环境部土壤与农业农村生态环境监管技术中心认真学习贯彻习近平生态文明思想，落实污染防治攻坚战各项任务部署，加强生态环境科学研究，全面支撑打赢蓝天保卫战，打好柴油货车污染治理攻坚战、长江保护修复攻坚战、渤海综合治理攻坚战、城市黑臭水体治理攻坚战、水源地保护攻坚战和土壤与农业农村污染治理攻坚战七场标志性重大战役，以及打击洋垃圾、"绿盾"自然保护区监督检查等专项行动，将攻坚战的规划图、路线图变成了真正的施工图、作战图。

由生态环境部批准，成立了国家大气污染防治攻关联合中心、国家长江生态环境保护修复联合研究中心。中国环境科学研究院承担这两个中心的运管工作，在生态环境部有关司局指导下，在相关领域院士、专家支持下，联合国内 564 家单位 8 000 余名科技人员开展协同攻关创新。启动实施大气重污染成因与治理攻关、长江保护修复联合研究等重大科研项目，系统形成大气污染源清单编制技术、动态源解析技术、重污染天气联合应对技术、流域水质（磷）目标管理技术体系等重要成果；开展驻点跟踪研究和帮扶工作，打造“一市一策”“一河（湖）一策”差异化解决方案，有力支撑了重点区域大气污染防治和长江保护修复。

当前，我国生态环境保护结构性、根源性、趋势性压力总体上尚未根本缓解，生态环境保护依然任重道远。我们要坚决扛起生态文明建设和生态环境保护的政治责任，按照“保持攻坚力度、延伸攻坚深度、拓宽攻坚广度”的要求和“提气、降碳、强生态，增水、固土、防风险”的工作思路，总结经验和不足，继续开展科研创新和支撑工作，努力取得更多更好的成果，为深入打好污染防治攻坚战、建设美丽中国作出应有贡献。

在攻坚战科技支撑及本书写作过程中，得到了各级领导、有关专家、各界人士，以及两单位全体职工的大力支持，在此表示衷心的感谢。写作过程中，虽已尽最大努力，但书中难免有疏漏和不足之处，敬请批评指正。

编　者

2021年6月

目录

第一篇　蓝天保卫战

第二篇　柴油货车污染治理攻坚战

第三篇　长江保护修复攻坚战

第四篇　渤海综合治理攻坚战

第五篇　城市黑臭水体治理攻坚战

第六篇　水源地保护攻坚战

第七篇　土壤与农业农村污染治理攻坚战

第八篇　打击洋垃圾专项行动

第九篇 “绿盾”自然保护区监督检查专项行动

第一篇

蓝天保卫战

蓝天保卫战

LANTIAN BAOWEIZHAN

为贯彻落实党中央、国务院决策部署，坚决打赢蓝天保卫战，在生态环境部的坚强领导下，中国环境科学研究院联合国内高校和科研院所，围绕大幅减少主要污染物排放总量、显著降低 $PM_{2.5}$ 浓度和重污染天数、持续改善大气环境质量的目标，开展了大气重污染成因与治理攻关、大气污染成因与控制技术研究、“一市一策”跟踪研究等工作。重点应用大气污染成因动态分析和综合源解析技术、大气污染源排放清单编制技术、重点行业大气污染防治技术和重污染天气联合应对技术等，精准识别重点区域和城市大气污染问题，中国环境科学研究院提出重污染天气应急管控对策和大气污染防治综合解决方案，支撑国家和地方政府科学决策、精准施策，为《大气污染防治行动计划》圆满收官、《打赢蓝天保卫战三年行动计划》的编制和实施提供了强有力的科技支撑。《打赢蓝天保卫战三年行动计划》实施以来，京津冀及周边地区、汾渭平原和苏皖鲁豫交界地区空气质量显著改善，$PM_{2.5}$ 浓度大幅降低，重污染天气大幅减少，人民群众的蓝天获得感显著提高。

第一章 背景和意义

2013 年 1 月，我国北方地区遭遇严重雾霾天气，党中央、国务院高度重视，及时启动《大气污染防治行动计划》（以下简称“大气十条”）。“大气十条”实施以来，全国空气质量总体改善，重点区域空气质量明显好转。但是，重点区域秋冬季大气污染形势依然严峻，SO_2、NO_x、烟粉尘、VOCs 等主要大气污染物排放量仍远超环境容量。大气污染特征也发生显著变化，大气氧化性进一步增强，二次污染特征凸显，$PM_{2.5}$ 与 O_3 协同防治成为下一步我国环境空气质量持续改善的重点。在全球气候变暖的大背景下，秋冬季大气环境容量持续降低，夏季气温持续升高，进一步加大了大气污染防治难度。此外，温室气体、消耗臭氧层物质、恶臭物质等非常规污染物减排和管控也面临较大压力。2017 年，全国 338 个地级及以上城市中空气质量达标城市仅占 29.3%，重点区域秋冬季重污染天气时有发生，尤其是京津冀及周边地区多次出现长时间、大范围的大气重污染过程，严重时个别地区甚至出现“爆表”的情况，成为社会各界关注的焦点，环境空气质量离人民对美好生活的需求还有很大差距，亟须进一步持续改善。2018 年，国务院印发了《打赢蓝天保卫战三年行动计划》，这是继“大气十条”之后，国家提出的又一纲领性文件，是党的十九大做出的重大决策部署，事关人民群众的美好生活需要，对加强生态文明建设、加快建设美丽中国、巩固“大气十条”成果具有重要意义。

为进一步推动解决京津冀及周边地区大气重污染的突出难点，2017 年 4 月 26 日，国务院第 170 次常务会议决定由环境保护部牵头组织开展大气重污染成因与治理集中攻关。为贯彻落实党中央、国务院的决策部署，原环境保护部会同科技部、原农业部、原国家卫生和计划生育委员会、中国科学院和国家气象局等部门和单位，成立多部门协作的大气攻关领导小组，强化组织领导，创新工作机制，针对京津冀及周边地区秋冬季大气重污染成因与来源、排放现状评估与强化管控技术、大气污染防治综合科学决策支撑、大气污染对人群的健康影响研究等难题开展联合攻关，实现三项重大创新：一是形成高效协作的联合攻关机制。由中国环境科学研究院联合中国环境监测总站、生态环境部环境规划院、生态环境部卫星环境应用中心、北京大学、清华大学、南开大学、中国农业大学、北京工业大学、华北电力大学、中国科学院大气物理研究所、中国科学院生态环境研究中心、中国科学院合肥物质科学研究院、中国科学院地球环境研究所、中国气象科学研究院、中国农业科学院、中国疾病预防控制中心等优势单位，以“1+*X*”模式组建国家大气污染防治攻关联合中心（以下简称攻关联合中心），作为攻关项目的组织实施和管理机构，聚集 295 家科研单位、2 903 名优秀科研人员开展协同攻关。二是创新“一市一策”驻点跟踪研究机制。组建 28 个专家团队、500 多名科研人员，深入京津冀及周边地区“2+26”城市（以下简称“2+26”城市）一线，开展“一市一策”驻点跟踪研究和技术帮扶，“边研究、边产出、边应用、边反馈、边完善”，着力解决地方政府“有想法、没办法”以及科研工作与实际脱节、科研成果不落地的问题，同时带动地方人才培养，全面提升地方精准、科学治污能力。三是突破科研资源与数据共享难题。打破数据孤岛与壁垒，整合环境、气象、工业、卫生等部门的数据资源，建成大气环境科研数据共享和管理平台，数据资源达 4.3 TB，下载量高达 21 亿条，实现及时全面共享。经过 3 年的集中攻关，在吸收国家重点研发计划“大气污染成因与控制技术研究”重点专项成果基础上，弄清了京津冀及周边地区秋冬季大气重污染成因，形成了广泛的科学共识，有力支撑了“大气十条”的圆满收官和《打赢蓝天保卫战三年行动计划》的编制及实施，推动了区域空气质量显著改善。

紧密契合国家环境空气质量改善的重大科技需求，中国环境科学研究院在污染源排放、综合观测、空气质量模拟和来源解析等方面积极推动科技创新，加快成果转化，支撑国家“大气十条”的推进实施，创新区域联防联控机制，有效支撑京津冀等重点区域精准治污、科学治污、依法治污。作为国家大气污染防治攻关联合中心主要依托单位，中国环境科学研究院牵头组建 39 个专家团队深入“2+26”城市和汾渭平原 11 个城市，并承担唐山、保定、廊坊、邢台、太原、晋城、菏泽、鹤壁、濮阳、吕梁、临汾、渭南 12 个城市的跟踪研究工作，为地方政府“送科技、解难题”，针对城市污染问题识别、成因解析、目标提出、减排分析、方案评估优化等内容，以扎实的科研成果有效服务地方大气污染防治工作，提出适合不同城市发展需求的控制方案与对策建议，获得邢台、保定、廊坊等城市 10 余封表扬信，不断推动京津冀等重点地区空气环境质量持续改善，增强人民群众蓝天幸福感。

第二章　工作安排

第一节　大气重污染成因与治理攻关

为贯彻落实党中央、国务院的决策部署，在攻关领导小组的统一领导下，中国环境科学研究院为攻关项目提供全过程技术支撑，保障攻关项目研究任务顺利开展。

在筹划部署阶段，作为以“1+*X*”模式组建的国家大气污染防治攻关联合中心的主要依托单位，中国环境科学研究院全程支撑生态环境部大气环境司、科技与财务司完成攻关工作需求制定、攻关方案和实施方案编制工作；承担京津冀及周边地区“2+26”城市研究部工作，组建驻点跟踪研究技术专家组，基于城市环境管理需求，及时为地方大气污染防治提供科学指导和技术支持。

在任务执行阶段，中国环境科学研究院牵头承担“京津冀及周边‘2+26’城市来源解析研究”“柴油机排放及强化管控措施”“‘2+26’城市大气污染源排放清单研究”“重污染天气联合应对技术平台”“‘2+26’城市综合解决方案研究”“基于环境监测和比较风险评估的环境管理支撑技术研究”“攻关项目成果集成与应用示范”7个课题，在北京大学、清华大学、中国科学院大气物理所、中国气象科学研究院、中国环境监测总站等单位的支持配合下，顺利完成各项研究任务。在攻关项目执行期内，将“一市一策”工作机制进一步拓展至汾渭平原11个城市和雄安新区，城市研究部对40个跟踪研究团队进行统筹管理和及时调度，确保研究成果得到及时落地应用；中国环境科学研究院牵头承担唐山、保定、廊坊、邢台、太原、晋城、菏泽、鹤壁、濮阳、临汾、吕梁、渭南12个城市的驻点跟踪研究工作，城市研究部组织河北省8个城市跟踪研究工作组向市委常委汇报研究成果，阶段性考核均获攻关联合中心和服务城市生态环境部门的认可。

在集成总结方面，中国环境科学研究院牵头编制攻关项目中期绩效自评估报告，配合财政部预算评审中心完成攻关项目中期绩效评价。中国环境科学研究院牵头承担的7个课题顺利通过攻关项目管理办公室验收，其中“柴油机排放及强化管控措施”“重污染天气联合应对技术平台”“攻关项目成果集成与应用示范”3个课题考核结果为优秀。牵头开展攻关项目成果集成凝练工作，紧密结合环境管理部门提出的科技需求，牵头或配合生态环境部相关业务司局编写了《关于大气重污染成因与治理攻关项目进展情况的汇报》等阶段性进展报告和《关于京津冀及周边地区大气重污染成因的研究报告》《关于我国氨排放及管控工作情况的报告》等重大政策建议报告，得到党和国家领导人肯定和圈阅批示；汇总整理各课题和各城市跟踪研究成果，经过多轮次征求意见、专家与顾问委员评议，最终形成攻关项目研究报告（简版）和攻关项目研究总报告，并于 2020 年 9 月 2 日上报至国务院常务会，得到李克强总理的高度评价。

第二节 其他重要科研项目

“十三五”期间，科学技术部启动国家重点研发计划，部署“大气污染成因与控制技术”重点专项项目（以下简称“大气专项”）150 个（含青年项目 56 个），聚焦雾霾污染防治，按照“统筹监测预警、厘清污染机理、关注健康影响、研发治理技术、完善监管体系、促进成果应用”的总体思路，覆盖当前大气污染防治关注的热点问题和技术需求。中国环境科学研究院共牵头 7 个项目和十余个课题，联合中国科学院、重点高校、生态环境部部属研究院所等优势力量，从大气污染对人群健康影响、空气质量改善管理技术和大气污染联防联控技术示范等方面开展专项研究。在大气污染对人群健康影响方面，中国环境科学研究院建立了高时间和空间分辨率大气污染个体和人群暴露测量、模拟和风险源解析技术。在空气质量改善管理技术方面，中国环境科学研究院首次提出了基于污染物在线监测达标判定技术的方法学，形成了“基于实测—控制要求—监测要求—达标判定—防治技术”一体化新型系统国家大气污染物排放标准制定技术方法；建立了天地一体的大气污染物排放现场监测取证技术，研发和设计了满足不同行业的现场执法工具包。在大气污染联防联控技术示范方面，中国环境科学研究院针对京津冀及周边地区和汾渭平原等重点区域开展示范研究，实现了对典型低矮面源的实时量化与动态监测监管和分省、分城市、分技术的能源消费和大气污染物排放的定量计算。此外，中国环境科学研究院承担了 12 项大气领域自然基金项目，从大气污染物排放特征、传输规律和沉降通量、有机物迁移转化、传感器数据应用等方面开展技术支撑研究。

大气专项研究成果为促进大气污染防治工作机制向健康风险管理转变、保障人民群众健康提供基础数据，为环境管理提供科技支撑和政策建议；为国家和地方大气污染物排放标准体系的优化发展发挥重大作用；监管技术在钢铁、石化和典型涉重行业进行应用，形成了固定源大气污染物排放现场执法监管技术体系，为我国大气污染源执法提供了强有力的技术基础和支撑，有力支撑和推动了《大气污染防治行动计划》和《打赢蓝天保卫战三年行动计划》实施。

第三节 地方技术服务项目

近 3 年以来，中国环境科学研究院陆续承担河南省、江西省、潍坊市、昌吉州、宿州市、亳州市、榆林市、青岛市、淮北市、临汾市、吕梁市、石河子市、廊坊市、保定市等多个省市大气污染防治专家团队跟踪研究工作。范围涉及京津冀及周边地区、苏皖鲁豫、汾渭平原、新疆乌昌石等重点区域。协助地方构建高时空分辨率大气污染源排放清单并进行动态更新，深入剖析各类污染源活动水平获取途径，运用不同方法对排放清单数据来源和编制方法一致性进行审核，同时满足地方政府的动态更新要求；开展 $PM_{2.5}$ 精细化来源解析，明确各城市大气污染来源，识别各城市大气环境问题；进行污染物排放现状分析及预测、空气质量状况分析并确定改善目标、挖掘污染源减排潜力等；开展大气重污染成因分析，支撑重污染天气会商、重污染过程分析、专家解读等；评估重污染天气应急预案效果、修订重污染天气应急预案等，针对不同城市大气污染特征、成因和来源，综合提出各城市“一市一策”综合解决方案，为地方空气质量持续改善提供支撑服务，以实际行动支撑科研成果的快速转化应用，深入推进城市“精准治污、科学治污、依法治污”。

第三章 主要科技创新

第一节 大气污染成因分析技术

一、综合源解析技术

大气颗粒物源解析是指运用化学、物理和数学等方法，定性或定量识别环境受体中大气颗粒物污染的来源。目前，常用的源解析方法主要有源清单法、受体模型法和空气质量模型法。源清单法是根据各城市排放源的统计和调研结果，将排放清单精细化到35类源，但是清单中排放的量并不能直接反映空气中的污染物浓度；受体模型法基于观测组分数据，可以解析出各类源的贡献信息，但由于受源成分谱的限制，无法解析出所有源类；空气质量模型法可以解析各类污染源的本地和外地贡献，进一步对二次污染源进行解析，但其解析结果会受排放源清单、气象场和化学机理中的不确定性限制。

京津冀及周边地区“2+26”城市颗粒物精细化源解析工作综合利用受体模型、排放源清单和空气质量模型，构建了颗粒物综合源解析技术方法。首先利用受体模型解析出主要一次排放源和二次来源；其次利用空气质量模型将二次来源追溯到一次排放源；最后利用源排放清单对一次排放源类进行精细化解析。该方法满足了解析结果在源类、空间、时间等维度的精细化需求，最终完成了对颗粒物来源解析结果的精细化分类（图1-1）。

1．受体模型源解析

各城市受体模型解析通过“A+B+C”的模式开展，即3个团队联合对“2+26”城市分组进行统一模型解析。A、B 团队为攻关联合中心组建的受体模型组，由中国科学院地球环境研究所、南开大学、华北电力大学、北京工业大学、上海市环境科学研究院、中国环境科学研究院等研究团队组建；C为“2+26”城市专家团队。

A、B团队使用推荐源谱及CMB模型，解析规定时段颗粒物来源，A、B团队联合进行模型计算，并对结果进行相互对比验证；C团队参照A、B团队源解析方法，对城市分站点进行颗粒物来源解析，并完成当地相关数据收集和最终城市源解析报告的撰写。

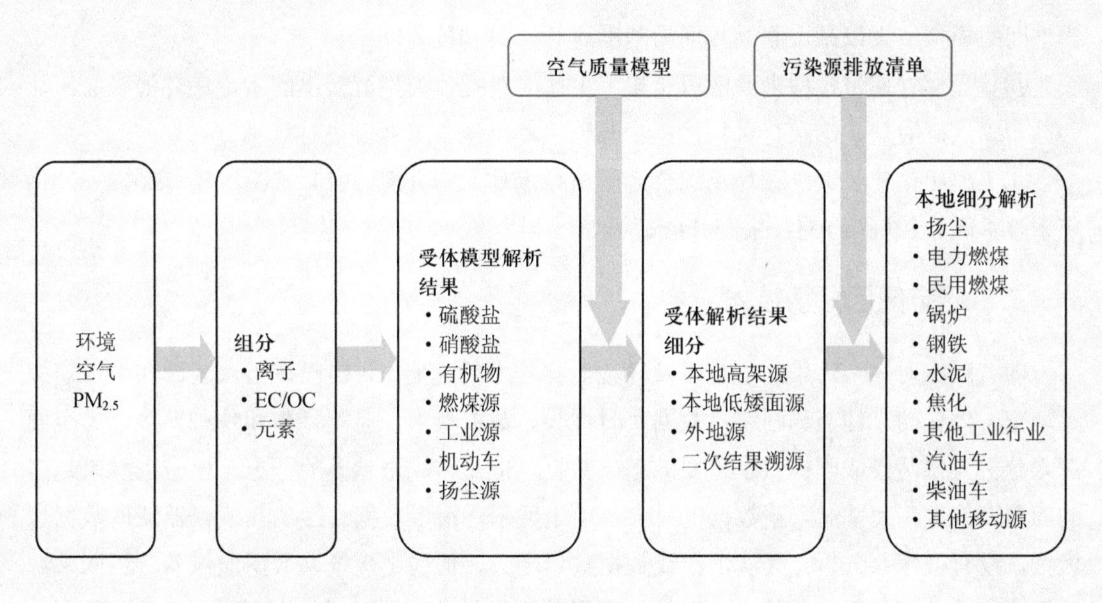

图 1-1　综合源解析技术路线

2．源清单质量审核和提交

清单工作组完成对“2+26”城市清单数据的审核与汇总，明确源清单中各排放源的含义和包含内容。现阶段源清单数据是依据 2016 年清单数据和《京津冀及周边地区 2017—2018 年秋冬季大气污染综合治理攻坚行动方案》减排量进行核减，制定了统一的计算方法和核减规则，保证源清单的可比性和真实性。

3．空气质量模型源解析

利用空气质量模型来源解析技术，对各城市颗粒物区域传输进行模拟，对“2+26”城市进行分行业来源贡献分析，分析通过空气质量模型源解析与源清单分配法和空气质量模型源解析与受体模型结合法两种方法来实现。

空气质量模型组由中国环境科学研究院联合清华大学、北京大学、南京大学、浙江大学、中国科学院大气物理所及解放军陆军防化学院组成，采用多种空气质量模型来源解析方法，基于更新的高时空分辨率排放清单，统一对“2+26”城市区域和行业来源贡献进行解析。

4．综合源解析

①基于京津冀及周边地区颗粒物组分网数据以及“2+26”城市 109 个采集点位获得的 5.8 万个样品数据，工作组通过受体模型分别开展了区域尺度和城市尺度上的 2017—2019 年 2 个采暖季的 $PM_{2.5}$ 解析工作。

②基于“2+26”城市高时空分辨率排放清单，工作组集合国内空气质量模拟优势单位，使用多个空气质量模型对“2+26”城市重污染过程、秋冬季的空气质量进行模拟，并对多

模型间的模拟结果以站点监测数据为基准进行比对和校验。

③基于空气质量模型来源解析结果，工作组对受体模型解析出的本地燃煤源、二次硫酸盐、二次硝酸盐、二次有机物、扬尘源、机动车源、工业源进行了细分。

④工作组构建了大气颗粒物综合源解析技术体系，并对 2017—2018 年、2018—2019 年采暖季区域和城市 $PM_{2.5}$ 来源开展解析。

二、动态成因分析技术

随着国家对大气污染的重视以及环境监测技术的发展，我国已在重点区域和城市建成天地空一体化的立体监测网络，数据实时性高、数据量大、监测参数和物种繁多，为全面深入分析大气污染成因提供了重要的基础数据。但是，越来越多的数据，也带来越来越多的问题。首先，大量的监测数据资料大多用于展示，很多数据直接从在线仪器流向数据垃圾桶，没有被深入分析；其次，在线数据数量庞大，但稳定性低、数据质量差、不同来源数据可比性差等问题导致单一来源的数据得不到可靠结论；最后，由于数据前处理工具、数据分析方法和理论缺乏，既造成大量资源仅用于数据前处理的低效使用，还容易因为观察角度片面而得到相互矛盾甚至错误的分析结论，导致成因分析工作对大气环境管理部门支撑的科学性、时效性不足。

针对以上关键问题，中国环境科学研究院大气污染成因分析团队通过中国气象数据网、全国空气质量监测数据平台、京津冀立体观测数据共享平台、颗粒物组分数据分析平台等相关接口收集到包括气象数据、大气颗粒物组分数据、大气光学特性数据、卫星遥感数据、走航观测数据、空气质量模拟数据、预警预报管理数据、空气质量预报数据等多源动态大数据，开发了污染特征时间序列雷达图、污染特征区域特征雷达图，以及大气污染物干湿分布指标、区域大气重污染指数、大气重污染识别及定量指标、$PM_{2.5}$ 爆发式增长识别及定量指标、夏季夜间 O_3 浓度“居高不下”现象识别及定量指标等多种快速分析指标，进而形成重污染天气特征识别与定量指标体系（图 1-2）。

通过对客观事物的多角度观测，利用多指标间的耦合关系可以准确获得大气污染的内在成因关系，而大数据时代正为获得精准的污染成因提供充足的证据链条。基于立体观测、气象、排放、应急管控等多源生态环境大数据，以及研究建立的重污染天气特征识别与定量指标体系，发展形成了“多证据耦合”的成因分析理论。针对重点区域和城市出现的每次重污染过程，综合解析了污染物排放、二次化学转化和气象条件对 $PM_{2.5}$ 污染的贡献，实现了重污染过程的精准化成因分析，显著提升了污染成因分析结论的可靠性，为国家和地方管理部门决策提供关键的科学依据和技术支持。

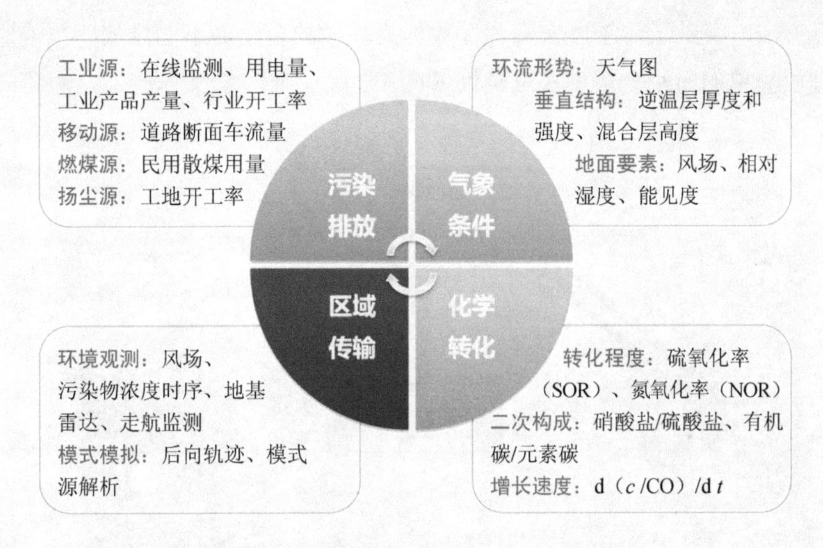

图 1-2 重污染成因分析指标体系

考虑到国家和地方管理部门在大气污染过程期间对成因分析的时效性需求，研究团队充分挖掘当前在云计算、云存储方面的技术进展，以预制图片模板—自动更新基础数据—实时推送用户的方式实现的大气污染成因分析的即时化，克服了传统的成因分析对人力的依赖。预制图片的方式还可实现报告和汇报材料编写、专家会商分析的便利化，极大程度提升了成因分析工作的时效性。

第二节 大气污染源排放特征与治理技术

一、大气污染源排放清单编制技术

在打赢蓝天保卫战及“2+26”城市跟踪研究过程中，大气污染防治工作的科学化、精准化需求，提高了对排放清单数据的时空分辨率及准确度的要求，推动了排放清单编制技术的大幅进步和创新，主要包括基础数据收集方法、排放清单结果校核校验方法以及排放清单动态化三个方面的创新。

以网格化排查为主，多源大数据为辅的活动水平收集方法创新。卫星遥感数据、车载GPS、道路交通实时流量、船舶 AIS 等大数据被大量引入排放清单的编制，这些大数据具有时空分辨率高、数据获取门槛低、数据客观准确等优点，被应用于民用散煤、扬尘、生物质开放燃烧、机动车、船舶等源类的排放清单编制。在大数据无法覆盖的源类，研究团队首次创建了结合网格化管理和区县、乡镇排查的排放清单编制技术，形成了数据自下而上流动和技术要求自上而下传递的清单基础数据收集方法。这套数据收集方法的创新之处在于获取了以点源、生产线为最细粒度的生产活动数据，支撑了精细到产污工艺的污染物排放量计算方法，突破了传统以宏观统计数据为主导的自上而下的排放清单编制方法，大幅提升了排放清单的时空分辨率及准确性（图 1-3）。

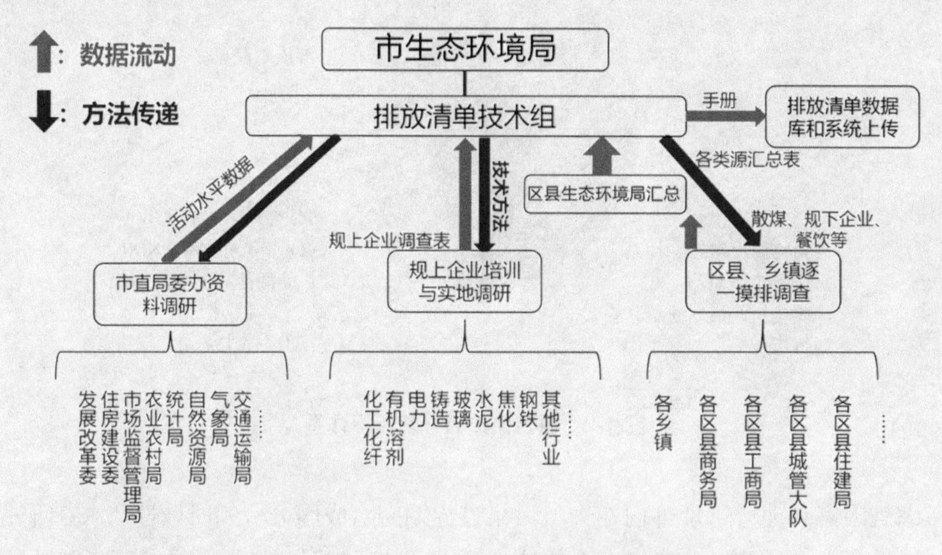

图 1-3　结合网格化管理和区县、乡镇排查的排放清单编制技术

基于环境管理数据核验、行业专家评审等手段的排放清单一致性审核及校核方法创新。基于排污许可证、环境执法监管、秋冬季错峰企业等数据建立环境监管动态校核数据库，综合应用横向比对、趋势校验、行业专家评审等手段，探索出一套环境监管动态数据校核、能源和产品产量宏观数据校核相结合的排放清单一致性审核方法。这套排放清单校核方法弥合了“自下而上”获取的基础信息与能源和产业统计数据等宏观数据之间的差异，将排放清单数据向环境管理数据对齐，大幅提升数据的可靠性和一致性。

基于多源数据耦合的高时空分辨率排放清单动态化应用创新。在排放清单的分析应用过程中创建了一套以月为单位的排放清单时间分配技术方法和推荐参数，编制了“2+26”城市精细到月、季的大气污染物排放清单，为采暖季排放特征分析提供了数据支持。研究团队建立了基于多源数据耦合的源排放清单动态化技术，进一步提高了排放清单的时效性。基于关键活动水平参数筛选和动态提取，结合行业统计、在线监测、卫星遥感等多源数据耦合的清单高时间分辨率分配系数实现了源排放清单动态化更新，使清单时间分辨率由年、月细化到周、日，结合管理需求实现了排放清单逐月更新，进一步提高了排放清单的时效性。排放清单动态化的结果为 2020 年春节叠加疫情状况下的大气污染排放变化分析以及北京“春节霾”的成因分析提供了数据支撑。

二、散煤污染表征技术

农村散煤采暖是冬季特有的污染源，具有明显的季节性，是北方秋冬季空气污染防治的重点领域。中国环境科学研究院牵头负责的国家重点研发计划“京津冀及周边地区大气污染联防联控及重污染应急技术与集成示范”项目，下设了“低矮面源及无组织源排放清单实时量化技术”课题，对散煤动态用量及排放量表征的技术突破是重点方向之一。2018—2019年采暖季，课题组选择唐山市路南区么家铺村作为研究基地，旨在通过“解剖一个麻雀”，达到举一反三、窥一斑而见全豹的目的。目前实验已取得阶段性成果，建立了动态表征散煤使用和排放的算法。

算法建立的逻辑依据在于：没有寒冷，就不需要散煤采暖；人体感觉越冷，越倾向于烧更多的煤。因而，日用煤量应该与温度存在一个内在的统计关系。这种统计关系需要通过进村入户实测才能发现。

首先，通过自行设计的煤量信息采集自动化系统，入户自动记录和传输居民实时用煤数据（图1-4），并通过互联网实时上传至数据接收平台。通过一个典型户的监测，课题组进而推算一村、一乡、一县、一市的某日用煤量 W_{DAY}。

图1-4 煤量实时监测系统

其次，结合文献和现场实际情况，课题组建立了气象温度（T_{AM}）主导的、融合相对湿度（RH）、风速（WS）、日照时长（H_{DAY}）等多种因素的综合变量——日综合温度（T_{COM}），见式（1-1）。

$$T_{\mathrm{COM}}=1.07\times T_{\mathrm{AM}}+0.24\times\frac{\mathrm{RH}}{100}\times6.105\times\exp\left(\frac{17.27\times T_{\mathrm{AM}}}{237.7+T_{\mathrm{AM}}}\right)-0.92\times\mathrm{WS}+0.6\times H_{\mathrm{DAY}}-1.8 \tag{1-1}$$

再次，将一个区域内的日用煤量（W_{DAY}）与日综合温度（T_{COM}）进行统计拟合，建立二者的数学关系，见式（1-2）。

$$W_{\mathrm{DAY}}=(-0.75T_{\mathrm{COM}}+11.86)\ N_{\mathrm{H}}/834 \tag{1-2}$$

式中，N_{H}为研究区域的户数。式（1-2）显示了日用煤量与综合温度的高度相关性（图 1-5）。

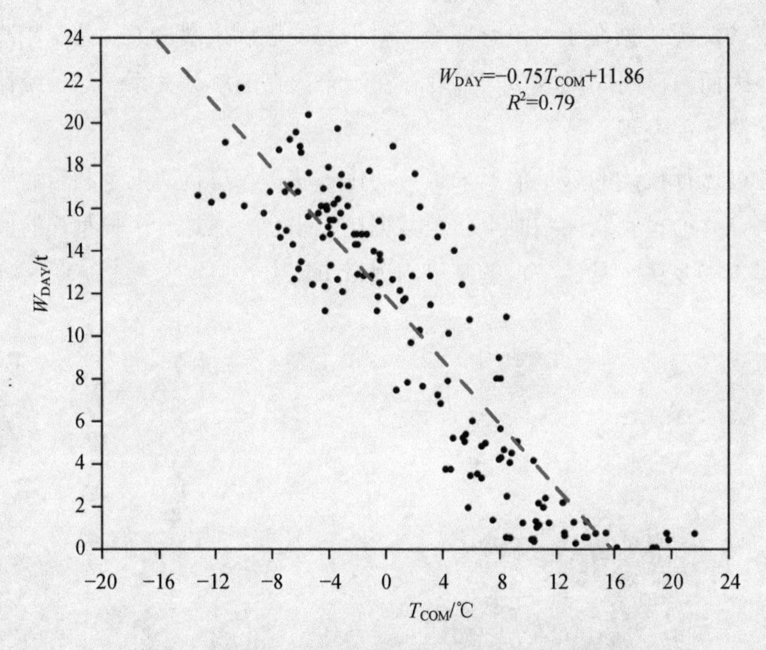

图 1-5 唐山市么家铺村日用煤量和日综合温度拟合

最后，将每天的用煤量通过污染物排放因子转化为污染物的排放量。由此，课题组建立了基于气象条件的散煤污染物排放的动态表征算法，为测算某一区域散煤排放的高精度时间分布，精准预报散煤排放对空气质量的影响，估算散煤在整体污染中的作用以及散煤替代后的清洁空气效果提供了重要依据。

需要说明的是，通过式（1-2）计算得到的逐日用煤量绝对值，并不一定适合于所有地区，这主要是由于各地的生活习惯、房屋条件、经济水平等条件的不同而造成的；同时，清洁能源的介入使实际的用煤量有所下降，所以在实际应用中需要综合考虑，加以修正。但是，以式（1-2）计算得到的逐日散煤用量为基础，可以推算一个时期（如整个采暖季）的逐日能源需求份额（K_i），为实现清单的动态化打下基础，见式（1-3）。

$$Q_i = D \times K_i \times (1-\alpha) \times (1+\beta) \times (1+\gamma) \times \text{EF} \tag{1-3}$$

式中，Q_i 为采暖季中第 i 天民用散煤污染物的排放量，kg；D 为整个采暖季民用采暖的能量需求（以散煤量计），t；K_i 为采暖季中第 i 天能源需求份额；α为清洁能源替代率；β为人口流动带来的民用散煤增量比例；γ 为民用散煤复烧带来的散煤增加比例；EF 为单位燃料的污染物排放系数，kg/t。

三、VOCs 治理技术

1．源头替代技术

将低 VOCs 含量原辅材料的使用纳入重点行业绩效分级指标并与 A 级和 B 级企业评选挂钩。市场上流通的低 VOCs 含量涂料产品严格执行国家标准《低挥发性有机化合物含量涂料产品技术要求》，并依据含量要求制定（修订）地方工业涂装典型行业标准。实施差异化管理，在重污染天气应对、环境执法检查、政府绿色采购、企业信贷融资等方面，对低 VOCs 含量涂料推广替代标杆企业给予政策支持。重污染天气应对时、秋冬季攻坚行动期间，对使用溶剂型涂料的企业，加大停产限产力度。以工业涂装为例，其源头替代技术方案见表 1-1。

表 1-1　工业涂装行业源头替代技术方案

行业	替代技术方案
汽车制造	汽车底漆大力推广使用水性涂料 乘用车中涂、面涂大力推广使用高固体分或水性涂料
集装箱制造	箱内、箱外、木地板涂装等工序大力推广使用水性涂料，在确保防腐蚀功能的前提下，加快推进特种集装箱采用水性涂料
木质家具制造	推广使用水性、辐射固化、粉末等涂料和水性胶黏剂
金属家具制造	推广使用粉末涂料
软体家具制造	使用水性胶黏剂
工程机械制造	使用水性、粉末和高固体分涂料
船舶制造	使用高固体分涂料，机舱内部、上层建筑内部推广使用水性涂料
电子产品制造	使用粉末、水性、辐射固化等涂料

2．源头—过程—末端的全过程管控技术

采用经济激励手段推广低 VOCs 含量的原辅材料和溶剂，提高各行业的源头替代率。升级改造生产设备和工艺，加强无组织排放的收集效率，减少 VOCs 过程排放。指导企业科学开展治理工作，提高各行业最佳可行技术的使用率，定期检测设施设备的运行情况，确保达标排放。加速构建并完善标准、监测、执法闭环的 VOCs 治理体系，在强化 VOCs 行业排放标准、无组织排放标准落实的基础上，着力提升监测执法能力，推进 VOCs 排放监测技术和快速执法技术的规范化，形成全套的监测执法能力和闭环的 VOCs 治理体系，助力 O_3 和 $PM_{2.5}$ 的协同防治。排放监管技术研究成果包括原辅材料替代、工艺改进、无组织排放管控、废气收集、治污设施建设等全过程控制技术体系（图 1-6）。

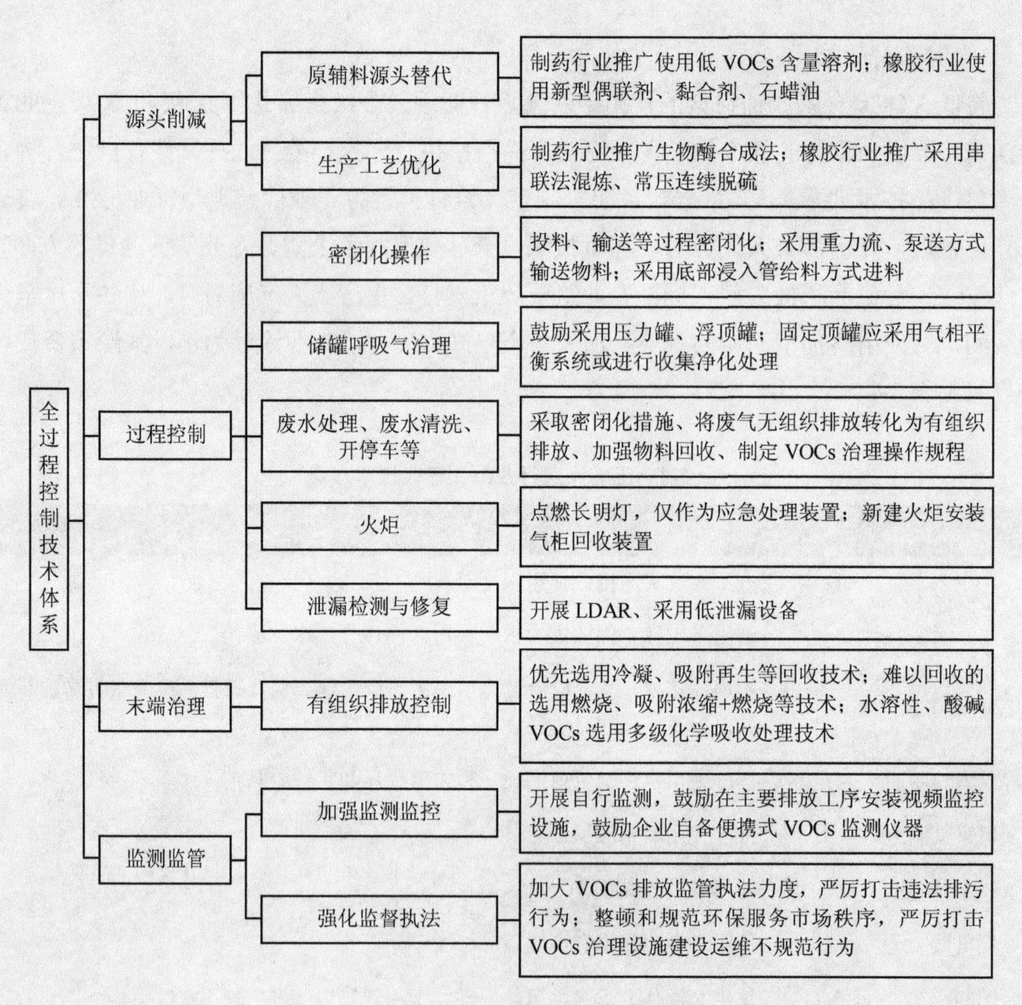

图 1-6　化工行业 VOCs 全过程控制技术体系

3．VOCs 废气末端净化技术

VOCs 废气末端净化技术一直是 VOCs 减排和治理的重要技术手段。现有 VOCs 末端治理技术主要包括以蓄热式氧化炉（RTO）、直燃式热氧化炉（TO）为代表的燃烧技术，以蓄热式催化氧化炉（RCO）、催化氧化装置（CO）为代表的催化氧化技术，以及低温等离子体、光催化氧化、活性炭吸附和生物法等。其中，燃烧和催化氧化技术是目前应用较为广泛的技术。安全型蓄热式氧化炉（GRTO）尾气处理系统是今年新发展起来的技术，也是国内首套通过认证的安全环保治理技术。该技术突出特点有三个方面：一是对入气浓度的安全控制以及各种工艺安全、系统安全、连锁安全设计；二是针对不同的工况可采用最合适的技术组合，可实现“一厂一策”的设计方案；三是净化效率可达99%以上、热回收率可达95%以上。以GRTO技术为基础，在确保安全的前提下，相继又有高效型蓄热式催化氧化炉（ERCO）、安全型催化氧化炉尾气处理系统（GCO）通过评审，为化工石化VOCs治理提供更多的技术选择。

VOCs废气末端净化技术成功应用于上海某公司有机废气治理，经由第三方多次取样分析，苯乙烯入口浓度平均为 1 210 mg/m^3，出口浓度平均为 0.22 mg/m^3，净化效率达到99.98%，可实现达标排放且稳定运行。

4．VOCs废气量协同减排关键技术

目前，我国大气污染治理对象已从常规污染物（SO_2、NO_x、PM_{10}）控制向非常规污染物（$PM_{2.5}$、O_3、VOCs等）控制、单一污染物控制向多种污染物协同综合控制转变，大气污染治理技术也由单一的末端治污技术逐步向源头减排—过程控制—末端治理的全过程综合治理技术发展。

针对上述大气污染防治需求及大气污染防治技术的发展趋势，中国环境科学研究院研究开发了VOCs废气量协同减排关键技术，实现减排VOCs废气与锅炉、工业炉窑多种污染源废气协同控制。通过开发VOCs废气自适应匹配关键技术，将工艺VOCs废气作为燃烧系统的助燃空气实现废气零排放，是经高温燃烧高效消除VOCs，并回收VOCs废气热量的新技术，实现了节能与减排的高度统一，为不同行业、不同排放特征的VOCs废气治理提供了新方法。该技术工艺路线如图1-7所示。

含VOCs的工业废气通常具有以下特征：①废气中含氧量与空气接近，可作为锅炉、窑炉等燃烧设备的助燃空气；②废气成分含有一定热值，可作为燃烧设备的助燃气体；③废气具有一定余温，余热可回收利用，用于发电或者物料、燃料烘干等。通过利用VOCs废气量减排关键技术，将生产设施和工艺过程作为污染治理单元，根据工业废气的特性参数（废气成分、风量、温度、含氧量、热值等），在不专门增加治理设施的情况下，利用高温燃烧（锅炉、窑炉）开展废气的排放源内部、各排放源之间VOCs废气量/污染物减排。

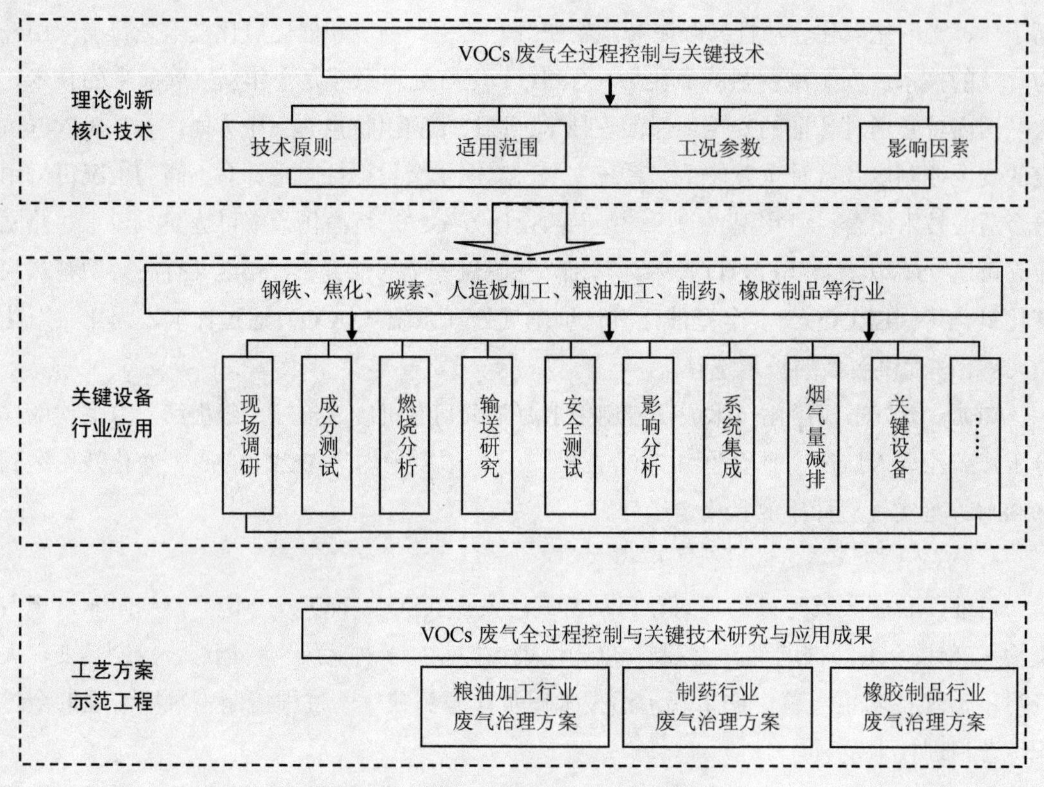

图 1-7 VOCs 废气量协同减排技术路线

以焦化行业为例，焦化行业排污环节多、强度高、种类杂、毒性大，尤其是装煤推焦黄黑烟以及化产车间、污水站无组织废气污染严重，阵发性逸散废气量大，异味影响突出，对周边环境造成严重影响。目前，针对上述焦化废气的治理，传统控制工艺或采用简易吸附吸收技术，污染物的长效控制保障难度大；或仅注重烟尘常规污染物的控制，而无对废气中芳烃类 VOCs、苯并芘等致癌物、恶臭异味污染物的深度净化措施；同时存在废气潜能未回收、余热浪费严重的问题。针对上述问题，中国环境科学研究院研究开发了 VOCs 废气量协同减排关键技术，根据废气的物化特性，采用燃烧深度处理方法，将以上废气梯度用于焦炉作为助燃气体，实现焦化装煤推焦过程和化产车间、污水站无组织废气的深度净化，达到废气/污染物趋零排放效果。主要的技术优势有：①可实现废气的深度净化。废气量减排可大幅度削减装煤推焦废气中常规污染物（SO_2、NO_x、颗粒物）及非常规污染物（如荒煤气污染物，包括多环芳烃及苯并芘等）的总排放量，特别是实现装煤推焦废气、化产车间及污水站废气中多环芳烃（包括苯并芘）及恶臭异味类污染物的趋零排放，彻底消除焦化公司长期存在的低嗅觉阈值环境异味对周边环境造成的严重影响。②可适度降低焦炉烟气 NO_x 浓度。将以上废气引入焦炉燃烧室，可适度降低燃烧室内氧气浓度，拉长燃烧室通道火焰，提高通道内废气循环量，改善加热均匀性，减少局部高温区域形成，减少

NO_x的形成。③可实现部分气体热值及废气余热回收。可回收以上废气中 VOCs、CO、H_2、CH_4等可燃气体成分的热值及烟气余热，实现了能量的综合回收利用与节能减排的高度统一。

目前，VOCs 废气量协同减排关键技术已在粮油食品加工、制药、焦化、橡胶制品等行业开展了应用示范研究和推广应用；同时正在开展碳素、人造板加工等行业的废气/污染物趋零排放示范及推广应用。

第三节　空气质量管理技术

一、区域联防联控技术

1．技术创新

中国环境科学研究院构建了包含综合立体观测、排放动态清单、气象条件影响、重污染预警应急、污染防治技术评估与筛选、联防联控体制机制、信息共享与决策支持平台的联防联控技术支撑系统，实现“统一规划、统一标准、统一监测、统一防治措施”的区域联防联控管理要求，推动城市和区域空气质量持续改善。

针对区域大气污染联防联控支撑技术体系研究，中国环境科学研究院优化区域环境综合监测网络，构建自下而上的区域大气污染源排放清单，开展区域大气污染来源动态解析；开展区域燃烧源、工业源、移动源和面源等控制技术研究与示范；集成区域大气污染预报预警技术并开展区域应用；研究建立京津冀区域大气污染防治评估技术体系，多角度开展污染防治措施成本效益评估。

2．机制创新

一个完整的区域大气环境管理框架体系，应该是统一和统筹相结合的。标准（其中包括污染物控制规划、污染物排放标准、产业环境准入门槛和应急启动条件与措施）的统一对于区域管理来说很重要，统一标准可以提高效率。但是区域内各地区经济社会环境现状不同，又必须要考虑标准（包括区域产业发展与布局、区域污染物总量减排、区域污染治理资金和区域发展补偿标准）差异化，以实现公平。

之前，大气污染问题突出，治理需求迫切，相比区域内经济发展与环境质量的差异化，政府更关注环境标准等的统一，但协同难度较大。近期，环境问题得到一定程度的缓解，需综合考虑经济与环境的协调发展，保证治理目标达成时间的“最大公约”要求相同。远期，环境质量得到巨大改善，大气污染已经不再是社会突出问题，更需要注意的是保持和完善现有体系，做到精细化、差异化管理。具体原则主要有：①整体效益最大化。协商过程应体现区域整体效益最大化原则，并致力于区域空气质量改善。在各项政策制定实施的过程中，政府应该考虑到各个地区的实际情况，保证每个地区的效益不受损。②控制费用最小化。欧洲监测和评估计划（EMEP）在处理跨界环境问题时，温室气体—大气污染相互作用和协同模型（GAINS）是核心应用模型，而其核心思想是成本效益分析。③治理责任差别化。根据七个省市对于区域大气污染的贡献与当地的经济发展水平，探讨“共同的但有区别的责任”，即治理区域大气污染问题是每一个地区的责任，但是治理任务可按照人均 GDP 的比重来划分，或者根据治理贡献比重分担。④发展权益均等化。区域内各地级市经济发展水平不同，区域环境需求也不同。在协商时，应充分考虑各地的环境与发展现状，辅以生态补偿等措施。

综上所述，各地区的经济发展水平、产业结构、资源禀赋特征及环境管制水平存在显著差异，为了满足区域大气污染联防联控机制的要求，需要协调不同省份的发展利益诉求与空气质量改善需求，建立区域大气污染控制的协调与管理机制，以及“科学—决策一体化”的运行机制。

二、“一市一策”跟踪研究技术

为解决科研成果落地难、地方政府大气污染防治工作“有想法、没办法”的瓶颈问题，在攻关联合中心统一协调下，大气攻关项目探索创建了“一市一策”的驻点跟踪研究工作机制。

在机制创新方面，创建“一市一策”驻点跟踪研究工作模式。成立 28 个“一市一策”驻点跟踪研究工作组，深入京津冀及周边地区“2+26”城市一线，开展“一市一策”驻点跟踪研究和技术帮扶。一方面建立驻点跟踪研究信息报送和考核模式。攻关联合中心组织成立城市研究部，集中管理和调度各城市驻点跟踪研究工作组。城市研究部将专报报送情况纳入重点考核内容，使攻关联合中心能够准确、及时掌握驻点跟踪研究工作组的工作情况。另一方面建立驻点跟踪研究技术指导工作机制。驻点跟踪研究工作组下设源清单、源解析、综合管理决策 3 个技术专家组。针对地方环保队伍能力参差不齐的问题，跟踪研究工作组通过团队合作、组织培训等多种方式，带领地方团队提高科研技术水平，提升大气污染防治队伍的整体实力，以形成地方长效决策支撑能力。

在技术支持方面，清单编制工作构建了由清单编制技术组、当地管理部门、相关企事业单位等多个单位相互配合的工作机制，通过实地调研、实测、统一审核与校验，构建城市高分辨率污染源排放清单。大气颗粒物源解析工作统一标准、统一方法、统一质控，于 2017 年开始在每个秋冬季开展连续采样，基于样品组分、污染源成分谱库、源清单等数据，构建空气质量模型和受体模型融合、多重校验的 $PM_{2.5}$ 精细化源解析技术体系。跟踪研究每次重污染过程，开展“事前研判—事中跟踪—事后评估”的全链条研究，参与当地重污染会商，及时指导地方有效应对，落实重污染应急预案，开展预案评估并提出修订建议，有效支撑地方重污染天气应对工作。结合“2+26”城市自然与社会经济发展现状，明确“2+26”城市大气环境问题，分类提出针对不同类型城市的大气污染综合防治“一市一策”解决方案，形成长效决策支撑能力，以有效服务于地方环境管理需求，确保科研成果落地应用。

三、重污染天气应对技术

中国环境科学研究院总体构建了“监测预报—会商分析—预警应急—跟踪评估—舆情引导”重污染天气联合应对技术体系，形成“事前研判—事中跟踪—事后评估”的重污染天气应对技术支撑模式其路线如图 1-8 所示。

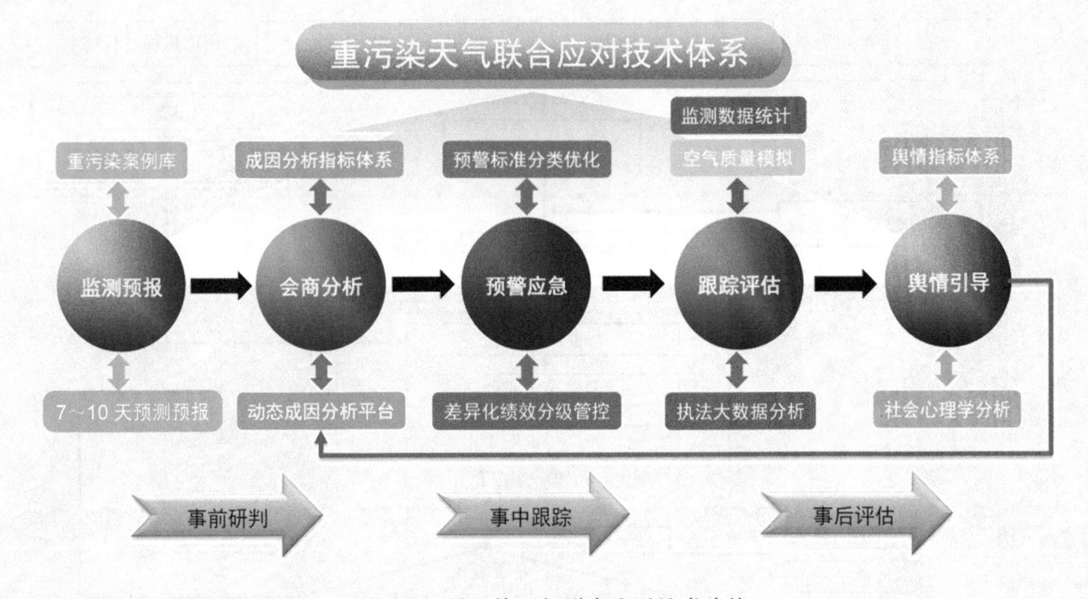

图 1-8　重污染天气联合应对技术路线

在会商分析方面，中国环境科学研究院依托重污染天气动态决策支撑平台，建立专家会商及决策会商机制。基于立体观测、气象、排放、应急管控等多源大数据，构建了重污染天气分析、判识、诊断的系统性指标体系及多源数据相互校验的成因分析技术，有力支撑了会商分析。基于会商分析在时效性方面的需求，开发污染特征雷达图、大气污染物干湿分布、区域大气重污染指数等多种快速分析指标，每日动态更新并推送 100 多种信息指标类图片 6 万余张，在环保领域首次以快速推送图片的形式服务于“一市一策”跟踪团队和环境管理部门，极大地提高了数据分析和使用效率。

在预警应急方面，基于不同预警分级情景下不同城市应急响应对京津冀及周边地区的影响，中国环境科学研究院明确了预警打断及级别调整的条件。采用 24 小时滑动平均值代替日均值计算 AQI，同时将持续时间用持续小时数代替天数，大幅提升了预警分级标准的时间分辨率，优化了京津冀及周边地区重污染天气预警分级标准。基于重点行业企业全过程应急减排技术措施筛选评估，建立了“生产工艺—技术措施—政策要求”应急减排措施数据库。以减排措施可操作、可量化、可核查为原则，系统性编制了涵盖工业源、移动源及扬尘源的应急管理清单（图 1-9）。对于重点行业，采用了基于绩效分级的标杆管理方式，形成了完整的环境管理体系（1-10）。依据企业污染物排放量、关键生产环节排放因子及产业集群分布等因素，筛选了 39 个重点行业，衔接了已经发布和即将发布的国家标准、行业政策、排污许可证核发规范等政策标准，构建了装备水平、污染治理技术、排放限值、无组织排放、监测监控水平、环境管理水平、运输方式及监管等分级指标体系，以“多排多限、少排少限”的差异化管控措施实现污染减排与行业高质量发展的双赢。

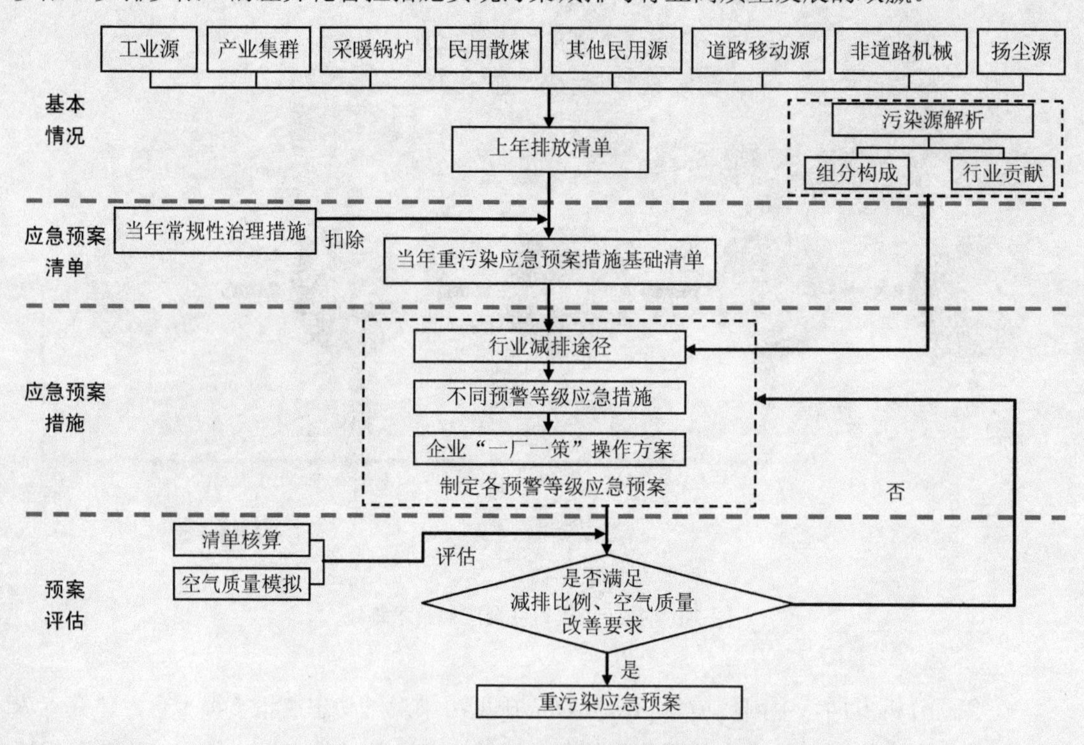

图 1-9 应急减排清单编制技术

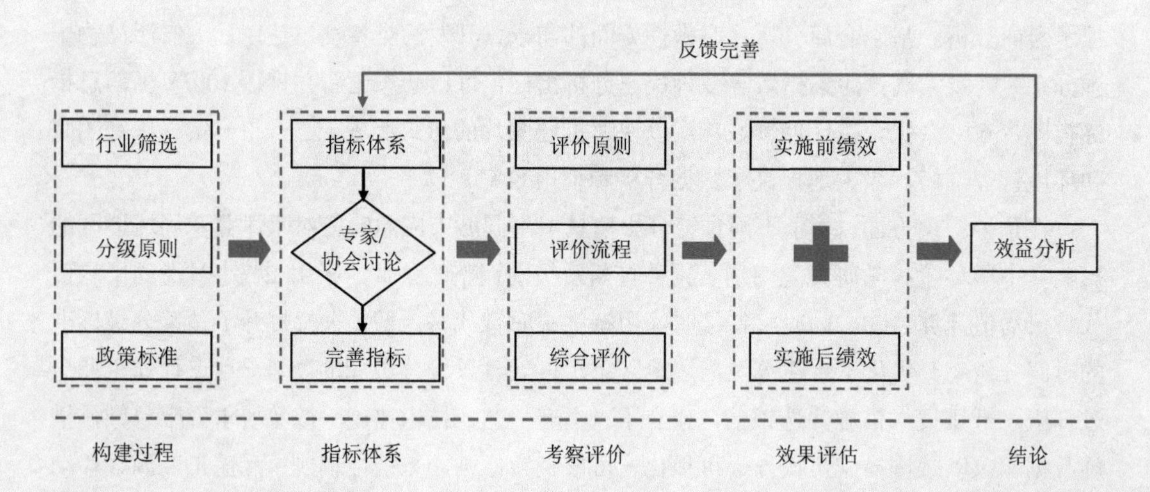

图 1-10 重点行业绩效分级评价技术路线

在跟踪评估方面，基于执法检查、空气质量模型分析及环境监测数据分析等方法，中国环境科学研究院构建了综合效果评估体系。针对执法检查效果进行评估，以强化监督定点帮扶反馈的问题解决情况，评估重污染天气应急预案执行落实情况；针对空气质量模型评估，以基准排放情景模拟与减排措施情景模拟得到的减排措施实施前后 $PM_{2.5}$ 的浓度变化，定量评估每一轮重污染天气应急减排措施实施效果；针对环境监测数据评估，为评估重污染应急减排措施有效性，与空气质量模型分析结果进行相互辅证，提出了污染物浓度基尼系数，定量表示整个研究时段污染物浓度分布的均一性，并基于污染物累积浓度分布曲线提出污染物高位累积浓度占比（图 1-11）。

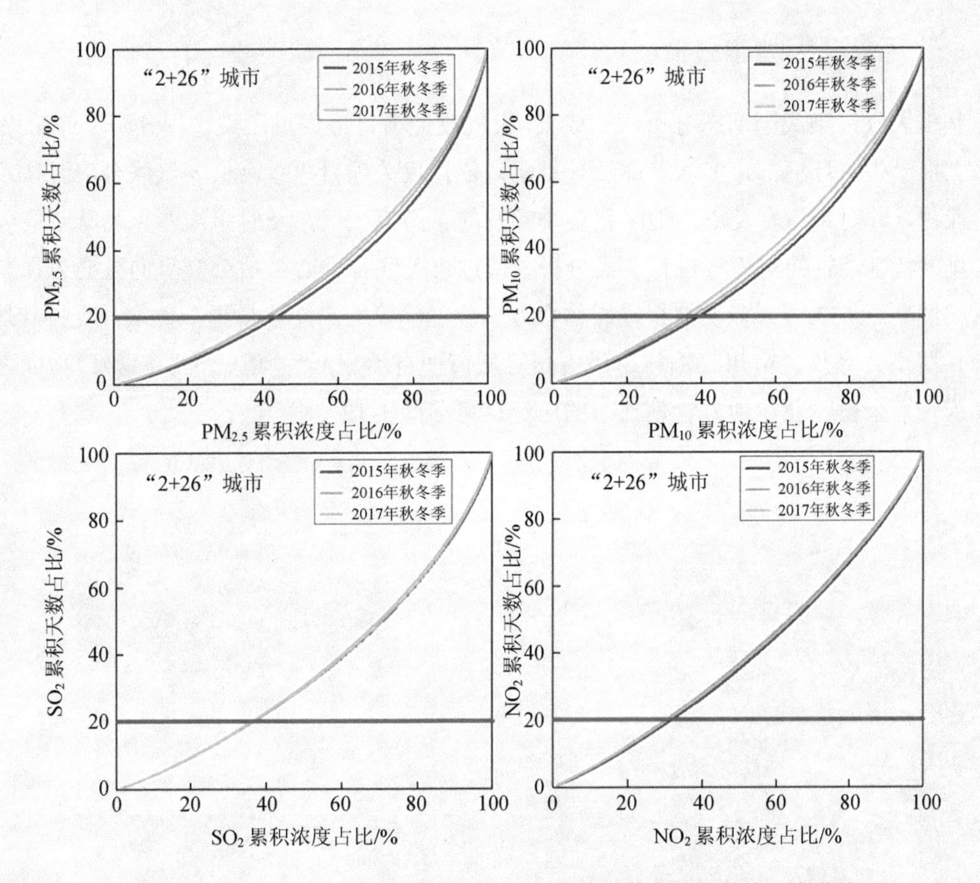

图 1-11 2015—2017 年秋冬季“2+26”城市污染物累积浓度分布曲线

第四章 应用与支撑

第一节 大气污染成因分析技术应用与支撑

一、污染成因动态分析

基于大气污染成因动态分析研究成果，大气攻关项目形成重污染过程分析工作简报46份，上报至生态环境部，多次获部领导批示；依托攻关项目“重污染天气联合应对技术平台”课题，针对京津冀及周边地区秋冬季频发的重污染天气，及时组织专家团队对成因机理、排放特征、管控对策等进行会商分析，通过攻关联合中心微信公众号向社会公众发表专家解读文章137篇，多次被权威媒体官方转载，单篇最高阅读量近2万次；支持廊坊、邢台、渭南、亳州、宿州、榆林、昌吉州等城市（自治州）“一市一策”污染过程成因分析类报告百余份，获得地方管理部门的广泛认可（图1-12）。

国家大气污染防治攻关联合中心

工 作 情 况 简 报

2019年 第3期

（总第55期）

国家大气污染防治攻关联合中心　　2019年3月1日

2019年2月26–28日东北地区大气重污染过程分析

2月26–28日，东北地区经历了一次大气重污染过程，国家大气污染防治攻关联合中心及时组织专家对本次污染过程进行分析，主要结论如下：

一、 总体情况

2月26日下午起，东北地区出现了区域性大气重污染，总体程度为重度污染，部分城市达到严重污染，其中黑龙江省南部污染最重（图1），首要污染物为$PM_{2.5}$。

截至2月28日23时，区域内出现了16个重度污染天和10个严重污染天，$PM_{2.5}$日均浓度的峰值为536微克/立方米，出现在齐齐哈尔市（26日），达严重污染，齐齐哈尔市日均空气质量指数（AQI）也于26日“爆表”，区域内31个城市达小时重度污染，累计395小时；17个城市达小时严重污染，累计267

- 1 -

× 国家大气污染防治攻关联...＞ ···

河南、山东省出现的重污染城市数较多，利用区域污染特征雷达图分析化学成因。25–27日，随空气质量从良-轻度污染转为重度污染，河南中部城市的雷达图从偏NO_2特征型转为偏$PM_{2.5}$特征型，表明NO_x二次转化对$PM_{2.5}$污染贡献突出；山东西部从偏SO_2特征型转为偏$PM_{2.5}$特征型，表明SO_2二次转化对$PM_{2.5}$污染贡献突出；河南北部、山东中南部SO_2特征始终突出，表明燃煤排放是影响当地空气质量的主要因素。

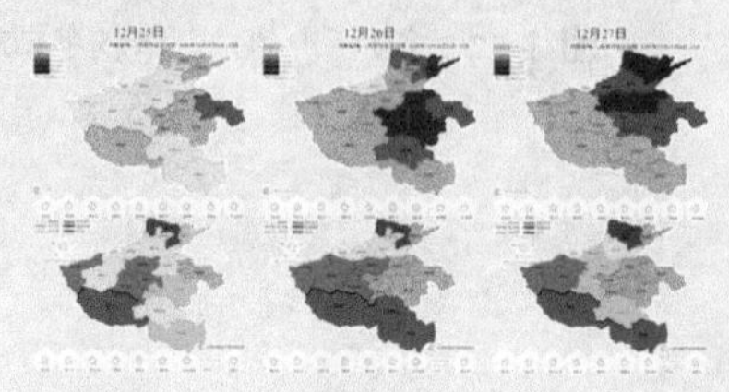

12月25~27日河南省$PM_{2.5}$浓度（上）和区域污染特征雷达图（下）

图1-12 工作简报和专家解读文章案例

通过与第三方公司合作的方式，中国环境科学研究院搭建基于图片信息的“天蓝卫士”大气污染动态成因分析平台（微信小程序和 PC 网页版），目前数据信息已覆盖全国 337 个地级及以上城市。该平台设计了包括区域污染实况、气象成因、卫星遥感、组分分析、模式模拟、预报预警、城市污染形势、时间变化特征、站点比较分析等 10 余个模块，可对海量大数据进行自动整理与更新，形成了 100 多种用于大气污染成因分析的信息指标类图片，每日更新推送图片 9 万余张，针对大气重污染过程和特征实时报警并推送信息，在环保领域首次以快速分发推送图片的形式服务科研工作者和环境管理部门，极大提高了数据使用效率和数据分析时效（图 1-13）。该平台还开发了自动报告系统，针对全国重点区域和 337 个地级及以上城市可自动生成污染成因分析报告，有效支撑国家和地方管理部门有针对性地开展大气污染防治工作。结合中国环境科学研究院承担的地方服务类项目工作，通过与河南省和廊坊、亳州、宿州、昌吉州、榆林、青岛、潍坊等城市（自治州）管理部门进一步对接地方数据资源，中国环境科学研究院深度挖掘信息，在秋冬季大气污染攻坚中支撑地方科学化、精细化管控，帮助地方做到“精准治污、科学治污”和“问题精准、时间精准、区位精准”。

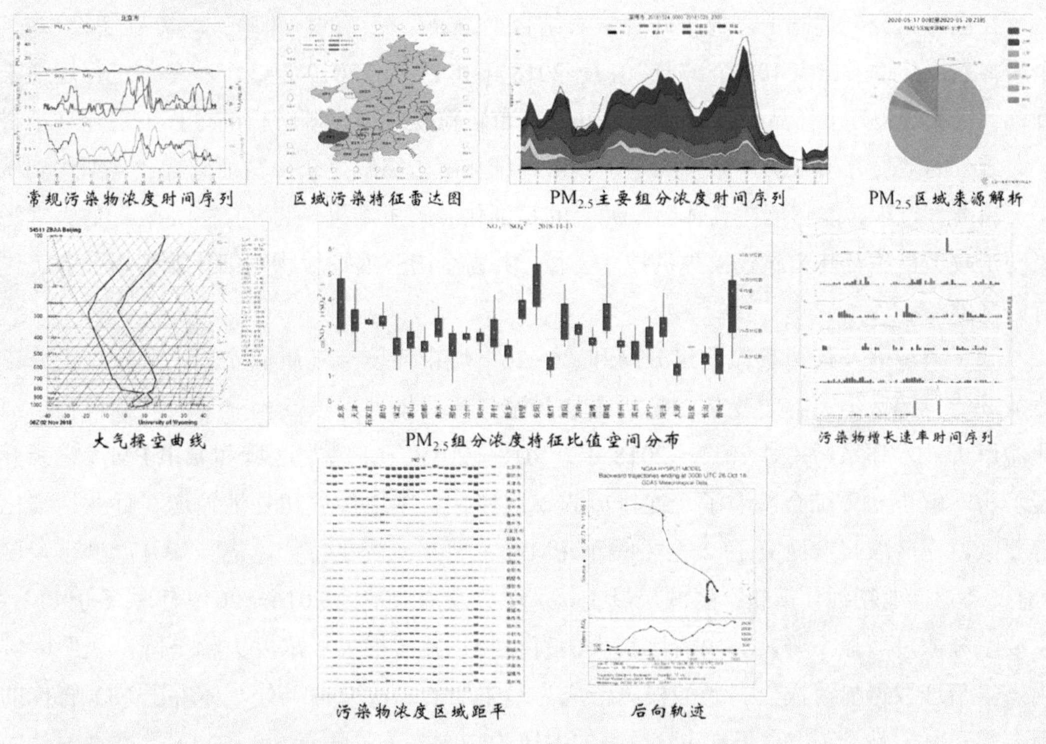

图 1-13　重污染成因分析指标类图片示例

目前，“天蓝卫士”动态成因分析平台注册用户超过 5 100 人，日访问量 2 000～10 000 个页面；用户来源涉及各省（区、市）生态环境厅（局）、环境监测站、中国环境科学研究院、中国气象局、中国科学院、高等院校、环保管家类服务公司；组织建立7个成因分析技术交流微信群，群成员超过3 000人。基于相关研究成果，就“大数据时代下精准化成因分析与实践”在科研院所、高等院校、地方生态环境管理部门和下属事业单位、技术服务公司开展学术交流与技术培训，并利用线上会议形式面向社会开展培训，在国内相关领域取得了可观的影响力。

二、$PM_{2.5}$来源解析

“2+26”城市源解析由生态环境部大气司和攻关联合中心统一组织和协调，负责组织联络各单位并监督各单位工作开展情况；攻关联合中心负责具体实施，包括数据结果汇总、共享等。攻关专家组负责确定技术方案，为统一源解析提供推荐源成分谱；攻关专家组组织团队开展受体数据质量审核、受体源解析和空气质量模式模拟源解析；城市专家组负责收集整理当地产业发展、空气质量、污染物排放等相关信息，基于颗粒物组分数据开展成因分析，并按照攻关专家组提供的解析结果，梳理颗粒物源解析中本地源各种细分源类中的重点源（园区、企业等）列表，完成城市源解析研究报告。

在已有组分网基础上，攻关联合中心结合“2+26”城市的污染特征，分别增设3～5个采样点，共设采样点109个，于2017—2018年和2018—2019年2个秋冬季进行连续采样，共采集5.8万个样品。在开展“2+26”城市颗粒物精细化源解析的过程中，建立了科学、统一的数据分析方法体系，确定了城市精细化解析路线，获得精细到行业、细化到城市、精准到过程、能够落在具体污染源上的精细化源解析结果，为科学制定、评估大气污染防治政策措施及其实施效果提供技术支撑，并为全国开展颗粒物精细化源解析业务工作打好基础。

基于京津冀及周边颗粒物组分网和“2+26”城市环境空气质量监测、颗粒物组分、排放源清单等数据，综合受体源解析方法和空气质量模型方法，构建了大气颗粒物精细化源解析技术体系，并对2017—2018年、2018—2019年采暖季区域和城市$PM_{2.5}$来源开展解析。解析结果综合考虑了一次排放和二次转化、本地排放和外地输送、行业精细化等要素，在区域尺度研究了2个采暖季$PM_{2.5}$主要来源变化特征，进一步开展城市尺度$PM_{2.5}$来源行业精细化解析。区域尺度上，京津冀及周边地区2016—2019年秋冬季$PM_{2.5}$主要组分浓度明显下降，其中占比较大的有机物、硫酸根离子浓度大幅下降，表明区域内燃煤治理取得显著成效。硝酸根离子成为最主要的二次无机组分，体现了NO_x管控的重要性和紧迫性。铵根离子在$PM_{2.5}$中的占比为10%左右，随着SO_2、NO_x等酸性气体的减排，铵根离子浓度同步降低。源解析结果表明采暖季京津冀及周边地区$PM_{2.5}$主要来源为工业源、燃煤源、机动车源，2018—2019年区域工业源和燃煤源浓度贡献同比有所增加，其中河北省的工业源增幅最为显著；随着污染等级加重，工业源、燃煤源贡献逐渐升高，机动车源贡献变化不大，扬尘源贡献逐渐降低。相关研究成果为掌握京津冀及周边地区采暖期大气颗粒物污染特征与成因研究、评估主要措施成效、制定下一步管控对策提供了技术支撑和决策依据。

三、模式来源解析

中国环境科学研究院牵头组建大气攻关空气质量模型来源解析工作组，统一开展基于空气质量模型的解析，模型分析工作组建立统一规则进行模型计算，包括数据筛选规则统一、模型分析流程统一及模型相关参数统一等。空气质量模型组由中国环境科学研究院、清华大学、北京大学、南京大学、浙江大学、中国科学院大气物理所及解放军陆军防化学院组成，首次采用多种空气质量模型来源解析方法，基于更新的高时空分辨率排放清单，统一对“2+26”城市区域和行业来源贡献进行解析。其中，中国环境科学研究院使用CAMx-PSAT 源解析方法、清华大学使用 CMAQ-ERSM 源解析方法、北京大学使用CMAQ-BF 源解析方法、南京大学使用 RegAEMS-APSA 源解析方法、浙江大学使用CMAQ-ISAM 源解析方法、中国科学院大气物理所使用 NAQPMS-OSAM 源解析方法、中国人民解放军陆军防化学院使用 CAMx-Ajoint 源解析方法。

分析表明，区域传输对 $PM_{2.5}$ 影响显著，对各城市平均贡献率为 20%～30%，重污染期间进一步增加 15%～20%。对 2013 年以来近百次重污染天气过程的分析表明，重污染期间区域传输对北京市 $PM_{2.5}$ 的平均贡献率为 45%左右，个别过程可达 70%。污染物主要沿 3 条通道向北京市传输：西南通道（河南北部—邯郸—石家庄—保定沿线）影响频率最高、输送强度最大，重污染过程的平均贡献率约 20%，个别重污染过程可达 40%左右；东南通道（山东中部—沧州—廊坊—天津中南部沿线）和偏东通道（唐山—天津北部沿线）次之。

对“2+26”城市采暖季 $PM_{2.5}$ 区域来源解析综合计算结果显示，京津冀地区本地排放源对 $PM_{2.5}$ 的贡献在 75%～85%，区域外的输送贡献在 15%～25%。

在“2+26”区域范围内，城市秋冬季 $PM_{2.5}$ 绝大部分以本地贡献为主。对区域 $PM_{2.5}$ 浓度贡献较大的城市有邢台、石家庄、唐山、沧州、保定、天津、邯郸、滨州、济宁和淄博。河北省各城市间 $PM_{2.5}$ 相互影响平均在 9%左右；山东省各城市间 $PM_{2.5}$ 相互影响平均在 8%左右；河南省各城市间 $PM_{2.5}$ 相互影响平均在 7%左右；山西省各城市间 $PM_{2.5}$ 相互影响平均在 5%左右（图 1-14）。

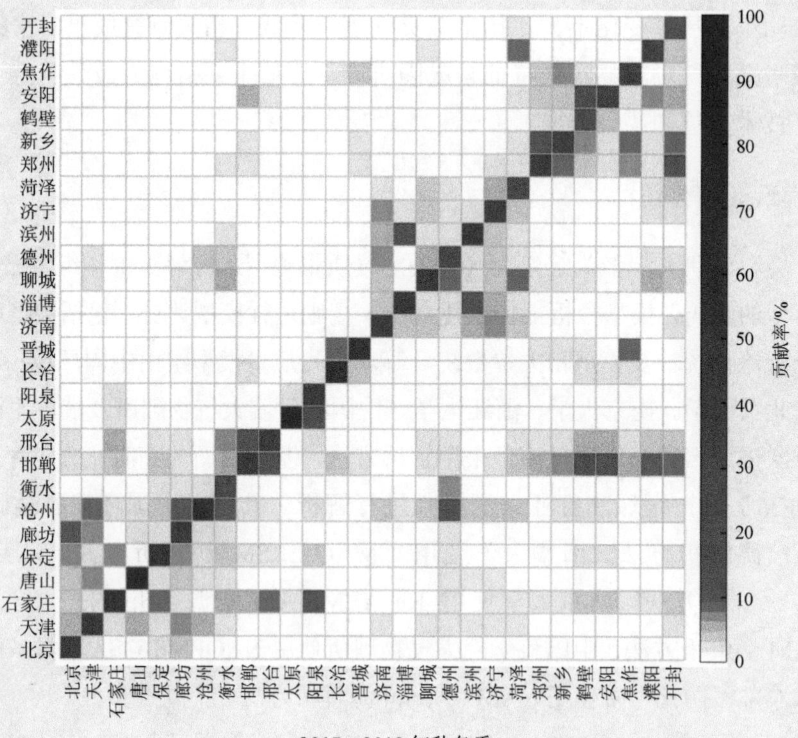

2017—2018 年秋冬季

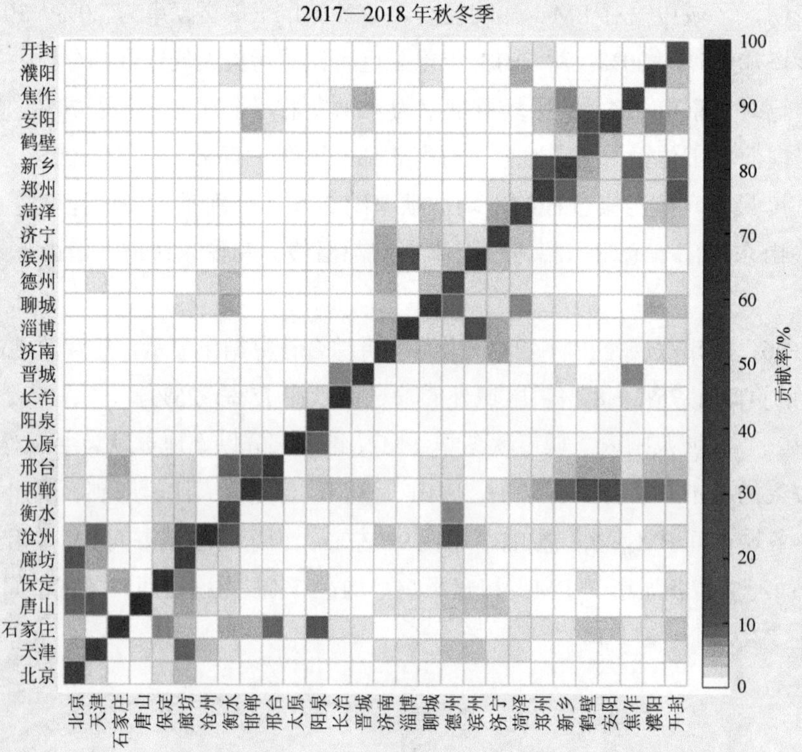

2018—2019 年秋冬季

图 1-14 2 个采暖季“2+26”城市 $PM_{2.5}$ 相互影响贡献矩阵

第二节　大气污染源排放特征与治理技术应用与支撑

一、大气污染源排放清单

基于大气攻关项目建立的结合网格化管理和区县、乡镇调研的城市排放清单编制技术，完成了“2+26”城市 2016—2018 年三年的高精度大气污染源排放清单，有效提升了京津冀及周边“2+26”城市源排放清单精度，清单数据通过攻关联合中心大数据平台实现数据共享，为蓝天保卫战、生态环境部及“2+26”城市大气环境管理以及攻关项目中的其他课题提供重要技术支撑。基于排放清单数据分析得出的 SO_2、NO_x 等污染物的行业贡献为“2+26”城市颗粒物源解析中二次颗粒物来源分配提供了重要数据支撑，为各城市空气质量模拟和分析提供了源排放输入数据，为分析本地源和外地源的贡献、开展“2+26”城市精细化源解析提供重要技术支撑；基于排放清单及其技术，评估“2+26”城市 2017—2019 年三年大气污染防控措施的空气质量改善效果，为生态环境部和“2+26”城市开展秋冬季攻坚工作提供重要决策支撑；基于高精度排放清单，将“2+26”城市划分为 6 种类型：综合工业污染类（天津、石家庄、唐山等）、偏机动车及溶剂类（北京、沧州、郑州等）、偏煤焦铁类（邢台、太原、长治等）、偏溶剂使用类（廊坊、衡水、济宁等）、偏建材污染类（保定、鹤壁、焦作等）以及偏农业和石化化工类（菏泽、濮阳、开封等），为“2+26”城市“一市一策”跟踪研究提供城市分型依据，为“一市一策”跟踪研究工作组制定“2+26”城市综合解决方案提供重要技术支撑；为京津冀及周边地区空气质量预警预报提供了详细到点源和区县的时空分辨率更高的排放清单数据，进一步提升了空气质量预警预报的精细化水平，为“2+26”城市编制秋冬季重污染应急预案和应急清单提供了各类污染源详细排放数据，支撑了城市秋冬季重污染天气应急及重污染期间企业差别化管控，为重污染预警和应急提供重要基础数据；为“2+26”城市提供了工业、交通、燃煤、扬尘、农业、餐饮等各类污染源的翔实数据，支撑了“2+26”城市蓝天保卫战三年作战计划的制订；基于排放清单开展京津冀及周边地区重点工业企业货运需求分析，支撑了生态环境部 “公转铁”政策研究；将大气攻关项目建立的城市排放清单编制技术推广运用到汾渭平原及苏鲁豫皖交界区域，建立了汾渭平原 11 市 2018 年大气污染源排放清单，建立了亳州、宿州、淮北、潍坊等苏鲁豫皖交界城市大气污染源排放清单，为这些区域大气污染成因分析、秋冬季重污染应急管控、夏季臭氧管控以及大气污染综合解决方案制定提供重要数据支撑。

大气攻关项目建立了基于多源数据耦合的源排放清单动态化技术，进一步提高了排放清单的时效性，基于排放清单动态化技术和清单成果开展 2020 年春节期间污染源排放变化情况评估，摸清了 2020 年春节期间大气污染物排放受节假日叠加疫情管控的影响，为分析春节期间污染成因提供重要的数据支撑，先后撰写了京津冀“2+26”城市散煤、大气污染源排放结构等多篇分析报告，为 2020 年春节期间重污染成因分析和舆情应对做出重要贡献。开展 2020 年 1～3 季度大气污染物排放量动态分析，分析疫情对大气污染排放的影响，并于 4 月底预测了 5—12 月大气污染排放和环境影响，为后续分析疫情对大气污染排放的影响，开展精准治污、科学治污提供重要技术支撑，同时基于清单动态化的研究成果为京津冀及周边、苏鲁豫皖交界区域的臭氧污染成因及治理效果评估提供强有力的技术支撑。为预测"十四五"期间主要污染防控措施的减排效果提供技术支撑。

二、散煤污染表征

散煤动态排放算法本质上反映农村采暖的能量需求变化与综合温度的关系，为实时量化散煤污染进而估算散煤替代后的清洁空气效果提供了重要依据。

2020 年 1 月，中国环境科学研究院的一份科技专报被上报给生态环境部领导。专报首先利用散煤面源的排放表征算法，对京津冀及周边地区的"2+26"城市 2018—2019 年采暖季的逐日用煤权重进行了计算，结合 2018 年采暖季逐小时气象条件，模拟测算了截至 2018 年年底的清洁能源替代对"2+26"城市空气质量的实际改善效果及未来最大替代情景下的可能改善效果（以 $PM_{2.5}$ 降低的浓度来表征）。计算表明，截至 2018 年年底，"2+26"各城市清洁能源替代均有效降低了采暖季的 $PM_{2.5}$ 浓度。从"2+26"城市平均水平来看，降低幅度约为 15%；假如实现全部替代，总降低幅度可达 30%以上。2018 年仅考虑清洁能源替代现状时，采暖季优良天数能增加约 20 天，重污染及以上天气能减少 6 天；假如将来实现平原地区 100%替代，山区 50%替代，则有可能因 $PM_{2.5}$ 浓度降低而再增加优良天数约 15 天，再减少重污染及以上天气约 10 天。专报建议，应该坚定不移地持续推进清洁能源的替代工作，一是利用大气攻关、大气专项及其他科研项目取得的创新成果，紧密联系实际，加强清洁能源替代作用的科学解读和正面宣传，提高公众认识，争取广泛支持；二是在全面支持各地清洁采暖的同时，更加注重在改善潜力较大的地区（如保定、石家庄、邢台和邯郸）开展散煤的清洁能源替代工作，更加注重因地制宜选用合适的技术，制订分区域的散煤治理计划，以最低成本实现散煤替代环境效益的最大化；三是针对老百姓关心的自身采暖成本问题，积极协调各级政府因地制宜，制定切实可行的政策。

更重要的是，以散煤排放表征算法支持生态环境部正在推动的排放清单动态化工作。在清单动态化的大趋势下，不同类型的排放都需要有一个表征排放动态的方法。例如，对于有在线监测的大型点源，可以直接利用在线监测数据来表达；对于移动源类，可以用道路车辆在线监测信息来表达。而对于用于冬季采暖的北方农村散煤或者其他能源，基于综合温度的煤量（能量）及排放表征显得更加合乎理论和实际。从 2020 年 2 月以来，算法对清单动态化起到良好支撑作用，并将在持续的实践中进一步得到完善。

三、VOCs 治理技术应用

1．实施产业结构调整、低 VOCs 含量产品源头替代和工艺升级，是解决我国 VOCs 污染问题的根本措施

我国 VOCs 排放量大、排放面广，涉及行业种类繁多，工业涂装、包装印刷类行业多数企业规模较小，无组织排放问题突出，且目前尚无成熟、高效的 VOCs 治理技术，难以实现有效监管。部分石化、化工行业企业储罐、阀门、油气装卸等环节工艺落后、设备老化，不但泄漏严重，存在安全隐患，而且排放的 VOCs 也是价值较高的原辅材料，造成资源浪费。因此，只有加快产业结构调整，严格控制石化、化工等涉 VOCs 的高污染、高排放行业产能，全面推进产业集群整合升级，大力推广低 VOCs 含量的涂料、油墨、胶黏剂、清洗剂等产品使用，实施源头替代，并着力提升石化、化工等行业的工艺水平，才能从源头减少 VOCs 排放。同时，针对产业集群或工业聚集区，可设置集中的喷涂、印刷中心，便于 VOCs 统一治理和有效监管。

2．石化、化工等重点行业 VOCs 减排潜力巨大，加强全过程管控可减排 30%～50%

产业结构调整和源头替代周期长、难度大，近两年的 VOCs 治理工作可优先选择排放量大、活性强、见效快的行业，由生态环境部门主动推动实施提标改造升级。从重点行业 VOCs 减排潜力来看，石化、化工行业轻质油储罐更换为钢制全浸液浮盘并进行双层边缘密封可减排 30%左右；加强动静密封点的泄漏修复可减排 50%左右；加强废液池 VOCs 收集治理可减排 50%左右。工业涂装行业使用低 VOCs 含量涂料可减排 30%左右；广泛应用自动生产线可减排 20%～40%；提高末端治污设施的收集率和去除率可减排 30%左右。

3．加强工业企业 VOCs 末端治理管控，环境效果明显

西咸新区位于关中中部西安与咸阳两市建成区之间，中国环境科学研究院研究发现西咸新区臭氧生成处于 VOCs 控制区。因此在常规控制 NO_x 的基础上，着重从源头、过程、末端全过程开展 VOCs 排放控制。在不断深化石化、化工、橡胶等重点企业 VOCs 治理的基础上，结合西咸新区大建设、大开发的实际情况，聚焦工地露天喷涂刷漆、市政道路铺油划线、建筑工地基础防水和外墙喷涂等具有新区特征的涉 VOCs 重点源的源头替代和强化管控。深化“科学防控、精准调度、狠抓落实”的防控策略，工业企业更加聚焦工业涂装和包装印刷等重点行业，城建市政施工更加注重施工组织和优化。初步估算，通过一系列 VOCs 管控措施的落实，西咸新区工业企业共计减排 VOCs 约 362 t，同期西咸新区臭氧浓度同比降低 7.2%，臭氧超标天数同比减少 7 天，列全省第一。

四、VOCs 废气量协同减排

VOCs 废气量协同减排关键技术已应用在制药、焦化、橡胶等行业，为重点地区重点

行业污染物深度控制提供技术支撑。

1．制药行业废气治理方案

制药行业废气产生点多、气量大、污染物浓度低，生产车间异味严重，根据制药行业生产车间废气多为 VOCs 废气并具有一定热值的特点，创新废气梯度利用技术，以锅炉燃烧装置作为处理废气的最终装置，以其所能消耗的废气量为指标，开发废气自适应匹配关键技术，将有异味的车间废气送入燃烧装置中作为助燃气体焚烧，以减少废气排放总量。技术工艺如图 1-15 所示。

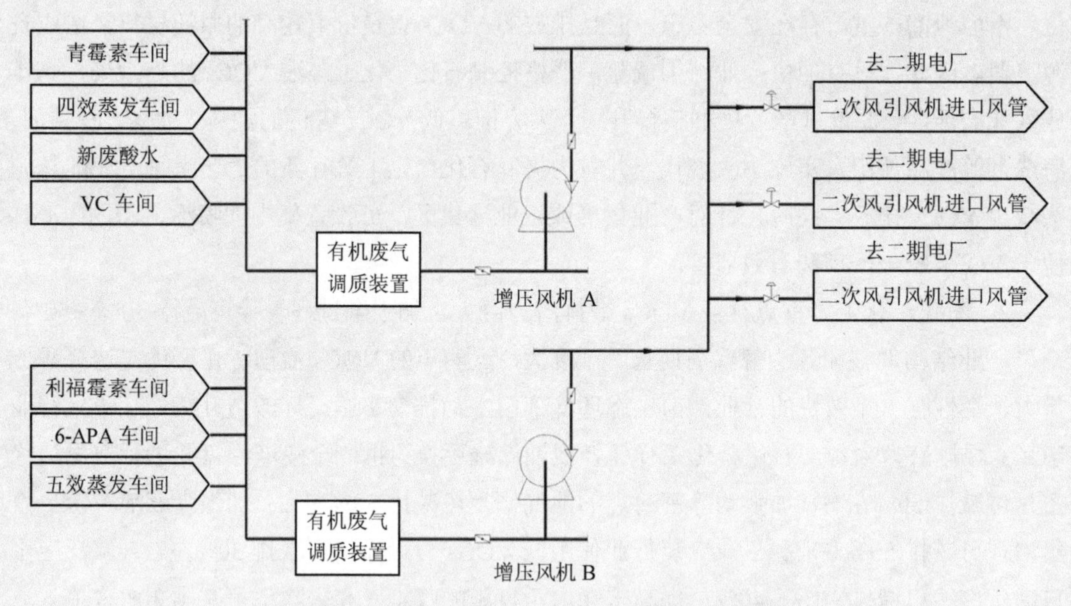

图 1-15　制药行业 VOCs 废气全过程控制工艺流程

VOCs 废气量协同减排关键技术应用于某制药车间废气 VOCs 减排，将利福霉素生产车间、青霉素生产车间、维生素 C 生产车间等车间废气全部通入 5 台锅炉作为助燃空气使用，实现废气量和污染物减排。该项示范实现 12 个车间 VOCs 废气减排 28.7 万 m^3/h，实现 VOCs 减排 258 164.8 t/a，VOCs 排放量明显下降。

2．为重点区域焦化行业 VOCs 等污染物减排提供技术支撑

创新利用 VOCs 废气量协同减排技术，采用燃烧深度处理方法，将装煤推焦废气经地面集尘站除尘后，引入焦炉作为助燃气体，气体通过空气启闭器进入焦炉蓄热室后进入焦炉燃烧室燃烧。通过（一次）焦炉燃烧室燃烧和（二次）焦炉烟气净化系统处理达到深度净化效果，实现装煤推焦废气的趋零排放（图 1-16）。

以京津冀重点区域内某年产 60 万 t 焦炭的焦化企业为例，利用该工艺技术，将产生量为 80 000 m^3/h 的装煤推焦废气全部梯度利用于焦炉深度处理，实现减排废气量近 30%，减排颗粒物 80.4 t/a、二氧化硫 208.1 t/a、氮氧化物 362.7 t/a、氨类污染物 9.1 t/a、非甲烷

总烃 48.6 t/a、一氧化碳 315.4 t/a；通过回收废气热能和可燃物的热值，每年节约标煤 1 000 t。

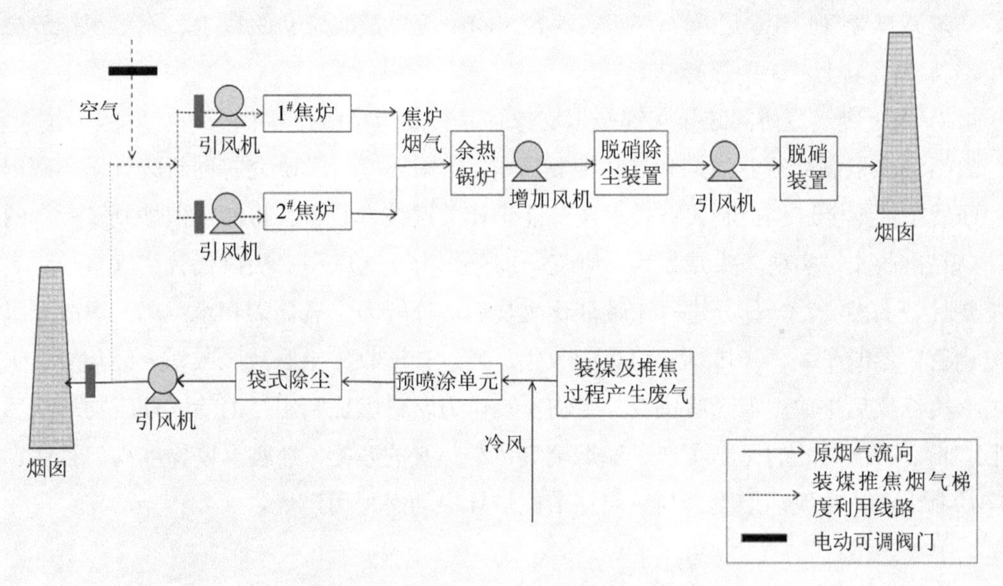

图 1-16　装煤推焦废气深度净化工艺示意图

3．橡胶制品行业 VOCs 废气量协同减排关键技术支撑重点区域污染减排

针对橡胶制品企业废气净化处理效果不明显、无组织排放严重等问题，开发全封闭风冷、水冷混合冷却罐、气量动态调配控制系统等关键技术，实现了炼胶、胶粉冷却等过程全封闭，废气高效收集；同时开展全流程的废气梯度利用减排，将炼胶废气梯度利用至冷却工序作为冷却气源，使得整个炼胶工序无废气排放；将冷却废气引入企业现有的导热油炉内，利用导热油炉的高温环境将有机废气中的 VOCs 等污染物高效脱除、消除恶臭，从而实现了整个再生橡胶行业的废气全过程控制。技术工艺流程如图 1-17 所示。

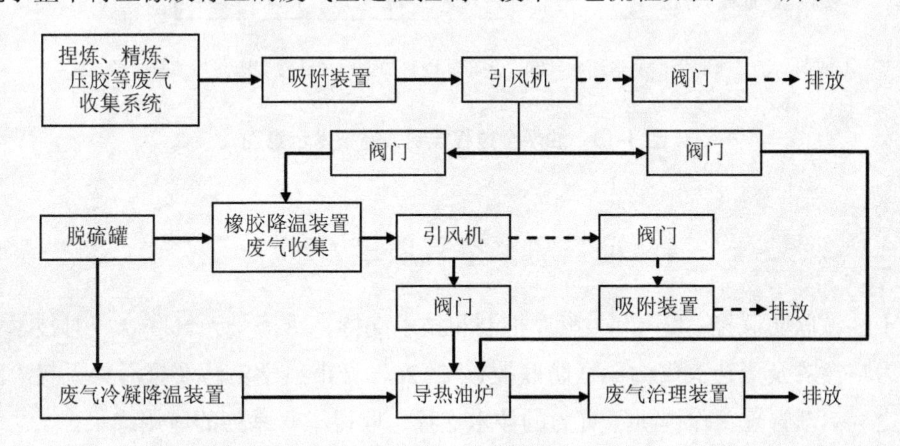

图 1-17　橡胶制品行业 VOCs 废气量减排技术工艺流程

该项技术已经在吕梁市汾阳市瑞丰橡胶有限公司、汾阳市鸿涛废旧橡胶再生研发有限公司、汾阳市东鑫橡胶科技有限公司、汾阳市安泰橡胶有限公司等四家企业开展了工程应用，实现减排废气量 1.6 亿 m^3/a，即实现含 VOCs 废气量减排 90%以上、无组织排放废气收集减排 95%以上，无明显异味。

4．VOCs 废气量协同减排关键技术支撑食品行业污染减排

针对油辣椒制品行业油烟和异味控制需求，中国环境科学研究院创新废气循环利用技术，研发了油烟全过程控制关键技术及节能炉灶关键技术装备。将油辣椒炒制过程中的油烟废气精准收集，实现源头减量化，废气一部分作为一次风和二次风代替空气参与焦炭在节能炉灶中的燃烧，一部分进行末端催化燃烧后，分解为二氧化碳和水；车间逸散无组织废气由密闭炒制车间顶部排烟窗口集中收集，通过管道收集至卧式吸收塔，经焦炭、生物质炭吸附净化后排放。吸附后焦炭、生物质炭作为燃料燃烧利用，消除固体废物二次污染（图 1-18）。节能炉灶的研制实现了油烟废气量与焦炭的匹配，灶膛温度梯度均匀且稳定不影响炒制生产，实现油烟废气与焦炭在节能炉灶中动态平衡燃烧。

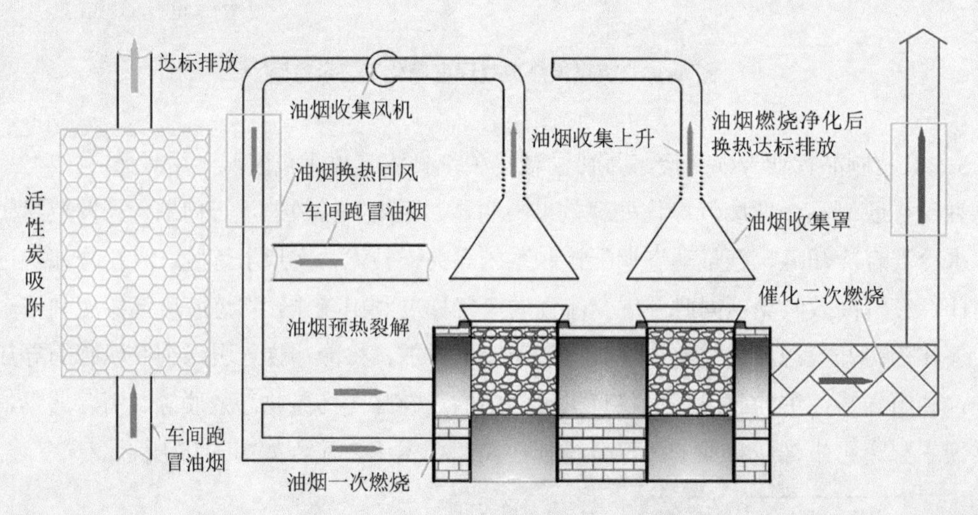

图 1-18　油烟全过程控制关键技术示意图

第三节　空气质量管理

基于区域联防联控、“一市一策”机制和技术支持、重污染天气联合应对技术研究的成果，为京津冀及周边大气污染联防联控、“2+26”城市科学治污及重污染天气“削峰降频”等空气治理管理工作提供了有力的技术支撑，取得了一系列的应用成果。

一、区域联防联控

1．京津冀及周边区域联防联控

在京津冀及周边区域层面编制区域联动应急预案，督促减排措施落地。在区域各地市层面制定空气质量保障方案，出台一系列针对燃煤、机动车、工业、扬尘等领域的减排措施。具体地说，突出高架污染源、重点工业污染源和污染物协同治理“三个控制”，全力压减污染排放空间；采取机动车临时管控措施，城区常年运行的燃煤锅炉提前完成清洁能源改造，从抑尘、控车、治企、禁烤等多方面采取保障措施。

建立区域监测预警协调联动机制和空气质量实时监测数据共享机制。区域层面各地市区密切配合，协调行动。由省生态环境厅牵头，每日对空气质量级别、首要污染物及空气质量变化趋势等内容进行会商，共同分析区域大气环境质量形势，有效提高空气质量预报的准确度。针对地区大气环流和污染特征，建立国家、省级生态环境、气象部门和科研监测单位的会商机制，加强城市火电、钢铁等“高架源”和石油化工等 VOCs 排放企业的环境监管，密切、精准的治理策略为区域联防联控实施效果提供了保证。

污染控制措施共包括三个方面，一是对一批企业实施停产或部分停产措施，二是进一步限制机动车行驶，三是施工工地停止作业。具体来说，如遇极端不利气象条件影响，预报未来 48 小时内空气质量超标时，运行指挥部提出启动应急措施的建议上报总指挥部，经批准后由各地方政府负责组织实施，生态环境部负责协调监督。应急措施实施后，当预报未来 48 小时内空气质量不超标时，运行指挥部提出应急措施终止建议上报总指挥部，经批准后由地方政府负责组织实施，生态环境部负责协调监督。

2．第七届世界军人运动会（以下简称武汉军运会）联防联控

（1）保障效果分析

①保障期间武汉及周边区域环境空气质量明显改善，武汉市空气质量均为优良，全面完成武汉军运会环境空气质量保障目标。军运会空气质量保障期间（10 月 8—27 日），武汉市空气质量连续 20 天保持优良（7 天优，13 天良），优良率达到 100%。其中，$PM_{2.5}$ 平均浓度为 30 μg/m^3，较去年同期下降 40%。湖北省（除武汉、十堰、神农架、恩施）13 个城市 $PM_{2.5}$ 日平均浓度均为 31 μg/m^3，较去年同期均下降 32%，管控效果明显。

②保障期间武汉城区 NO_x 浓度改善幅度较大，移动源管控效果显著。NO_x 污染特征显示，保障期间，武汉市城区和港口 NO_x 浓度改善幅度较大，城区 NO_2 和 NO 浓度降幅分别为 17%和 13%，工业源和移动源 NO_x 减排效果明显。保障期间，港口 NO_x 改善幅度较大，青山工业港、阳逻港和花山港 NO_2 降幅分别达到 25%、39%和 7%，说明对港区船舶和移动源污染管控取得了较好效果。

③保障期间武汉市 $PM_{2.5}$ 化学组分浓度总体呈下降趋势，硝酸盐浓度和占比均出现上

升。$PM_{2.5}$ 化学组分变化特征显示，保障期间不完全燃烧源、燃煤源和扬尘源的指示物较保障前下降比例分别为 0.9%、0.1%和 0.6%，燃烧源有所上升，增加比例为 1.9%，说明武汉市对扬尘及燃煤实施了有效的控制。

④保障期间武汉市气象扩散条件总体不利，管控措施起到了主要以及明显的空气质量改善效果。保障期间，气象因素对各项污染物浓度的降低不但没有起到积极的作用，反而增加了污染物浓度改善的难度。综合分析显示，11 天中有 10 天气象因素贡献为负，使 $PM_{2.5}$ 浓度平均上升 52.6%，管控措施则对控制 $PM_{2.5}$ 浓度起到积极作用，平均使 $PM_{2.5}$ 浓度降低 67%。

（2）经验与启示

①提前开展跨区域、跨部门空气质量联合预报会商及联防联控，有效遏制周边区域污染输送势头。在开幕式前（10 月 15 日），河南、安徽等地实施人工降雨作业，清除湖北周边区域污染气团，防范外围潜在传输污染，为会期武汉市空气质量打下良好基础。在会期保障阶段，通过分时段启动或延长管控区内应急管控联动，10 月 22 日择机在武汉及周边重点城市开展人工增雨作业，大幅减缓空气质量恶化趋势，极大地缓解了武汉及周边区域的空气质量保障压力，是省内管控城市实施跨区域、跨部门联防联控的成功案例。

②加强多地区、多部门联防联控是推动区域空气质量持续改善的有力抓手。本次保障工作启动后，各地政府环境空气质量保障指挥部统一协调调度，安徽、河南、陕西等地积极配合，省内省、市两级联动，实施了武汉及周边区域生态环境部门的大合作、大练兵，实现了监测数据共享、省级帮扶与市级执法力量融合和应急预警联动。同时，本次保障充分调动了气象、生态环境、交通、住建、城管、电力等相关部门的力量，形成了齐抓共管共治的新局面。

③沿江城市交通运输结构优化调整是控制交通源 NO_x 长效治理的根本路径。NO_x 治理是决定本次保障工作成败的关键，通过实施工业企业减排，武汉及周边区域重点源 NO_x 排放得到了大幅削减。但是交通源 NO_x 排放，尤其是武汉市中心城区机动车和港口、重点企业重型柴油车及非道路移动机械排放贡献相对凸显。受不利气象条件影响，19—21 日连续 3 天夜间时段 NO_2 浓度突增，均出现小时值超过日均标准限值（80 $\mu g/m^3$）的现象。21 日，现场指挥部及时部署实施重点区域、重点时段交通疏导，对阳逻港、花山港实施管控措施，有效阻止了 10 月 22 日夜间 NO_x 浓度的快速上升及 $PM_{2.5}$ 中硝酸盐的快速转化，确保了保障期间空气质量全面达标。

④构建动态排放清单，科学评估 NO_x 和 O_3 污染态势及成因是系统推进精细化管控及协同减排的关键科技支撑。精准、更新及时的大气污染源排放清单是空气质量保障的重要基础，虽然湖北省及武汉市在军运会保障前构建了高空间分辨率的本地化排放清单，但仍无法满足“一线作战”的精度需求。

⑤推进武汉市大气环境精细化管理，为长江中游城市群大气污染治理提供良好范本。针对我国首次在长江中游地区开展的重大活动环境空气质量保障工作，武汉市以科学决策为支撑，在精准减排、联防联控、执法督察、全民参与等方面积累了宝贵的经验，精准诊断、研判、减排、评估是做好本次军运会保障工作的根本。保障期间，在 NO_2、O_3 存在极大超标风险的关键时段，武汉市果断对机动车、非道路移动机械和船舶、港区作业等采取调控措施，迅速协调重点企业、重点行业配合开展生产调度和污染控制，取得了环境空气质量保障的良好成效。

二、“一市一策”驻点跟踪研究

“一市一策”驻点跟踪研究极大地推动了“2+26”城市科学治污进程，为其他城市群开展大气污染防控工作提供了可复制、可推广的工作经验。

①制定并完善“2+26”城市大气污染防治跟踪研究工作手册。“2+26”城市跟踪研究工作组驻点各城市，协助地方制定了“事前研判—事中跟踪—事后评估”的城市大气重污染应对工作机制，建立了大气重污染全过程跟踪研究机制。该机制对于形成地方环境管理的长效支撑能力，打赢蓝天保卫战三年攻坚作战方案的制定具有重要作用。跟踪研究工作组系统评估了 2016—2018 年“2+26”城市空气质量改善状况，为驻点跟踪研究工作勾勒出基于空气质量目标管理的内容框架，从技术支撑层面凝练出具有切实意义和可行性、可复制的《“2+26”城市大气污染防治跟踪研究工作手册》。

②制定大气污染防治跟踪研究技术方法、技术指南。驻点跟踪研究工作组制定了研究城市大气污染防治综合解决方案的技术方法，主要内容包括大气环境污染问题识别与排放特征分析方法、污染来源解析与成因分析技术、污染源减排潜力分析与情景模拟、空气质量改善与达标目标制定方法以及污染源排放控制综合解决方案编制与优化技术方法等，为“2+26”城市大气污染防治综合解决方案的制定提供了标准统一的技术规范，形成《大气污染防治综合解决方案制订技术指南》。该成果切实应用到城市大气污染防治工作中，协助地方制定出具有针对性和有效性的大气污染防治综合解决方案与改善路线图。

③在大气污染防治综合解决方案制定技术规范的基础上，进一步从方案执行层面建立“2+26”城市大气污染防治综合方案“执行—效果—反馈—评估—修订”的长效服务支撑技术，包括空气质量改善效果评估、大气污染防治措施减排完成情况评估、大气污染防治措施减排成效评估及大气污染防治方案动态调整等技术方法的分析与设计，凝练出具有指导意义、能够支撑“2+26”城市大气污染防治工作的技术规范《大气污染防治方案跟踪评估调控技术指南（草案）》，实现大气污染防治综合解决方案在执行和管理目标之间的闭环。根据“2+26”城市中不同类型城市空气污染差异化特征和阶段性空气质

量改善与达标目标要求，研究提出具有分类指导意义的“2+26”城市大气污染防治综合解决方案，支撑城市《2018—2020年三年作战计划》和《大气污染防治中长期空气质量改善方案》的编制与实施。

“一市一策”驻点跟踪研究工作机制已经在汾渭平原11个城市得到推广应用，并在全国范围产生较大影响，在长江中心、长三角和珠三角等地区得到进一步推广应用。“2+26”城市和汾渭平原以外的多个城市，如江淮经济区、江西、新疆、陕西等省（区、市）均提出增派驻点跟踪研究工作组开展大气污染防治工作的迫切需求。

三、重污染天气应对

在重污染天气联合应对技术体系支撑下，我国重点区域开展了大量卓有成效的重污染天气工作，实现了重污染天气“削峰降频”，最大限度地保障了公众身心健康。

1．技术支撑生态环境部编制印发多项重污染应对政策文件

中国环境科学研究院相关创新性研究成果很好地解决了之前存在的预警打断判定和级别调整不明确、减排措施不具体、减排比例无要求、减排措施难制定、减排项目难管理等多项关键问题，为生态环境部编制印发《重污染天气预警分级标准和应急减排措施修订工作方案》（环办大气函〔2017〕86号）、《关于推进重污染天气应急预案修订工作的指导意见》（环办大气函〔2018〕875号）、《关于加强重污染天气应对夯实应急减排措施的指导意见》（环办大气函〔2019〕648号）、《关于印发〈重污染天气重点行业应急减排措施制定技术指南〉（2020年修订版）的函》（环办大气函〔2020〕340号）等多项政策文件提供了有力技术支撑。

2．技术支撑生态环境部重污染应对工作的有效开展

近年来，中国环境科学研究院持续支撑生态环境部开展重污染天气应对工作，承办京津冀及周边“2+26”城市、汾渭平原、长三角等重点区域重污染天气应急预案修订培训，指导地方开展应急减排清单编制，释疑重点行业绩效分级指标以及相关减排措施制定；同时，针对重点区域各城市，开展重污染天气应急预案修订评估，帮助各城市进一步有效修订预案，切实发挥预案应有的减排效益。在相关技术支撑下，京津冀及周边“2+26”城市参与应急减排企业从2017年的不到1万家增加到2019年的10.7万家（其中包含A、B级和民生豁免企业1万家），在大幅夯实减排措施、减缓重污染天气影响的同时，实施差异化减排，推动行业转型升级，实现绿色高质量发展。

3．为重污染天气应对工作的开展提供了科学依据

基于应急措施提前实施时间对重污染天气缓解程度的影响评估结果，中国环境科学研究院提出了应急管控最佳的启动时间为提前1～2天，此时实施效果最好，该成果为各地及时启动应急响应措施及实施区域应急联动提供了科学依据。基于空气质量模式模拟

方法，建立了典型重污染过程应急减排效果评估技术，该技术支撑了多项重大活动空气质量保障的效果评估。基于监测数据统计，提出了高位累计浓度占比的概念，该成果直接支撑了 2015 年至今秋冬季的应急减排效果评估，为各地实施重污染天气应急减排提供了充分的科学依据。

第五章　典型案例

2017 年以来，中国环境科学研究院在京津冀及周边地区“2+26”城市、汾渭平原、苏皖鲁豫及以新疆、陕西为代表的西北地区等多个区域近 20 个重点城市开展了城市驻点跟踪研究工作，包括京津冀及周边地区的唐山、保定、廊坊、邢台、太原、晋城、菏泽、鹤壁、濮阳 9 个城市，汾渭平原的吕梁、临汾、渭南 3 个城市，苏皖鲁豫交界地区的宿州、亳州、潍坊、青岛 4 个城市，以及新疆昌吉州、石河子市，陕西省榆林市等城市。协助建立并持续更新高分辨率大气污染源排放清单，开展 $PM_{2.5}$ 精细化来源解析，有效应对重污染天气。提出“一市一策”综合解决方案，有效支撑了各城市空气质量持续改善和地方“精准治污、科学治污、依法治污”，部分城市案例如下。

第一节　唐山市驻点跟踪案例分析

一、主要问题

1．产业结构偏重，高污染、高排放的重工业企业众多

唐山市 2018 年三次产业结构比为 7.1∶54.9∶38.0，以第二产业为主导，属于能源消耗型重工业城市。在工业产业类别中，唐山市已形成钢铁、能源、化工、建材、装备制造五大主导产业。2017 年年末，唐山市规模以上工业企业 1 540 家，重工业主要为钢铁、焦化、水泥、电力行业，占全市工业企业数量的 10%左右；唐山市 46%的工业企业集中分布在唐山市城区的路南区、路北区，以及周边的丰润区、丰南区、古冶区和开平区；钢铁、燃煤、焦化和建材这四大重点行业企业多分布在燕山山前的平原地区。

2．煤炭消费量大，钢铁等行业污染排放贡献大

2017 年，唐山市能源消费总量达 8 722.27 万 t 标准煤，规模以上工业能源消费量为 7 424.16 万 t 标准煤；2017 年煤炭消费量为 6 096.6 万 t 标准煤，占比为 69.9%。

唐山市是我国钢铁产能最集中的城市。2017 年，唐山市共有钢铁冶炼企业 40 家（钢铁联合企业 35 家、独立炼铁企业 1 家、电炉炼钢企业 4 家）、独立热轧材企业 116 家、焊管企业 89 家、冷轧企业 18 家，主要分布在丰南、迁安、滦州、滦南、遵化、迁西、路北、开平、古冶、乐亭、曹妃甸 11 个县（区、市），合计钢铁产能为 14 892 万 t，年排放废气为 25 418 亿 m^3、二氧化硫为 5.45 万 t、氮氧化物为 9.68 万 t。2018 年唐山市粗钢

产量为 1.33 亿 t，同比增长 2.5%，占河北省产量的 56%，占全国产量的 14.3%。

3．铸造企业数量多、低端治污措施广泛存在

唐山市铸造企业数量多且分布广，污染排放量较大。2017 年，唐山市铸造企业共 155 家，主要分布在遵化、迁西、丰南、路北、古冶等区县，其中大量企业治污和环境管理仍处于较低水平，低端治污设施广泛存在，无组织排放问题严重。

4．建材业产能大、污染排放量大

唐山市是国内建筑材料重要的产业基地之一，截至 2018 年年底，唐山市拥有水泥熟料生产线 21 条，设计产能共 2 700 万 t，在“2+26”城市中排名第一，远高于其他城市。唐山市还拥有浮法玻璃生产线 3 条、卫生陶瓷生产线 34 条、建筑陶瓷生产线 6 条。此外，唐山市还存在大量烧结砖瓦、石灰等典型建材生产线。

5．公路货运占比大，柴油车污染排放量大

唐山市重污染企业密集，铁矿石、煤炭、钢材、焦炭等大宗物料运输量大，且以陆运为主，柴油货车是主要的运输工具，区域内柴油车 NO_x 和颗粒物排放均占汽车排放总量的 90%以上。2013—2017 年，唐山市公路货运量及机动车保有量逐年增加，2017 年全市机动车保有量达 212.6 万辆，柴油重型车辆超过 8 万辆，货运能耗量由 264.04 万 t 标准煤增长到 314.63 万 t 标准煤，增幅达 19.2%。2018 年，唐山市全年公路货运量为 4.1 亿 t，相比上年增长 6.1%；货运周转量为 1 049.1 亿 t/km，年增长 8.5%。

6．扬尘常年偏高，道路扬尘贡献较大

扬尘源是唐山市 PM_{10} 排放的首要贡献源，排放量占比高达 45.2%，同时也是第三大 $PM_{2.5}$ 排放源，占比为 21.3%。唐山全市重工业物流需求每年达 13.6 亿 t，需至少 3 400 万辆次载重货运汽车，运输飘洒、道路扬尘对环境空气质量影响十分突出。开平和古冶等区县周边区域重型货运车流量巨大，道路破损严重，扬尘问题十分突出。

二、主要工作

1．建立驻点工作机制

2017—2019 年秋冬季，中国环境科学研究院建立了“轮流驻点+培训交流”的工作模式，综合利用常规污染物、颗粒物在线组分、气溶胶激光雷达和数值模拟等技术手段，参与唐山市大气重污染过程分析与应急会商。驻点工作自每年 10 月 15 日开始至次年 3 月 15 日结束，采取 2 人一组、每周轮换的工作模式，共驻点 80 人周。

2．实地调研与监测相结合，开展特色攻坚

中国环境科学研究院系统开展了 2017 年和 2018 年清单编制工作，摸清了污染源排放底数，对主城区和重点区域进行重点源排查，覆盖工业源、扬尘源、交通源、散煤源等，形成重点污染源管控清单，指导地方进行挂图作战和污染源管控调度。

建立“天地车人”一体化的机动车排放监控体系，在柴油货车运输通道安装了 3 套垂直式（滦县、京唐港）和 2 套水平式（京唐港）遥感监测设备。建立了唐山市机动车尾气检测监控平台，实现了市、县两级机动车检测管理机构与监管平台的联网。在重点用车企业车队加装尾气在线监控装置，实时监控柴油货车 NO_x 排放和尿素添加情况。

开发了车载移动路面积尘监测系统，以出租车为载体对市区街道的积尘量进行实时在线测量。该系统利用车辆行驶过程中道路扬尘监测结果，借助大数据算法计算路面积尘排放潜势，对市内各路段进行潜在扬尘排放统计，形成街道清洁度排名，指导道路清洁作业。

开展民用散煤污染物排放的动态量化研究，选择典型村部署数十台空气质量观测微站，并在典型户安装加煤实时感应记录装置及排放测试系统，形成了农村采暖煤量及排放情况的实时量化算法，提供了动态化的散煤燃烧排放清单。

3．大气颗粒物来源解析

采用受体源解析和模式源解析方法，中国环境科学研究院对唐山市秋冬季大气颗粒物开展了精细化来源解析，在唐山市区、开平区和古冶区开展大气 $PM_{2.5}$ 连续手工采样，完成了唐山市秋冬季大气 $PM_{2.5}$ 的化学组成特征及来源解析，定量解析了重点污染源贡献。在本地来源贡献中，工业源、燃煤源、交通源和扬尘源分别占 28%、26%、11%和 11%。

4．重点行业“一企一策”

中国环境科学研究院筛选了唐山市炼焦企业，对企业生产全过程各环节（包括原辅材料、工艺技术、装备、污染治理措施、产品和管理体系等）进行调研、评估，识别其存在的主要问题及污染减排潜力，提出了长期升级策略建议，如运用烧结烟气循环分级净化及余热回收技术、烧结烟气脱硝技术、高炉炉顶均压煤气回收技术、钢包在线全程加盖技术和自动炼钢等清洁生产技术，形成“一企一策”。

三、工作成效

1．实现路面积尘精准定位和及时治理

通过车载式路面积尘监测设备的多车部署，实现道路积尘常态化监控作业。车载式道路积尘监测平台被写入了生态环境部《中国空气质量改善报告（2013—2018 年）》。中国环境科学研究院基于监测平台提出了道路积尘潜势动态排名，制定了不同辖区路段的常态化、闭环监测—治理—考核方案，指导开展道路积尘清洁作业。2019 年唐山市 PM_{10} 浓度比 2017 年降低 14%，扬尘污染治理成效显著。

2．聚焦典型行业，治理效果初显

针对唐山市 CO 和 SO_2 突高问题，聚焦重点行业，跟踪研究工作组对唐山市多家钢铁和炼焦企业进行走访调研，列出问题清单并提出对改进措施的建议，督促企业进行整改。2017—2018 年秋冬季，CO 和 SO_2 浓度同比分别下降了 34%和 37%；2019 年 CO 和

SO_2浓度同比分别下降了 12%和 28%，治理效果明显。

3．空气质量显著改善

2017—2018 年秋冬季唐山市优良天数为 107 天，较上年同期增加了 22 天，重污染以上天数 10 天，较上年同期减少了 28 天。2019 年唐山市空气质量同比改善明显，空气质量综合指数 6.54，同比下降 4.9%；$PM_{2.5}$平均浓度 53.9 μg/m^3，同比下降 7.2%；优良天数 221 天，其中优天数 29 天，同比增加了 9 天。2019 年唐山市在河北省大气污染综合治理考核中被评为“优秀”。

第二节　保定市驻点跟踪案例分析

一、主要问题

1．空气污染严重

保定市位于河北省中部、太行山东麓北部，地势由西北向东南倾斜；面积为 22 190 km^2，全市常住总人口超过 1 000 万人，机动车保有量超过 200 万辆在省内仅次于石家庄。长期以来，由于经济的高速发展及能源结构不合理，保定市是空气污染最严重的城市之一，空气质量综合指数长期位于全国后 10 名以内，2015 年保定市综合指数和 $PM_{2.5}$年均浓度在 168 个重点城市中排名倒数第一。2018 年保定市三产占比为 10.5∶41.6∶47.9，第三产业占比超过第二产业；保定市工业结构仍然偏重，重工业占比接近七成；22 个行政区划单元中，有 17 个区县第二产业占比最高。

空气污染具有明显的季节特征，秋冬季是污染最严重的季节。2013—2018 年保定市月综合污染指数和 $PM_{2.5}$月均浓度高于 74 个城市平均值，10 月—次年 3 月保定市月综合污染指数和 $PM_{2.5}$月均浓度多位于倒数第 5 位以内，春夏季排名在 6～25 位，重污染过程几乎都出现在秋冬季，高位累积浓度也都出现在秋冬季。空气污染具有明显的空间分布特征，不同区县污染程度不同。保定市综合指数排名后 5 位的区县（包括清苑区、唐县、曲阳县、望都县、顺平县）都在区域的东南部、南部和西南部。

采用统计学方法分析 2013—2018 年保定市与“2+26”城市六项大气污染物差距可知，除 2013 年 O_3-8 h 低于“2+26”城市均值外，其他污染物浓度都高于“2+26”城市均值。

2．企业规模小，治污设施简单

保定市工业企业的特点为：企业规模小，工业园区多为企业集群性质，散乱污企业数量多。保定市是河北省第一个“无钢”城市，规模较大的企业为长城汽车、晨阳水漆，以及 6 个火电厂和 6 个水泥厂。大规模企业不多，但企业数量、工业园区和企业集群较多。保定市有国家级高新产业开发区 1 个、省级高新产业开发区 20 个，地市级高新产业开发区 46 个。企业规模小，大气污染治理设备简单，部分企业治污设备效率不高。

3．民用散煤消费占比高

保定市工业结构中大规模、高能耗、高排放的工业少，能源结构以煤炭、电力、石油、天然气调入为主，煤炭占能源消费总量的比重过高。2014 年在保定市农村开展的民用生活能源调研表明，煤炭使用占 78%，主要用途为取暖。2014 年冬季 $PM_{2.5}$ 的本地源解析结果表明，民用燃煤源占 30.9%，为首要污染源。

4．机动车保有量大运输结构不合理，移动源排放显著

2017 年保定市机动车保有量达到 243.5 万辆，其中汽车 216.7 万辆，低速汽车 6.4 万辆，摩托车 20.4 万辆。2001 年以来，保定市货物运输总量波动增长，2015 年比 2001 年上涨了 272%，货物运输中公路运输比例更是高达 95.94%。公路运输占比高，高速公路多，高排放量车多，非道路移动机械没有台账。

二、主要工作

1．开展驻点跟踪研究工作，建立科学研判决策体系

为了改善保定空气质量，提高环境空气达标天数，全面完成“大气十条”考核指标，中国环境科学研究院抓住污染严重的秋冬季重点时段，将“短期应急”与“长期改善”相结合，开展驻点跟踪研究，及时跟踪、及时分析、及时研判、及时报送，建立了大气污染科学研判决策体系，为保定市政府和生态环境局了解污染状况、制定污染控制措施提供支持。

2．充分解析大气颗粒物来源，及时编制污染源排放清单

为全面摸清保定市大气污染成因和来源，中国环境科学研究院开展了大气源排放清单编制和源解析工作。在源排放清单方面，研究团队深入一线调研第一手资料，不仅深入工业企业进行调研，还开展了道路扬尘检测、实况道路机动车排放因子检测、双替代入户调研等工作。在源解析方面，不仅完成了 2017—2018 年秋冬季和 2018—2019 年秋冬季的源解析工作，还与 2014 年源解析结果进行了对比分析，研究了源解析结果差异，探讨了内在原因。

3．深入分析大气污染特征，制定“一区县一策”治理措施

基于保定市常规污染物数据和组分数据，利用特征雷达图、累计浓度占比、高位累积浓度、污染物距平图、后向轨迹、潜在源分析、Morlet 小波变换、ISORROPIA-Ⅱ热力学平衡模型等方法，对保定市的大气污染特征进行了深入分析。

针对保定市区县多，各区县产业结构不同、污染成因不同、污染特征不同的特点，分区县开展了大气污染特征、污染物排放特征、能源结构、产业结构、工业园区和工业企业特征等分析工作，提出了各区县大气环境的主要问题和大气污染特征，为“一区县一策”大气污染治理政策的制定提供了基础数据和科技支撑。

三、工作成效

1．精准治污、源头控制

根据保定市 $PM_{2.5}$ 精细化来源解析和污染源排放清单，居民散煤燃烧、机动车尾气排放和交通扬尘是保定大气污染物的重要来源。据此，保定市实施了散煤治理、清洁取暖改造、机动车管控、错峰生产和重污染应急等一系列空气污染控制措施，保定市污染源排放和各类源贡献占比发生了明显变化。2017—2018 年秋冬季和 2018—2019 年秋冬季本地精细化源解析结果表明，燃煤仍是保定市最大的污染源之一，其贡献率占 30%～40%，但与 2014 年秋冬季（47.2%）相比，占比明显下降。民用燃煤贡献率占比由 2014 年秋冬季的 30.9%降至 2017—2018 年秋冬季和 2018—2019 年秋冬季的 22%～25%，降幅明显，说明集中供暖、清洁取暖和劣质煤管控对降低民用燃煤排放起到了很好的效果。

2．科学治污、成效显著

由于以科学为基础建立的保定市空气污染控制工作目标准确、措施得力，近年来，保定市各项污染物浓度下降幅度巨大。2013—2018 年保定市综合指数由 11.6 下降到 6.6，重度污染天数由 114 天下降到 27 天，重度污染时污染物累积浓度由 57.34%下降到 20.59%；SO_2 是下降幅度最大的污染物，平均每年降幅为 20.6%；$PM_{2.5}$、PM_{10} 和 CO 降幅也较为显著，平均每年降幅超过 10%；同时与“2+26”城市污染物平均浓度水平的差距越来越小。

2019 年保定市空气质量综合指数在全国 168 个重点城市中排名倒数第 11 位，首次退出全国后 10 名；$PM_{2.5}$ 年均浓度 58 μg/m^3，同比下降 10.77%，在全国 168 个重点城市中排名倒数第 21 位；优良天数 196 天，占比 53.7%；2019—2020 年秋冬季保定市 $PM_{2.5}$ 平均浓度为 72 μg/m^3，比 2018—2019 年秋冬季下降 24.2%，下降幅度在“2+26”城市排名第一。保定市被河北省授予“2019 年度全省大气污染综合治理考核先进城市”称号。

多年的实践表明，研究团队深入一线，开展持续的精细化来源解析、污染源排放清单研究对保定市制定科学、有效的空气污染控制政策以及保定市空气质量的快速显著改善起到了十分重要的作用。

第三节 廊坊市驻点跟踪案例分析

一、主要问题

1．颗粒物及前体物下降变缓，臭氧污染凸显

$PM_{2.5}$、PM_{10}、SO_2、NO_2 等颗粒物及气态前体物的减排空间收窄，下降幅度变缓，臭氧污染特征凸显。从 2013—2018 年六项污染物浓度逐年变化来看，$PM_{2.5}$ 年均浓度持续下降，年同比下降率范围为 9%～22%，随着浓度下降，年同比下降率减小；PM_{10} 年均浓度

持续下降，年同比下降率范围为 5%～18%，随着浓度下降，年同比下降率也有所降低；SO_2 年均浓度持续下降，年同比下降率范围在 21%～33%；NO_2 年均浓度有所波动，年同比变化率范围为-8%～11%；CO 整体呈现下降趋势，年同比变化率在-18%～3%；臭氧年浓度整体呈现上升趋势，2018 年同比 2013 年上升了 36.2%，其中 2017 年浓度最高，2018 年同比 2017 年下降 7%。各类污染物浓度大幅下降主要原因是钢铁企业全面退市，“散乱污”企业整治，散煤“双替代”完成，35 蒸吨（1 t/h=0.7 MW）及以下燃煤供热锅炉淘汰改造，水泥、玻璃、胶合板等行业深度治理，市政用车、物流运输车等实现新能源或清洁能源汽车替代，黑加油站清理，面源污染管理等各项大气污染治理工作扎实推进。但是，臭氧问题逐渐凸显，有效开展 NO_x 和 VOCs 等污染物削减，进行臭氧污染有效防控，成为下一步廊坊市大气污染防治工作的重点工作之一。

2．污染分布南北高，中心低

2015—2018 年各县（市、区）六项污染物年均浓度整体呈逐年下降趋势，其中 $PM_{2.5}$、PM_{10}、SO_2 和 CO 四种污染物 2017 年较 2016 年分别下降 30%、26%、28%和 17%。从这四项污染物来看，2015—2016 年市三区（安次区、广阳区和开发区）平均浓度低于北三县（三河市、大厂县和香河县）和南五县（永清县、固安县、霸州市、文安县和大城县）；2017—2018 年，11 个县（市、区）基本持平；NO_2 年均浓度市三区和固安县、霸州市略高于其他县（市、区）。除了地理位置、气象因素和周围城市群相互影响，产业发展不均衡、治理水平差异性和管理能力不均等都是区（县、市）空气质量差别化的原因，其中从 2018 年污染源排放分析，文安县、安次区和永清县对廊坊市 $PM_{2.5}$ 排放贡献率较大；文安县、三河市和永清县对廊坊市 SO_2 排放量贡献较大；大城县、霸州市和安次区对廊坊地区 NO_x 排放贡献率较大；霸州市、开发区和文安县对廊坊地区 VOCs 排放贡献率较大。

3．缺乏有效的监管机制，污染治理设施未发挥实效

2018 年 10 月底前完成 120 家省定重点企业 VOCs 在线监测设备或超标报警传感装置的安装工作，截至 2018 年年底前完成 200 余家企业 VOCs 深度治理。根据大气污染污染源调查结果可知，工业源仍是廊坊市大气污染防治的重要部分，污染治理工作解决了治理设施从“无”到“有”的全面突破，但是在精准管理、监督落实方面仍需加强，对于废气收集治理系统有效性、废气收集率、治污设备投运率、设施去除率等需进一步提高。

二、主要工作

1．开展污染成因分析

分析近三年主要污染物的季节、日浓度变化规律和超标情况，以及重污染天气对达标的影响，识别影响城市大气环境质量达标的主要污染物；筛选年度重污染过程发生频率、持续时间及发生季节等特征，了解城市重污染过程发生整体趋势；分析主要污染物浓度的空间分布特点，识别重点控制时段及重点敏感区域。结合大气环境综合观测网的数据，深入挖掘京津冀及周边在线和离线污染物浓度、颗粒物化学组分、VOCs 组分特征，通过数值模拟与数据分析，深入研究重污染的形成机理及传输规律。

2．开展排放清单研究和城市颗粒物源解析

通过深入调查与遥感等高科技手段相结合的方式，开展污染源调查，收集源活动水平数据，开展廊坊市动态高时空分辨率排放清单编制和动态更新，开展了 2016 年的大气污染源排放清单校核、2017 年和 2018 年大气污染源排放清单编制工作。采用受体源解析和模式源解析方法对秋冬季和重污染过程重点源类和重点源的空间来源开展精细化来源解析。2017—2018 年秋冬季在廊坊市自北向南设置了 4 个手工采样点位，2018—2019 年秋冬季设置了 3 个手工采样点位，开展颗粒物组分特征分析、进行受体源解析和模式源解析，分析廊坊市 $PM_{2.5}$ 的主要来源和区域传输贡献。

3．提出重污染天气应对和综合防治方案

协助廊坊市编制重污染天气应急预案，对预案及应急减排项目清单的针对性、有效性、可核查、可考核等方面进行审核、评估，探索性地提出差异化应急减排方案，指导开展应急减排项目清单研究和修订。通过分析廊坊市 2013 年以来空气质量监测数据、大气污染源排放基数和源解析结果，从着力协同改善空气质量，推进能源结构、产业结构和交通运输结构优化角度，编制大气污染防治工作方案，提出创新型管理和治理方案。

三、工作成效

1．环境空气质量显著改善

自跟踪研究工作开展以来，除臭氧外，廊坊市环境空气质量大幅改善，截至 2019 年年年底，$PM_{2.5}$、PM_{10}、SO_2、NO_2 和 CO 年均浓度分别为 46 $\mu g/m^3$、85 $\mu g/m^3$、8 $\mu g/m^3$、39 $\mu g/m^3$ 和 1.7 mg/m^3，较 2016 年下降了 30.3%、24.1%、55.6%、25%和 51.4%；O_3 年均浓度 196 $\mu g/m^3$，较 2016 年增长了 7.7%。2019—2020 年秋冬季 $PM_{2.5}$、PM_{10}、SO_2、NO_2、CO 年均浓度为 55 $\mu g/m^3$、88 $\mu g/m^3$、8 $\mu g/m^3$、44 $\mu g/m^3$ 和 2mg/m^3，较 2016—2017 年秋冬季同比下降了 42.7%、38%、63%、33.3%和 63.6%。优良天数 235 天，较 2016 年增加 12.9%；重污染天数 10 天，较 2016 年减少 66.7%。

2．主要污染源排放量持续下降

2016—2018 年，廊坊市主要污染物排放量整体上呈下降趋势，$PM_{2.5}$、SO_2、NO_x、CO、VOCs、PM_{10} 年排放量降低 56%、70%、13%、61%、46%、38%。其中，SO_2 主要来源是固定燃烧源和工艺过程源，NO_x 主要来源是移动源，CO 的主要排放源是工艺过程源，VOCs 主要来自工艺过程源和有机溶剂使用源；主要工业排放源包括水泥、玻璃、金属压延、保温材料、家具制造、化学原料和化学制品制造等行业。

3．重点行业实现精准管控

开展污染成因分析、特征研究，解析污染来源，探究影响关系，针对目前廊坊市 $PM_{2.5}$ 和臭氧复合污染的环境空气质量问题，通过源头防治、过程控制、末端治理等多措并举，推进大气污染防治工作。2017 年年末，探索性地提出重污染应急管控标识牌方案，并下沉至区县，对 500 余家企业进行“一对一”指导，形成简单易懂、可接受全社会监督的公示牌；2018 年，在调研和摸排工作基础上，首次提出源头削减、过程管控、末端治理相结合，生产与运输协同的全过程差异化管控思路，编制了《廊坊市重点行业秋冬季差异化错峰生产绩效评价指导意见（试行）》和《廊坊市重点行业重污染天气应急绩效评价技术指南》。对钢铁、玻璃棉等 6 个行业，从通用指标要求和差异化指标方面，提出错峰生产差异化管控方案。对玻璃制造、涂料制造等 7 个行业，根据原辅材料或产品、生产工艺、废气收集、末端治理、末端排放、监测方式、环保管理等指标，对企业按照分类等级实施差异化停限产措施。廊坊市在推进差异化绩效管理体系方面，先行先试，为全国应急管控工作贡献了廊坊经验。

第四节　临汾市驻点跟踪案例分析

一、主要问题

临汾市作为汾渭平原大气污染传输通道城市之一，由于能源结构以煤为主、产业结构偏重、污染排放强度大，再加上地处四面环山的“凹”字形盆地之中，污染气团易在盆地内停滞堆积，导致秋冬季重污染天气频发。大气污染形势非常严峻，是全国空气污染最严重的城市之一，主要面临以下问题。

1．能源结构以煤为主，污染物减排压力大

临汾市能源消费结构中煤炭消费占比高达 88.7%，高出山西省平均水平约 4 个百分点，高出全国平均水平 28 个百分点，煤炭总量控制还有较大的空间。另外散煤污染问题突出，2018 年采暖期 SO_2 浓度是非采暖期的 3.9 倍，采暖期 CO 浓度是非采暖期的 2.1 倍，统计显示临汾市一城三区仍有近 24 万户未实现清洁取暖，其中市区建成区仍有近 3 000 户未实现清洁取暖，直接影响了市区空气质量。

2．产业结构偏重、污染排放强度大

临汾产业结构“一煤独大”，煤炭、焦化、钢铁、电力四大传统产业占全市工业经济总量的 88.5%，且全市 70%的工业企业集中在汾河两岸 3 300 km^2 的盆地之内。临汾市在产的 22 家焦化企业中 12 家分布在汾河谷地平川区域 7 个县（市、区）（尧都区、洪洞县、襄汾县、霍州市、曲沃县、侯马市、翼城县）中，产能为 1 390 万 t，占全市在产焦化总产能的 68.3%，其中一城三区在产产能为 1 110 万 t，占平川区域在产产能的 79.8%。全市在产的 12 家钢铁企业（含连铸和铁合金）中 11 家分布在平川区域，产能约为 1 510 万 t，占全市在产钢铁总产能的 97%。全市在产的 22 家水泥企业中 20 家分布在平川区域；5 家省调火电企业全部分布在平川区域。污染物排放量分析显示，2018 年临汾市平川区域 SO_2、NO_x、$PM_{2.5}$ 排放量分别占临汾市总量的 69.9%、85.1%、75.6%，其中一城三区 SO_2、NO_x、$PM_{2.5}$ 排放量分别占临汾市总量的 36.1%、53.9%、47.6%。

3．扬尘污染管控不到位

扬尘源是临汾市 PM_{10} 最大的贡献源，其贡献比例高达 42.0%，其中道路扬尘和施工扬尘是主要贡献源。城郊区域部分路段破损严重，且货车通行率高，缺乏洒水抑尘措施，道路积尘严重。施工现场存在管理粗放、喷淋设备配备不到位、裸土未覆盖等现象，管理上流于形式，未按照要求和规定落到实处。

4．机动车污染防控水平尚待进一步提升

临汾市 2018 年机动车保有量共计 67.4 万辆，并且以年均 11.6%的速度在增长；各车型构成比例显示载货汽车占机动车保有量的 12.2%，其中轻型货车和重型货车占比较大，分别为 6.4%和 4.8%。统计数据显示临汾市公路货运总量约占山西省货运总量的 1/7。交通运输结构存在以公路运输为主、重型柴油车污染严重的问题。必须提升铁路货运能力，推进公铁联运，尤其是临汾市运输量大的钢铁、电力、焦化、煤炭企业，需加快铁路建设，充分发挥铁路运输运量大、效率高及绿色环保的优势。

二、主要工作

1．摸清了大气污染源排放状况

基于临汾市污染源基础数据的特点，大气攻关项目建立了有针对性的清单基础数据收集方法，通过分类培训及现场调研的形式完成了污染源清单的活动水平收集，编制了临汾市 2018 年和 2019 年污染源清单，在此基础上利用卫星遥感数据对清单进行校核。源清单结果显示，大气污染治理成效初步显现，SO_2、NO_x、VOCs、CO、PM_{10} 和 $PM_{2.5}$ 2019 年排放量与 2018 年相比降低了 20.9%、15.0%、31.2%、10.4%、7.5%和 7.8%。

2．开展了颗粒物精细化源解析

2017—2019 年采暖季，在临汾市设置受体采样点位，开展了临汾市环境空气 $PM_{2.5}$ 样品采集，分析获得了临汾市 $PM_{2.5}$ 浓度及主要化学组分的时空分布特征；识别了临汾市大气颗粒物的排放源类，对颗粒物源成分谱进行了完善；在受体模型基础上，结合临汾市高分辨污染源排放清单等技术方法，开展了临汾市 $PM_{2.5}$ 污染来源解析，实现了精细化解析，定量估算了燃煤、工业、机动车和扬尘等污染源类对 $PM_{2.5}$ 的贡献。

3．研究提出钢铁、焦化布局调整建议，制定深度减排治理技术方案

基于现场及资料调研，大气攻关项目详细梳理了临汾市钢铁、焦化企业生产工艺装备水平，分析了钢铁、焦化企业的清洁生产水平和污染治理水平，研究了钢铁、焦化大气污染排放对临汾市环境空气质量的影响，在此基础上，重点围绕产能控制、产业布局、行业发展和污染治理，提出钢铁和焦化治理建议，提出平川地区钢铁、焦化产能削减的建议，制定钢铁、焦化行业深度减排治理技术方案，有力推动了钢铁、焦化等重污染行业的污染治理工作。针对秋冬季大气污染防治攻坚战工作，重点围绕企业生产装备水平、末端治理水平、清洁运输水平和管理水平对企业进行分级分类管控。

4．创新性地提出三监联动方案，压实环境监管措施

针对临汾市钢铁、焦化企业多、排放强度大、监管难度大的特点，大气攻关项目创新性地提出了“三监联动”执法方案。该方案将市环境监测中心站、市环境监控中心和市环境监察支队组织起来统一行动，在秋冬季对工业企业采取突击检查的方式进行检查。市监测中心站人员携带监测设备，对钢铁、焦化企业的主要排口以及以高炉煤气、焦炉煤气、转炉煤气为燃料的附属燃烧设备排放的常规污染物进行现场监测；监控中心人员通过现场监测设备校准和历史数据核查，排查偷排、超排等现象；市环境监察支队基于现场取证结果，第一时间立案查处，始终保持执法监管高压态势，有力支撑秋冬季重污染期间的企业管控。

5．编写了大气污染综合解决方案

对比分析近年来临汾市与周边省市空气质量改善的幅度，结合近年来采取的各类污染物减排措施，参考《山西省“十三五”环境保护规划》$PM_{2.5}$ 改善目标要求，提出 2025 年临汾市 $PM_{2.5}$ 的年均浓度达到 50 $\mu g/m^3$，到 2035 年达到空气质量二级标准 35 $\mu g/m^3$ 的目标。在此约束条件下，分析研究了未来的减排空间，针对能源、产业、交通、用地四大结构以及主要大气污染源深度治理和管控措施提出了有针对性的减排措施，描绘了空气质量改善路线图。

三、主要成效

1．探明了大气污染成因

对比 2017—2018 年、2018—2019 年以及 2019—2020 年采暖季 $PM_{2.5}$ 各源类分担率可知，整体上临汾市 3 个采暖季的主要贡献源类变化不大，燃煤源始终是采暖季的首要贡献

源，扬尘源、工业源及二次颗粒物也是采暖季主要贡献源。

2．燃煤污染得到有效控制

2018—2020 年，临汾市清洁取暖改造 35.24 万户，全市清洁取暖覆盖率达到 87%；完成全市范围内 35 蒸吨以下燃煤锅炉的淘汰，累计淘汰燃煤锅炉 249 台共 898 蒸吨。清洁取暖改造及锅炉淘汰带来的 SO_2 和 CO 削减量分别为 0.8 万 t 和 11.4 万 t。空气质量明显改善，与 2018 年相比，2020 年 SO_2 和 CO 浓度分别降低 57.1%和 24.2%。

3．钢铁焦化等工业污染得到初步缓解

2018—2020 年临汾市先后关停焦化企业 13 家，压减焦化产能 807 万 t；退出 3 家钢铁企业部分污染工序；完成 13 家钢铁企业（含钢铁、铸造、铁合金企业，共涉及粗钢产能 1 540 万 t）超低排放改造，建设 3 条铁路专用线。钢铁、焦化企业污染得到初步缓减。据污染源排放清单结果显示，钢铁焦化 SO_2、NO_x、PM_{10} 和 $PM_{2.5}$ 排放量分别由 2017 年的 1.1 万 t、3.0 万 t、4.2 万 t 和 3.2 万 t 降到 2020 年的 0.6 万 t、0.9 万 t、3.1 万 t 和 2.4 万 t。产业结构和布局不合理的问题得到初步缓解。

4．空气质量取得明显改善

经过 2018—2020 年三年秋冬季大气污染防治攻坚战和大气污染综合治理，2020 年临汾市主要大气污染物浓度同比下降，特别 SO_2 年均浓度由 2017 年的 72 $\mu g/m^3$ 降为 2020 年的 18 $\mu g/m^3$。2018—2020 年，临汾市区环境空气质量综合指数分别为 7.05、6.75、5.74，实现持续下降；重污染天数分别为 31 天、27 天、19 天，呈逐年减少趋势。2020 年临汾市全面超额完成了国家秋冬季大气污染防治攻坚战考核任务，2019 年环境空气质量综合指数排在全国 168 个重点城市倒数第五位，成功告别全国重点城市倒数第一的位次，空气质量实现了明显改善。

第五节　滑南市驻点跟踪案例分析

一、主要问题

1．煤炭消耗量高，“双替代”压力大

2017 年，渭南市能源消费总量达 2 273.99 万 t 标准煤。其中，煤炭消费量为 1 570.24 万 t 标准煤，占比为 69.1%，石油消费量为 458.13 万 t 标准煤，占比为 20.1%，天然气占比仅为 1.5%。2018 年，民用燃煤消耗量为 87.74 万 t，散煤替代压力大。根据“渭南市 2019 年煤改气计划改造任务清单”及“渭南市 2019 年煤改电计划确村定户数据清单”，渭南市 2019 年计划完成 40 余万户的“双替代”任务，约 99%为“煤改电”工程、1%为“煤改气”工程。此外，“煤改气”及“煤改电”综合成本较高，替代完成区依然存在燃煤现象。

2．产业结构偏重，高排放、高污染企业密集

2017 年，渭南市固定源能源消费量为 1 759.28 万 t 标准煤，占能源消费总量的 77.4%，六大高耗能工业能源消费量累计占比 89.8%。中心城区及周边煤化工、火电和水泥企业交错，东有陕西陕化化工集团有限公司和华能陕西秦岭发电有限公司，北有蒲城清洁能源化工有限责任公司和陕西华电蒲城发电有限责任公司，西北有陕西陕焦化工有限公司、陕西富平热电有限公司和陕西富平水泥有限公司，高新区有陕西渭河煤化工集团有限责任公司，经开区有华能陕西渭南热电有限公司，南部近郊砖厂密集，重工业企业四面围城。

3．高排车排放量大，路网结构不合理

渭南市机动车总保有量约为 57.14 万辆，柴油车约为 7.43 万辆，占比为 13%，高于西安市（柴油车占比 9.71%）。与关中其他城市相比，渭南市高排车占比大，国三及以下机动车保有量约为 27.14 万辆，占总量的 40.1%。连霍高速、渭蒲高速等多条高速公路以及 G108、S107、G310 等主干道在中心城区穿行，在中心城区与 S201 四线合一，连霍高速、G310、G108 货车通行量大，对市区内环境影响不容小觑。

4．扬尘常年偏高，自然源较多

裸露土地分布较广、数量较多，裸地新增变化较快。南塬裸地约为 23 km^2，城区段河滩裸露面积约为 12 km^2，大风天气下扬尘四起。渭南市处于城镇化建设时期，施工工地多，土方开挖等工程易造成扬尘污染。道路积尘负荷高，2018 年渭南市道路积尘负荷均值为 1.13 g/m^2，未铺装道路约为 1 193 km，干燥大风条件下易起尘。

二、主要工作

1．建立秋冬季驻点工作机制

在秋冬季期间建立“日常支持+专项攻关”的工作模式，建立重污染天气预警联合会商机制，综合利用颗粒物在线组分、气溶胶激光雷达等监测手段，对渭南市重污染过程颗粒物来源进行动态追溯，形成“事前研判—事中跟踪—事后评估”的重污染应急模式。

2．形成精细化管控清单

系统开展了 2018 年污染源清单编制工作，摸清污染源排放底数，对区域 3 km 半径和 1 km 半径进行重点源排查，包括扬尘源、工业源、餐饮源、交通源、散煤源等，形成污染源管控清单，指导地方进行挂图作战和污染源管控调度。

扬尘源方面，综合卫星反演、监测模拟、调研统计等手段，开展扬尘清单台账建立和来源精细化解析评估，进行现场调研并针对不同问题给出对应管控建议；机动车方面，对现有禁限行措施的实施效果进行了评估，创新性利用行车大数据手段，细化评估了本地车辆与周边城市货运车辆的交互关系，提出了差别化的管控措施；餐饮源方面，建立包括生产经营类型和规模、位置分类等在内的清单化台账，对燃料类型及使用量、油烟净化设备

安装、清洁频率、运行情况、油烟净化器去除效率等进行核查。

3．秋冬季颗粒物来源解析

在渭南市区、华州区、蒲城县和大荔县开展颗粒物手工采样工作，完成了渭南市秋冬季大气 $PM_{2.5}$ 的化学组分特征及来源解析，定量明晰了重点污染源贡献。依托雷达监测、在线数据监测等，开展重污染来源成因分析，为冬防期间空气质量保障提供了有力支撑。

4．VOCs 企业治理及 O_3 防治

对重点区域和企业进行 VOCs 走航，深入企业开展入户调查。共调研帮扶涂装、印刷、化学品制造、橡胶塑料制品等 39 家企业，提出“一企一策”治理建议和方案，修订渭南市夏季臭氧管控方案。对 VOCs 变化情况进行实时监测，开展来源解析，形成臭氧管控日报，指导地方进行臭氧管控。

三、主要成效

2018 年渭南市空气质量同比改善明显，综合指数下降 10.6%，优良天数增加 30 天。六项常规污染物均有不同程度的改善，其中 $PM_{2.5}$ 同比下降 17.9%，PM_{10} 同比下降 14.7%，NO_2 同比下降 17.9%。2019 年渭南市年综合指数 5.83，同比改善 1.4%，在 168 城市中排名倒数第 25 位，排名同比改善 5 位，顺利退出倒数 20 位行列，PM_{10} 同比下降 8.2%，关中降幅第 2。

1．秋冬季科学调度，保障空气质量改善

秋冬季，实时跟踪数据变化，进行多角度耦合分析，科学调度污染防治工作。经过努力，2018—2019 年秋冬季 $PM_{2.5}$ 浓度同比改善 8.6%，改善情况优于汾渭平原城市平均水平（3.2%），在关中仅次于西安市，优良天数同比增加 9 天，改善明显。2019—2020 年秋冬季，$PM_{2.5}$ 浓度同比改善 10.7%，完成 $PM_{2.5}$ 同比下降 2.0%的目标；重污染天数 16 天，同比减少 12 天，完成重污染天数同比减少 1 天的目标。

2．创新扬尘防治机制，精准定位和压实治理责任

综合卫星反演、监测模拟、走航监测、调研统计等手段，建立扬尘清单台账和来源精细化解析评估，对裸地、施工工地和道路扬尘等全方位进行管控。渭南市敏感区域污染源精细化管控工作在与相关部门的共同努力下，2019 年 PM_{10} 同比降低 8.2%，关中降幅第 2，扬尘污染防治效果突出。

3．数据分析结合实地调研，精准把握双替代进展

根据污染特征，深入城中村、社区和市场，开展散煤调研，建立区县级别散煤清单，跟踪把握双替代进展和成效，依托调研数据提出建议，对优化双替代方案起到了重要作用。

4．综合行车大数据及清单技术，细化评估机动车影响

对现有禁限行措施的实施效果进行了评估，指出了渭南市禁限行方面存在的部分问

题，为制定禁限行政策给予了指导。创新性利用行车大数据，细化评估了本地车辆与周边城市货运车辆的分布特征以及城市间交互关系，定量验证了禁限行措施的有效性，提出了差别化的机动车管控措施。

5．聚焦渭南市典型行业，提供精准有效建议

针对渭南市高新区 NO_x 突高问题，对渭南所涉及的 3 家煤化工企业进行调查研究，形成 42 条问题清单并列出中长期建议 17 条，指导企业进行整改，通过整改，2019 年 NO_2 浓度同比下降 8.7%，关中降幅第 4，治理效果明显。

第六节　昌吉州驻点跟踪案例分析

昌吉州作为第 41 个获批的跟踪研究城市，也是唯一一个京津冀和汾渭平原以外的城市，其空气污染具有显著特点。2016—2020 年昌吉州首要污染物都是颗粒物，秋冬季主要污染物也为颗粒物，尤其是 $PM_{2.5}$；秋冬季 $PM_{2.5}$ 浓度明显高于非秋冬季，是非秋冬季的 1.2～7.5 倍，且秋冬季 $PM_{2.5}/PM_{10}$ 值明显高于全年均值。2017 年，昌吉州的 $PM_{2.5}$ 年均浓度是 67.1 $\mu g/m^3$，而秋冬季 $PM_{2.5}$ 浓度高达 95.8 $\mu g/m^3$；到了 2018 年 $PM_{2.5}$ 年均浓度降到了 60.3 $\mu g/m^3$，但秋冬季 $PM_{2.5}$ 浓度反而升高到 96.6 $\mu g/m^3$。昌吉州空气污染问题全部集中在秋冬季，12 月和次年 1 月污染最严重。昌吉州秋冬季地面平均风速为 0.7 m/s，风速范围为 0～3.2 m/s；静稳小风导致污染累积；且平均相对湿度范围为 67%～100%，整体相对湿度高于 70%，高湿环境促进一次排放气态前体污染物向 $PM_{2.5}$ 快速转化，导致污染加剧。秋冬季减排是昌吉州大气污染治理的重中之重。

一、主要问题

1．昌吉州大气污染防治工作基础相对薄弱

对昌吉州改善环境的压力传导不够，没有形成完整的压力传导和责任追究考核体系，环境执法的高压态势和环境监管的强大合力尚未形成。到目前为止，没有形成一套严密科学地监控和治理体系，激光雷达、卫星遥感和无人机巡查等现代化手段尚未得到应用。科技支撑手段和人员技术支持能力不足，不能及时为政府提供有效决策支持，希望通过跟踪研究能有改善和提高。

2．乌昌石重点区域 4 县市煤炭总量削减力度不够

2010—2017 年，昌吉全州能源消费总量逐年增长，由 2010 年的 1 280.83 万 t 标准煤增至 2017 年的 3 545.90 万 t 标准煤，增长 1.77 倍，年均增长 15.66%。2017 年煤炭消费总量指标只有玛纳斯县和阜康市分别同比减少了 39 万 t 和 7 万 t。

3．工业源污染控制水平亟待提高

昌吉州规模以上企业仅 300 多家，主要分布在阜康市、玛纳斯、呼图壁和吉木萨尔县；

但大量工业源目前生产工艺、污染物治理设施和管理水平都相对落后；低端治污设施广泛存在，无组织排放问题严重。

4．扬尘治理力度不够，道路扬尘贡献较大，裸地面积大

扬尘源是昌吉州 PM_{10} 排放的首要贡献源，其中道路扬尘排放量占比高达 28%；其次是土壤扬尘占比为 24%。建筑工地、道路扬尘、网格化监管等措施还需进一步落实。

5．重污染天气应对措施不完善

重污染天气预警预报机制尚未完善，措施不够精准，应急预案难以及时落地。基本以停工、停产为主要措施，还不能做到有的放矢、精准施策。

二、主要工作

1．紧密结合地方需求，扎实推进研究工作

从 2019 年 3 月 7 日，研究团队第一次赴昌吉州开展工作以来，团队共驻点 180 多天，累计约 415 人次。主要面向各县市、园区和涉及大气污染防治工作的 10 个州直部门开展了“一市一策”跟踪研究报告会、能源与产业结构调整座谈会、大数据时代下精准化成因分析与实践等培训讲座，深入县市、园区针对 200 余家企业开展了污染源解析数据填报培训、重污染天气应急预案及“一厂一策”编制要点专项培训等。应昌吉州要求，协助完成了《昌吉州空气质量不达标城市 2019—2020 年冬季大气污染防治强化管控方案》《阜康、昌吉州、玛纳斯县、吉木萨尔县大气污染防治强化管控建议方案》《昌吉州 2020 年蓝天保卫攻坚战重点工作实施意见》等地方文件。

2．建立高时空分辨率大气污染源排放清单

参考国内外最新的研究进展和动态，充分利用最新的科研成果，以生态环境部组织编制的《大气污染物源排放清单编制指南（试行）》为依据，建立了 2018 年昌吉州大气污染源排放清单，包括工业源、扬尘源、交通源、散煤源等大源类中 32 个小源类的清单，并进行了清单不确定性分析。2019 年排放源清单正在更新中。

3．开展秋冬季行业排放、本地和外来输送定量贡献 $PM_{2.5}$ 精细化源解析

2019—2020 年秋冬季 $PM_{2.5}$ 精细化源解析结果表明，昌吉州整体受燃煤源影响较大，阜康市点位尤其明显；地壳元素特征表明昌吉州受扬尘源影响更为明显；元素组分特征表明阜康市受燃煤源及工业源影响显著，昌吉州受机动车源影响也很明显。与京津冀及周边区域“2+26”城市相比，昌吉州各采集点位 $PM_{2.5}$ 质量浓度以及 SO_4^{2-}、NO_3^-、NH_4^+浓度均处于较高水平，6 个采集点位 SO_4^{2-}/NO_3^-均大于 1。燃煤源为第一大污染源（48.1%），包括电力和民用燃煤；其次是工业源（23.1%），包括工业锅炉和工艺过程；机动车源位列第三（14.3%），以道路移动源为主；扬尘源（11.6%）中道路扬尘贡献最高。

4．制定并落实重点行业“一企一策”

在当地生态环境部门的大力配合下，针对目前昌吉州大量工业源生产工艺、污染物治理设施和管理水平都相对落后，工业源污染治理亟待提高的问题，研究团队全面开展了“一企一策”调研工作。对昌吉州80多家企业的物料储存、生产工艺、产污环节、污控设施、在线监控和重污染应急预案等方面进行现场勘查，以充分掌握其大气污染排放现状，为企业提标改造、重污染天气应急和深挖污染物减排潜力等奠定基础，制定出“一企一策”深度治理方案。

5．创新扬尘防治机制，精准定位和压实治理责任

综合卫星反演、监测模拟、走航监测、调研统计等手段，研究团队建立扬尘清单台账和来源精细化解析评估，对裸地、施工工地和道路扬尘等全方位进行管控。利用卫星遥感技术，对昌吉州4个市县（昌吉州、阜康市、玛纳斯县、呼图壁县）重点区域建筑工地、裸露土地进行了遥感监测；并开展相应县市的道路扬尘走航监测路线及监测模式实时监测，识别4个城市道路扬尘污染重点路段及污染特征；建立扬尘清单台账并进行来源精细化解析评估，对裸地、施工工地和道路扬尘等全方位进行管控；并对昌吉州4个县市（昌吉州、阜康市、玛纳斯县、呼图壁县）重点区域建筑工地、裸露土地进行了遥感监测，评估改善状况，进一步细化扬尘治理方案，并压实治理责任。

6．重污染天气成因分析，协助建立重污染过程应急会商机制

基于空气质量监测数据及其他与重污染过程相关的科学研究长期观测资料，研究团队开展了2019年12月1—9日、2020年1月5—17日、2020年1月19—29日3次重污染过程成因分析，并采用中国环境科学研究院建立的WRF-MEGAN-SMOKE-CAMx区域空气质量模拟系统，对重污染应急减排措施的效果进行评估，给出昌吉州主要市县应急减排措施实施后量化的$PM_{2.5}$改善状况。根据京津冀地区的先进经验，协助昌吉州以及下属的阜康市、玛纳斯县建立了重污染天气预报预警及会商机制。

三、工作成效

1．聚焦重污染天消除，实施秋冬季“大错峰”生产，效果初显

针对空气质量“冬夏两重天”的特点，研究团队采取冬病夏治的“大错峰”创新举措，配合地方政府出台了《昌吉州空气质量不达标城市2019—2020年秋冬季大气污染防治强化管控方案》《昌吉州2021—2023年空气质量持续改善方案》《阜康、昌吉州、玛纳斯县、吉木萨尔县大气污染防治强化管控建议方案》等一系列文件。抓住重点区域、重点时段，跟踪组积极倡导在秋冬季采取区域联防联控；协调生态环境厅同周边城市联合启动重污染应急预案。在昌吉州党委和政府、各县市生态环境负责人、基层环保人士以及跟踪团队专家的共同努力下，2019—2020年昌吉州秋冬季重污染天数同比减少了12天。

2．扬尘治理效果初显

按照专家团队反馈的清单，“乌昌石”区域 4 县市对卫星遥感监测到的裸露地块进行反复核查，结合春季绿化工作，对辖区内城市建成区裸露土地实施以绿化硬化为主的治理行动。2020 年 PM_{10} 同比降低 9.09%，扬尘污染防治效果初显。

3．秋冬季空气质量改善尤为显著

2019 年各主要污染物平均浓度不同程度同比下降，环境空气优良天数 267 天，空气优良率 73.4%。$PM_{2.5}$ 年平均浓度下降到 57 $\mu g/m^3$，2020 年平均浓度下降到 53 $\mu g/m^3$。2019—2020 年秋冬季 $PM_{2.5}$ 浓度下降到 82.6 $\mu g/m^3$，与 2016—2017 年秋冬季相比下降了 26.4%，与 2018—2019 年秋冬季相比下降了 14.5%，秋冬季空气质量改善尤为显著。

第七节　亳州市驻点跟踪案例分析

一、主要问题

1．民用散煤和工业燃煤污染排放突出

亳州市所在的皖北地区冬季温度较低，每年 12 月至次年 2 月气温低，虽然没有集中供暖，但本地居民散煤自采暖需求较高。同时，乡镇部分饭店、旅馆、洗浴中心等经营场所使用大量散煤，产生的污染物直接排放到大气中。在燃煤锅炉和窑炉方面，中心城区分布热电或供热锅炉，污染治理设施相对落后，周边乡镇分布大量煤矸石砖瓦窑，污染治理设施更加落后，大气污染物排放总量和占比均较大。

2．秋冬季量大面广的中药材初加工污染集中排放

亳州市是我国重要的中草药种植基地，种类多、规模大，种植区域集中在城区北部（秋冬季上风向），且收获和烘干初加工集中在 10 月中上旬到 12 月中下旬。传统的初加工主要以生物质开放燃烧加热土炕烘药，污染物直接排放。以白术为例，亳州市每年白术产量在 7 万～8 万 t，使用约 4 800 个以生物质为燃料的土炕进行开放式燃烧烘干脱须，估算秋冬季颗粒物排放总量达 500～800 t，且生产集中在 10 月中上旬到 12 月中下旬，对秋冬季空气质量影响较大。

3．高排放车占比高，排放量大

亳州市柴油车总量为 12.9 万辆，老旧柴油车（国家第三阶段机动车污染物排放标准及以下）高达 5.7 万辆，占柴油车总量的 44%。过境柴油车辆量多，311 国道、105 国道和 309 省道平均每天过境大型柴油车辆达 1.1 万～1.2 万辆，对市区环境空气质量影响明显。根据 2018—2019 年秋冬季细颗粒物来源解析结果显示，亳州市 $PM_{2.5}$ 来源中汽油车和柴油车的贡献分别为 6.4%和 25.0%。

4．城市面源污染较突出

城市市郊和周边乡镇以农业和中药种植为主，特别是中药材杆硬度高于农业秸秆，粉碎还田后短期难以腐化，春耕秋收等季节生物质秸秆、荒草露天焚烧现象比较常见。在春节和元宵节前后，燃放烟花爆竹，特别是颇具地方特色的大盘香燃放问题突出，2018 年 2 月春节期间 $PM_{2.5}$ 最大小时浓度值曾排名全国第一。城市处于城镇化建设时期，建筑面积 5 000 m^2 及以上的建筑施工工地达 187 个，易造成扬尘污染。

二、主要工作

1．建立定期调研分析和秋冬季驻点工作机制

从 2018 年至今，定期对亳州市环境空气质量、大气污染综合整治措施调研分析进行总结；针对存在的不足，研究团队分析研讨提出可行的整治建议。秋冬季期间，以“集中办公+驻点支持”的工作模式持续开展工作，科技支撑团队深度参与亳州市相关部门秋冬季大气污染防治集中办公工作组工作，建立重污染天气预警联合会商机制，对发生的重污染过程采用“事前研判—事中跟踪—事后评估”的工作模式。同时，及时到现场调研监督帮扶，督促企业严格落实应急管控措施。

2．开展精细化管控源清单和秋冬季重污染应急清单编制

通过深入开展活动水平数据收集和清单计算及校核，摸清了 2018 年、2019 年亳州市化石燃料固定燃烧源、工艺过程源、移动源、溶剂使用源、生物质燃烧源等各污染源的大气污染物排放情况，编制形成系统的污染源清单和分行业分类别的污染源区域分布地图，指导城市进行挂图作战。制定重污染天气重点行业应急减排清单和措施，指导城市重污染天气的应急管控调度。

3．开展秋冬季颗粒物来源解析

采用受体源解析和模式源解析两种方法，2018—2019 年和 2019—2020 年秋冬季研究团队在谯城区、涡阳县和利辛县开展了大气颗粒物精细化来源解析工作，定量解析了重点污染源对细颗粒物的贡献；对比分析了两个秋冬季 $PM_{2.5}$ 源解析结果的变化，评估重点行业污染控制的成效；分析了秋冬季重污染过程细颗粒物组分特征，为重污染成因分析和秋冬季空气质量保障提供了有力支撑。

4．制定大气污染综合控制对策

以“十三五”和年度 $PM_{2.5}$ 改善目标为核心，结合环境空气质量和行业污染控制现状、源解析和源清单等，对亳州市重点污染源、典型行业分类提出了污染管控对策。特别针对秋冬季生物质开放燃烧烘干脱须中药材的行业特点和排放情况，制定中药材初加工行业燃料改进—规模化——体化递进式提升整改措施，指导城市切实有效开展中药材烘干过程的污染控制。

三、工作成效

1. 支撑重点行业综合整治

结合污染源清单和秋冬季颗粒物源解析结果，研究团队支撑亳州市持续推进燃煤源、工业源的综合整治和产业结构调整。亳州市持续推进燃煤锅炉及设施淘汰，累计淘汰 35 蒸吨以下燃煤锅炉及设施 3 500 余个，推进 8 家企业锅炉超低排放改造。淘汰砖瓦窑厂 50 家，其余砖瓦窑厂全部实施整顿；完成“散乱污”企业整治 970 家，其中取缔 550 家，整顿规范 420 家。

2. 支撑推进典型污染问题持续解决

针对秋冬季生物质开放燃烧烘药产生的污染问题，研究团队支撑推进污染严重的白术脱须过程采用机械化、燃气动力的新型烘炕，新烘炕取代了 4 800 多个传统生物燃烧土炕，有效解决中药材初加工污染问题，且提高了药材初加工生产效率；烘干、脱皮等中药材加工工序也以电加热或燃气加热全部替代了原有的燃煤或燃生物质方式，有效降低污染排放。针对移动源深度治理，促进构建机动车“天地人车油”一体化监管体系，持续打好柴油车深度治理专项战役，促进氮氧化物逐年下降。针对城市面源污染，促进实施源头—过程全过程监管；促进精细化道路保洁、全面禁烧禁放等，降低污染排放。

3. 空气质量显著改善

2019 年，亳州市 $PM_{2.5}$ 年均浓度为 52.9 $\mu g/m^3$，完成了安徽省下达空气质量达到 53.0 $\mu g/m^3$ 的年度目标，扭转了连续 2 年未能完成省政府考核目标的被动局面。2020 年 $PM_{2.5}$ 年均浓度为 47.1 $\mu g/m^3$，较 2015 年下降 18.8%，圆满完成了大气污染防治年度任务，也圆满完成了蓝天保卫战三年行动计划任务、“十三五”规划大气污染防治工作目标。2020 年空气质量优良天数同比提高 14 个百分点，完成生态环境部下达的优良天数控制目标。

第八节　潍坊市驻点跟踪案例分析

一、主要问题

1. 颗粒物及前体物易出现反弹，夏季臭氧问题凸显

2015—2018 年，潍坊市 $PM_{2.5}$、PM_{10}、SO_2、CO、$PM_{2.5}$、PM_{10} 浓度均逐年下降，NO_2 浓度基本不变，O_3 浓度有所波动。2019 年潍坊市年空气质量综合指数 5.88，同比上升 7.9%，空气质量明显恶化。六项指标中除 SO_2 浓度略有下降外，其余指标浓度均有上升，$PM_{2.5}$、NO_2、CO 同比上升率均超过 10%；六项污染物中对综合指数贡献最大的依次是 $PM_{2.5}$、PM_{10}、NO_2 和 O_3，尤其是 NO_2、O_3 贡献率逐年上升。从潍坊市 2015—2019 年逐年年度臭氧浓度来看，2015 年、2016 年连续两年年度臭氧浓度出现下降，降幅均为

7.2%，2017 年反弹 6.7%，2018 年再次下降 10.40%，然而 2019 年又不降反升 7.60%，可见年度臭氧浓度易出现反弹。

2．产业结构偏重，工业行业多、企业数量大

2017 年，潍坊市第二产业共消耗能源 2 605.4 万 t 标准煤，在能源消费总量中的占比为 76.9%，其中工业能源消费贡献最大，约占第二产业能源消费量的 98.4%。工业企业行业多且数量大，2020 年重污染应急减排清单中工业企业 6 077 家，包含长/短流程钢铁、炼油与石油化工、铸造、焦化、工业涂装、橡胶制品制造等全部 39 个重点行业。从企业分布特征来看，6 077 家涉气企业分布在全市 16 个县（市、区），分布范围大，工业企业四面围城，其中西北部、东南部和中心城区企业分布较为密集。

3．公路运输偏重，高排车排放量大

潍坊市机动车保有量为 265.1 万辆，中重型货车 8.7 万辆，且国家第四阶段机动车污染物排放标准及以下车量占 98.4%。因工业企业行业覆盖多且企业数量大，货运量也较大，2017 年货运量接近 3 亿 t，位于全省第三，公路运输占比 85%，而柴油货车则是大宗物料主要的运输车辆。全市平均每月重型货车通行量高达 145 万辆次，青银高速、长深高速、荣乌高速等高速公路，以及 S222、S325、S227、潍高路、南环路等省道和主干道是重型货车的主要行驶道路，这些道路纵横交错，横穿、包围中心城区，高排放型的重型货车行驶影响城区空气质量。

4．扬尘污染突出，裸地数量较大

2019 年，潍坊市 PM_{10} 浓度在山东省东部区域独高，中心城区较城乡接合部更为明显。2019 年中心城区裸露土地共 2 727 处，裸露面积为 13.6 km^2，数量多且面积大，遇风易起尘；施工工地 752 处，其中拆迁平整阶段 195 处，土石方阶段 94 处，主体施工阶段 358 处，主体施工未绿化 105 处，拆迁平整和土石方阶段易产生大量扬尘。

二、主要工作

1．建立全年驻点工作机制

研究团队建立全年驻点跟踪长效工作机制，开展精准调度、指标智能设计、智慧研判分析、多元化智慧溯源、智能考核调度等一系列跟踪研究，通过统一调度，压力传导，实现各县（市、区）政府和有关部门联动。建立重污染应急应对工作机制，事前精准预报，综合研判；事中加密调度，灵活会商，强化督查；事后结合激光雷达、离子数据、污染源减排清单、在线源解析数据、气象数据等开展污染成因和减排效果评估工作。

2．形成精细化动态更新管控清单

综合利用卫星遥感监测技术、实时监测、大数据分析以及调研走访等方法，研究团队建立了区域内扬尘源、移动源等重点源精细化管控清单。对裸地和施工扬尘源，利用多种

手段、技术、方法，建立了精细化管控清单，定量评估其排放影响；对道路扬尘源，利用道路车载传感器监测、道路积尘负荷、现场巡查等方法动态跟踪道路污染情况，及时调度，并现场抽查落实是否到位。在机动车方面，创新性利用行车大数据手段，定量评估本地车辆和过境车辆排放影响，提出差别化、精细化管控建议。通过活动水平数据收集、卫星解译等手段，开展潍坊市动态高时空分辨率排放清单编制。

3．颗粒物精细化来源解析

在潍坊市奎文区、潍城区、寒亭区、坊子区、寿光市布设 5 个手工采样点位，1 个点位同时采集 $PM_{2.5}$ 和 PM_{10} 样品，其余 4 个点位采集 $PM_{2.5}$ 样品，开展颗粒物化学组分特征分析，利用受体模型和模式模拟定量解析各类污染源贡献。同时依托在线组分监测开展重污染成因分析，为重污染应急应对提供导向支持。

4．夏季 VOCs 减排专项监督帮扶

在区域内的铸造、橡胶和防水材料行业中选择治理水平不同，企业规模不同的典型企业，从原辅材料、产品情况、污染物产生环节、污染治理设施及达标排放情况等方面开展全流程调查，提出行业深度治理方案。

针对石化、化工、工业涂装、包装印刷以及油品储运销等重点行业涉 VOCs 重点工业园区、重点企业集群，开展专家现场调研帮扶，共调研 14 个县市区 13 个行业（石化、有机化工、印染、工业涂装、包装印刷、铝型材、机械制造、人造板、玻璃钢、塑料制品、橡胶制品、铸造、家具制造等），共帮扶企业 110 家。

三、工作成效

1．利用多种监测手段，精准定位扬尘污染问题

利用卫星遥感、车载走航监测、现场巡查等多种手段技术，建立裸地工地动态化精细化台账，重点区域建立了 1 km、2 km、3 km 管控清单，联合各县（市、区）、多部门开展“客厅式”排查监管；针对车载传感器监测到的高值污染路段，及时调度，并现场抽查是否落实到位。经各部门和多方共同努力，2020 年 PM_{10} 浓度同比降低 15%。

2．运用行车大数据和清单技术，定量评估货车排放影响

利用 GPS 交通行车大数据，分析研究重型货车车流量时间变化特征，周边城市货车与潍坊市之间货车行驶特征，以及主要交通干道车流变化，定量评估本地车辆与过境车辆排放影响；利用电子围栏技术评估限行区域、重点区域内重货交通禁行情况；最终运用行驶大数据修正潍坊道路移动源污染物排放清单。

3．聚焦重点高排放行业，提出精准管控建议

一是摸清了涉气工业企业底数，重污染应急减排清单企业数量由 2019 年的 4 538 家增加到 2020 年的 6 077 家，增加了 1 500 余家。二是针对石化、化工、工业涂装、包装印刷

以及油品储运销等重点行业涉 VOCs 重点工业园区、重点企业集群开展现场调研，反馈问题 528 条，复查企业 20 家，反馈问题 76 条，编发帮扶简报 24 期。2020 年臭氧浓度同比下降 8%，效果初显。

4．耦合多源多手段技术，空气质量改善明显

2020 年潍坊市空气质量明显改善，年空气质量综合指数 5.03，同比改善 13%；在 168 城市位于倒数第 32 位，同比前进 6 名；省内居于第 7 位，同比前进 3 名；优良率 73%，同比提高 11 个百分点；重污染天数 11 天，同比减少 7 天。六项污染物中 PM_{10}、$PM_{2.5}$、SO_2、NO_2、O_3 年浓度分别为 88 μg/m^3、47 μg/m^3、11 μg/m^3、32 μg/m^3、168 μg/m^3，同比分别改善 15%、15%、15%、14%、8%，CO 年浓度 1.6 mg/m^3，同比改善 6%。

第二篇

柴油货车
污染治理攻坚战

柴油货车

CHAIYOUHUOCHE
WURANZHILIGONGJIANZHAN

污染治理攻坚战

近年来，党中央、国务院高度重视机动车污染防治工作。2018 年 4 月，习近平总书记主持召开中央财经委员会第一次会议，研究打好三大攻坚战的思路和举措。2018 年 5 月，全国生态环保大会上生态环境部部长对打好柴油货车污染治理攻坚战作出全面部署，要求系统开展“油、路、车”治理，兼顾非道路移动机械和船舶污染防治。

为贯彻落实党中央、国务院决策部署和相关文件精神，2018 年，生态环境部会同交通运输等有关部门，组织成立小组研究起草《柴油货车污染治理攻坚战行动计划》（本篇简称《行动计划》），中国环境科学研究院作为主要技术支撑单位，配合生态环境部编制完成《行动计划》初稿以及《行动计划》的宣贯、培训和工作调度等工作。针对《行动计划》中相关内容的需求，联合其他科研院所，研发柴油车远程监控综合管控技术、非道路移动机械管理技术、油品现场快速检测技术、交通结构运输调整技术和重点用车企业监管技术等。支撑生态环境部开展油品质量监管行动、建设全国移动源环境监管平台、开展行业绩效分级和重污染应急并牵头制定（修订）多部标准，完善法规标准体系，并将技术和管控建议在唐山市进行了试点示范，取得了较好管控效果。

随着各地柴油货车攻坚战的逐步深入，柴油车治理效果初步显现，大宗货物“公转铁”取得较好成效、柴油车排放超标现象减少，京津冀及周边地区油品质量显著提高，“天地车人”一体化监控体系初步完成。

第一章　背景和主要问题

第一节　背景情况

截至 2017 年年底，我国机动车保有量为 3.10 亿辆，汽车保有量为 2.17 亿辆，其中柴油货车保有量为 1 690.9 万辆。2017 年，全国机动车排放氮氧化物为 574.3 万 t，占全国氮氧化物排放量（1 697 万 t）的 33.8%；柴油货车排放氮氧化物为 305.4 万 t，颗粒物为 38.0 万 t，其排放量分别占机动车排放总量的 53.18%和 74.66%，分别占汽车排放总量的 57.3%和 77.8%。柴油货车是机动车氮氧化物（NO_x）和颗粒物（PM）的主要排放贡献源。

2017 年，全国柴油营运货车约 1 400 万辆。其中，符合国家第三阶段机动车污染物排放标准（国三标准）柴油货车 841 万辆，符合国三标准中重型柴油货车有 270 万辆左右。重点区域柴油货车保有量为 831.1 万辆，其中国三标准柴油货车有 413.5 万辆，国三标准中重型柴油货车有 136.5 万辆。非道路移动机械方面，2017 年全国工程机械保有量为 720 万台，2010—2017 年，年均增长 8.5%。农业机械柴油总动力为 76 776.3 万 kW。船舶 14.5 万艘，飞机起降 1 024.9 万架次。共排放 NO_x573.5 万 t，PM 48.5 万 t。

2017 年，我国全年货物运输总量 479 亿 t，比上年增长 9.3%。其中铁路货物运输总量 36.9 亿 t，同比增长 10.7%，占货运总量的 7.7%；公路货物运输总量 368 亿 t，同比增长 10.1%，占货运总量的 76.8%。公路货运能耗是铁路货运能耗的 13 倍，公路每万吨公里的 NO_x 排放量是铁路的 7 倍。因此，调整货物运输结构，增加铁路货运占比，能产生明显的节能和环保效益。

第二节　柴油货车治理的意义

党的十八大以来，党中央、国务院作出一系列重大决策部署，出台《大气污染防治行动计划》等一系列重要文件，机动车污染防治工作逐步深入，排放标准加快升级，车用油品质量加快提升，黄标车和老旧车淘汰 2 000 多万辆。在机动车保有量快速增长的情况下，各项污染物排放总量保持高位、稳中有降。但随着燃煤和工业污染排放量的快速削减，机动车特别是柴油货车污染问题日益凸显，逐渐成为大中城市的首要大气污染源，影响城市和区域环境空气质量的进一步改善，解决机动车污染问题，成为打赢蓝天保卫战的关键。

我国柴油货车存在污染物排放高、公路货运量大、使用劣质油品、监管能力不足等问题。以京津冀及周边地区为例，2018 年，移动源排放 NO_x 占“2+26”城市 NO_x 排放量的 52%，北京等特大城市在重污染天气情况下，机动车对 $PM_{2.5}$ 的贡献占比达到 50%以上。该区域位于“三西”（山西、陕西、蒙西）地区北煤南运、钢铁工业生产基地、北方煤炭下水港和进口矿石接卸港的重要通道上。天津港、唐山港是主要的金属矿石港，占全国进港量的 30%左右，且基本依靠公路运输。京津冀及周边六省市 2018 年货运总量为 114.7 亿 t，其中公路运输占比高达 83.2%。监测结果表明，“2+26”城市柴油车污染控制装置失效现象普遍，导致实际排放高出正常水平的 3～7 倍；从柴油车油箱中抽取柴油的超标率达到 27%；黑加油站点（移动黑加油车）柴油超标率更是高达 81%。同时，地方对柴油货车监管能力严重不足。目前，对于柴油车（机）达标状况的识别能力尚不能满足管理需求。

为解决柴油货车占比少、排放大、运输多、油品差、监管难的问题，国家提出打好柴油货车污染治理攻坚战，并制订《柴油货车污染治理攻坚战行动计划》，针对机动车等移动源的大气污染问题，集中部署柴油货车污染治理攻坚战，针对重点区域提出切实可行的总体目标、行动计划和保障措施。本着稳妥可达的原则，我国提出到 2020 年柴油货车 NO_x 和 PM 排放总量明显下降，重点区域城市空气 NO_2 浓度逐步降低的目标。另外，还提出了铁路货运量增加、柴油车达标排放、柴油和车用尿素质量控制目标。《行动计划》的制订和实施，对提升空气质量、促进交通结构调整、移动源污染的总量控制和持续减排具有重要意义。

第二章 支撑行动

第一节 协助编制和执行行动计划

一、协助编制行动计划

2017 年 9 月，中国环境科学研究院组织撰写《京津冀地区交通运输结构亟须调整》专报，上报国家相关部门。专报对京津冀地区货运结构现状和问题进行了梳理，建议在全面落实大气污染各项治理措施的同时，把交通运输结构调整摆在更加重要的位置，明确调整目标，完善铁路运输服务，加强公路运输治理，引导大宗货运由公路转向铁路，切实减少机动车污染，加快改善空气质量。2018 年，中国环境科学研究院作为主要技术支撑单位，配合生态环境部开展《行动计划》编写工作，编制完成《行动计划》初稿，征求各部门、行业和地方意见，修改形成《行动计划》报批稿，后编制相关支撑材料，为《行动计划》的发布提供了技术支撑。2018 年 12 月 31 日，经国务院同意，由生态环境部、国家发展改革委、工业和信息化部、公安部等 11 个部门联合印发《柴油货车污染治理攻坚战行动计划》。《行动计划》确定开展清洁柴油车、清洁柴油机、清洁运输、清洁油品等四方面行动，并明确责任部门、量化指标和完成时限，以及为确保目标完成所需的保障措施。

二、牵头制定（修订）多部标准

牵头开展新车排放、在用车排放、监测监控和管理规范类等标准研究和制定工作，进一步完善移动源法规标准体系。其中，《轻型汽车污染物排放限值及测量方法（中国第六阶段）》（GB 18352.6—2016）、《重型柴油车污染物排放限值及测量方法（中国第六阶段）》（GB 17691—2018）等五项已发布实施；非道路移动机械第四阶段技术要求、加油站油气回收在线监控系统技术要求已形成报批稿；机动车排放检验技术规范、柴油车远程在线监控、在用车检验联网规范、非道路移动机械远程在线监控、车用油品和尿素溶液快速检测方法等标准也在稳步推进中。

中国环境科学研究院加强了在用车排放标准方面的研究和探索，在原有标准基础上加严了污染物排放限值，并增加了车载诊断系统检查规定，适应了国三标准以后汽车的检验需要。研究团队首次引入了柴油车 NO_x 测试方法和限值要求，解决了在用柴油车 NO_x 排放无标准可依的问题。研究团队规范了排放检测的流程和项目，并对数据记录、保存等进行规范，为在用车检查维护制度的建立提供重要技术支撑。同时，在用车遥感监测标准率先将非接触式检测方法应用于在用车检测，大大提高了在用车排放检测和监管效率；到 2020 年为止，我国已经建成了先进的机动车遥感排放监测系统，无论是遥感监测点位数量还是遥感数据总量，我国在全世界范围内都保持领先地位。

三、支撑完成宣贯和培训

为落实《打赢蓝天保卫战三年行动计划》和《柴油货车污染治理攻坚战行动计划》工作要求，指导各地全面推进柴油货车污染治理工作，受生态环境部大气司委托，中国环境科学研究院承办了 2019 年第一期和第二期“柴油货车污染治理攻坚战培训班”。各省（区、市）生态环境厅（局）、各督察局相关人员 330 余人参加了培训。为更好地推进《行动计划》在各地的实施，中国环境科学研究院柴油货车攻坚方案编制研究专班派人去地方省（市）环境厅（局），进行《行动计划》的宣贯和培训，对于地方具体问题进行解答。

四、支撑完成行动计划进展调度

为更好地支撑《行动计划》按期完成既定目标，中国环境科学研究院逐条细化《行动计划》中各项内容，更好地支撑生态环境部相关工作。重点包括研发重型车远程排放在线监控技术和油品及车用尿素质量快速检测技术，实现车油联合管控。牵头制定（修订）在用车、新车、监测监控等三类标准，全面加强实际排放监管。柴油货车污染治理攻坚战三年间，中国环境科学研究院协助生态环境部调度各地工作进展，2019 年年初总结柴油货车污染治理攻坚战进展，撰写专报《打好柴油货车污染治理攻坚战面临的主要问题及建议》上报生态环境部，获国家相关部门批示。

第二节　配合油品质量监管和抽查

2017—2019 年，中国环境科学研究院配合生态环境部执法局等相关部门，在京津冀及周边区域开展柴油及 NO_x 还原剂调研抽检工作，并协助制定京津冀及周边油品强化监督抽查方案以及现场核查技术规范，在不同季节对不同来源的油品进行抽检。

一、加油站柴油采样分析

2017 年 4 月，中国环境科学研究院在唐山市、天津市、廊坊市、保定市、邢台市 5 个城市，使用移动式车用油品环保指标实时监测车，分别对 32 个加油站柴油进行了隐蔽式采样检测工作。2017 年 10 月—2018 年 1 月，在北京市、天津市、廊坊市、保定市等 16 个城市以隐蔽式采样方式，采集 319 个柴油样品进行检测。2018 年 10—12 月，在京津冀周边“2+26”城市中抽取 400 个柴油样品进行检测。

2019 年 5 月，按照生态环境部执法局部署，中国环境科学研究院协同全国抽调来的环保督查人员，在京津冀周边“2+26”城市，以及张家口市、承德市、秦皇岛市等 31 个城市对加油站进行摸底式检查，共抽检样品 19 552 个，其中 878 个样品不合格，样品达标率为 95%，部分城市如保定市、张家口市、承德市、秦皇岛市超标率较高，均超过 10%。

二、分时分区特点分析

调查结果显示，北京市、天津市油品质量总体较好，几次抽检的达标率都维持在较高水平。河北省整体油品质量改善幅度较大，但省内非“2+26”城市相对较差，河南、山东、山西的省会城市油品质量相对较好，部分城市如聊城市、菏泽市油品质量较差。京津冀地区春夏季的油品质量整体好于冬季，对于冬季的市售柴油应加大监督管理力度。

随着各地对油品监督检查，尤其是对加油站监督检查力度的加强，加油站油品供应情况明显好转，但仍存在一些突出问题，如个别加油站柴油硫含量严重超标，部分城市柴油硫含量达标率较差、问题集中，车辆和工程机械油箱中油品硫含量超标率远高于加油站。

三、黑加油站点调查研究

部分地区黑加油站、流动加油车等非法加油情况猖獗。在大货车停放较为集中的停车场经常可以见到经过伪装的非法流动加油车，它们经常以厢式货车、洒水车、油罐车等形式存在，其油品质量难以监管，存在较大达标风险和安全隐患。

在某市调研期间，工作人员共发现黑加油站点 28 个、黑加油车 39 辆。同时发现该市存在不合法的油品储存、改装黑加油车辆、运输、销售的完整利益链条。黑站点院内设数十个地下储油罐，向黑加油站点供应油品。黑加油车在二手车改装市场形成改装、造假的链条，将旧油罐车改造成黑加油车，安装加油枪和计价器，部分喷涂绿化洒水等字样进行伪装。黑加油站点售卖油品价格远低于正规加油站，油品来源不明，质量水平难以监管，大部分油品都达不到油品标准要求（图 2-1）。

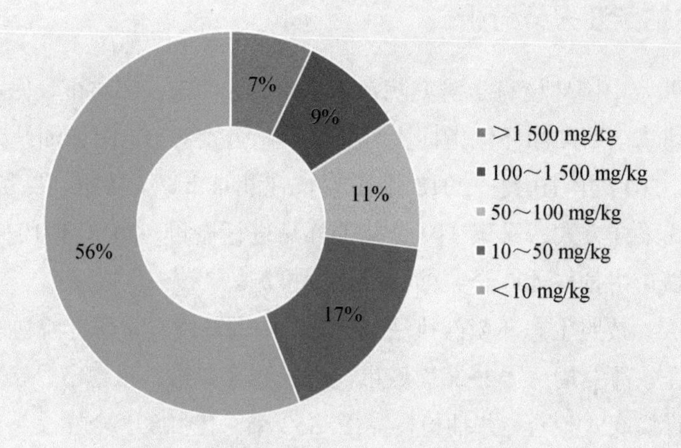

图 2-1 已发现黑加油站柴油硫含量情况

第三节 建设移动源环境监管平台

一、搭建全国移动源环境监管平台，支撑精准治污

《行动方案》中明确要求，要加快建设完善“天地车人”一体化的机动车排放监控系统，利用机动车道路遥感监测（天）、排放检验机构检测联网（地）、重型柴油车远程在线监控（车）以及路检路查和入户监督抽测（人），对柴油货车开展全天候、全方位的排放监控。对现有移动源监管数据进行整合，建成并业务化运行“全国移动源环境监管平台”，融合遥感监测数据、机动车和非道路移动机械信息公开数据、油品达标监管数据、非道路移动机械监管平台、路检路查数据、年检上报数据等。数据整合后，建立一车一档，并通过柴油车远程监控综合管控平台，进行多源数据的融合和计算，实时监控柴油车排放状况，快速识别高排放车辆。

二、建设非道路移动机械监管平台，摸清机械底数

协助生态环境部建立非道路移动机械编码规则，并建设非道路移动机械监管平台，主要用于开展非道路移动机械摸底调查和编码登记工作，该平台于 2019 年 10 月 8 日正式上线使用。为更好地配合各省（区、市）开展工作，按照登记方式将平台分为登记平台和传输平台。登记平台主要用于开展非道路移动机械编码登记工作，传输平台主要用于部分已开展登记工作的省（区、市）传输数据。非道路移动机械监管平台共涉及 27 个省（区、市）、288 个市、2 350 个区县，共注册管理人员 4 477 人，机械机主 29 万人。

三、开发移动执法 App，助力依法治污

根据管理实际需求，依托柴油车远程监控综合管控平台，中国环境科学研究院开发了高排放车监督检查执法微信小程序，程序包括市级管理用户、区县管理用户、执法用户、企业用户以及个人用户五个模块，方便不同属性用户使用平台上的信息以及现场执法。其中，个人用户可以在绑定及匹配相关信息后，看到自己车辆的车况以及环境检测、遥测、黑烟等历次检测的记录以及结果，督促车主在发现超标记录后及时到维修点维修。企业用户为门禁系统监控的重点工业企业，每个企业都能进入小程序查看各自企业的实时进车数，并能根据排放阶段、车辆品牌、车辆归属实时统计进车数，同时当有高排放车辆进入企业时，会有预警提示企业管理人员。执法用户模块是针对各区县的执法人员路检路查、入户调查、加油站检查、错峰督导等情景下设计的。执法人员在检查时可通过小程序录入检查信息，并现场打印报告单。区县管理用户可以查看各自辖区内重点工业企业的实时进车数以及路检路查的执法情况，同时能够查看年检站的检测排名情况。市级管理用户能够查看辖区内所有重点工业企业每天的实时进车数以及各区县的情况。

四、开发油品检查 App 和监管平台，支撑油品督查

中国环境科学研究院开发了移动端应用程序油品监管 App 以及计算机端油品监管平台，有力地支持了京津冀及周边地区油品情况摸底调查。该 App 支持多平台，采样加油站信息预先植入，GIS 辅助支持，为采样人员提供定位导航服务。对采样、检测进行全过程管理，任务流程化，采样过程清晰，样品信息完整可溯源。同时，对加油站进行档案式管理，形成加油站抽查记录电子档案，可对加油站监督检查历史记录进行追踪。计算机端用户为采样工作管理人员及检测机构人员。采样工作管理人员通过平台实现任务调度、加油站基本信息管理、样品管理、样品检测结果查看、统计等。油品检测机构通过平台进行检测结果导入。

第四节　开展行业绩效分级和重污染应急响应中移动源的精准管控

为减少重污染天数，持续改善环境空气质量，生态环境部于 2019 年 9 月发布《关于加强重污染天气应对夯实应急减排措施的指导意见》（环办大气函〔2019〕648 号）（本篇简称《指导意见》）。《指导意见》开创性地对 15 个重点行业提出了绩效分级差异化管控，将重点行业分成 A、B、C 级。原则上 A 级企业在重污染期间不作为减排重点，并减少监督检查频次。绩效分级有力促进了重点行业产业调整和装备升级，在缓解重污染天气影响的同时，减轻了对经济社会的扰动，采取差异化管控措施，避免“一刀切”，引领高质量发展。

中国环境科学研究院机动车中心从高排放车辆源头管控入手，编写了《指导意见》中

移动源应急减排规定部分，首次对柴油货车在绩效分级管控中提出了要求，总体来说即产品、原辅材料、燃料运输A级企业都应采用国五及以上排放标准的车辆。同时对重污染天气预警期间移动源的使用进行了明确规定，即原则上橙色及以上预警期间，施工工地、工业企业厂区和工业园区内应停止使用国二及以下非道路移动机械（清洁能源和紧急检修作业机械除外）；矿山（含煤矿）、洗煤厂、港口、物流（除民生保障类）等涉及大宗原料和产品运输（日常车辆进出量超过10辆次）的单位应停止使用国四及以下重型载货汽车（含燃气车）进行运输（特种车辆、危化品车辆等除外）。

中国环境科学研究院组织相关专家配合生态环境部开展重点企业绩效分级评估工作，截至2019年11月底，京津冀及周边地区、汾渭平原43个城市纳入应急减排清单企业共15.5万余家，其中重点行业5.5万余家。第一批A级企业共222家。各地共申报重点行业A级企业48家，经组织专家组现场审核，初步确定符合A级企业标准的33家。其中，铸造11家、电解铝13家、碳素3家，炼油与石油化工、涂料各2家，玻璃、铜冶炼各1家。此外，189家已完成超低排放改造且具备铁路专用线的燃煤电厂（含自备电厂）也纳入了A级管控范畴。

为更加精确、有效地推进绩效分级工作，2020年生态环境部组织各行业协会、业内专家对《指导意见》开展修订工作。此次修订工作坚持“精准治污、科学治污、依法治污”，继续以问题为导向，总结2019年的工作经验，继续开展2020年绩效分级工作。在2019年15个绩效分级行业基础上，结合相关省市意见及重点区域行业产能分布，将绩效分级重点行业扩充到39个。2020年6月，生态环境部发布了《重污染天气重点行业应急减排措施制定技术指南（2020年修订版）》（环办大气函〔2020〕年340号）（本篇简称《技术指南》）。在《技术指南》编制过程中，中国环境科学研究院全程参与了39个行业绩效分级工作，并针对行业特点，提出了具体移动源管控措施和要求，还专门制定了《重污染天气重点行业移动源应急管理技术指南》作为《技术指南》的附件，供企业、生态环境部门、核查人员等参考。《技术指南》为企业建立了柴油货车及非道路移动机械排放阶段查询平台，为督查检查人员开发了车辆及非道路移动机械查询App，为行业绩效分级提供了大量的技术支持。此次中国环境科学研究院对于移动源绩效分级管控的修订原则，一是要把握主线结合实际，按行业特点制定移动源绩效分级措施，并按等级逐级提出要求；二是要加强行业指导，同时兼顾核查指导，为企业自我核实提供技术手段，同时为督查人员提供检查手段；三是运输方式、运输管控双管齐下，对于公路运输、场内运输及非道路移动机械全盘考虑，同时要规范运输管理，增加建立视频监控系统、电子台账的要求；四是关注了车辆实际达标状况，提出车辆实际排放应达标的要求，鼓励企业采取与运输车辆签订达标保证书等方式实现用车达标排放。在绩效分级评价实际工作中，中国环境科学研究院也积极参与，发布了移动源绩效分级管控要求培训课件，参加了多行业、多轮次、多地市的A级企业绩效分级评价工作，全方位地保障了绩效分级工作的开展。

第三章　创新与应用

为了支撑生态环境部移动源管控的需求，中国环境科学研究院研究并提出车油联合管控的方案和技术。车油联合管控技术是在“车、油、路、企”统筹管控的思路下，按照标本兼治和道路与非道路柴油机并重的原则，为确保柴油机达标排放以及强化油品质量，面向目前柴油机监管需求开发的技术，主要包括柴油车远程监控综合管控技术、油品快速检测技术和相应的执法 App、交通运输结构调整技术、重点用车企业监管技术等。

第一节　柴油车远程监控综合管控技术

柴油车远程监控综合管控体系是在生态环境部“天地人车”一体化建设目标和框架指导下，通过重点工业企业管控系统、OBD 远程在线监控系统和环境执法 App 的建立和开发，构建以“车联网+大数据”为核心的智能监管技术。通过排放清单、数值模型、网格化监测、高性能计算等方法，实现超标柴油车精准识别、城市尺度高分辨率排放清单动态管理、重污染天气应急调控、空气质量达标预警及控制方案量化评估等一系列决策支持功能，并针对性地开展高污染车辆的污染治理，全面提升移动源污染防治的精细化管理水平。

该技术依靠车辆 OBD 上传的实时位置、NO_x 浓度、尿素液位等数据，通过一系列算法，对行驶里程进行统计分析，识别主要物流通道和尿素添加点位，在车辆加油点位油品管控、NO_x 排放监控和特征分析、高分辨率排放清单计算、重污染管控效果评估等方面起到了重要作用（图 2-2）。

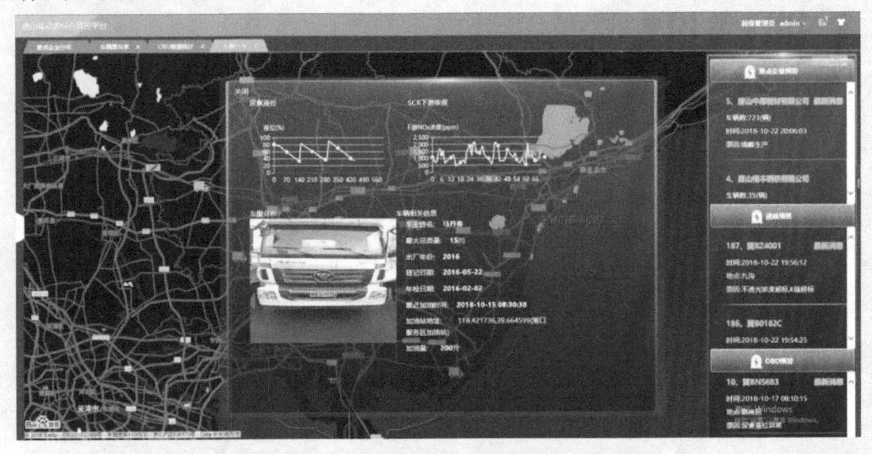

图 2-2　移动源综合管控平台车辆信息界面

一、尿素添加和车辆加油点位识别

根据重型柴油车 OBD 远程监控数据，通过油箱液位、油温等参数的变化，可对车辆尿素添加点位和车辆加油点位进行识别（图 2-3）。同时，平台可显示监控范围内加油站数量、位置信息、疑似黑加油点的位置、在此加油的车辆数、监督检查结果以及油品不合规范的加油站的位置，并显示不合格的原因和指标。

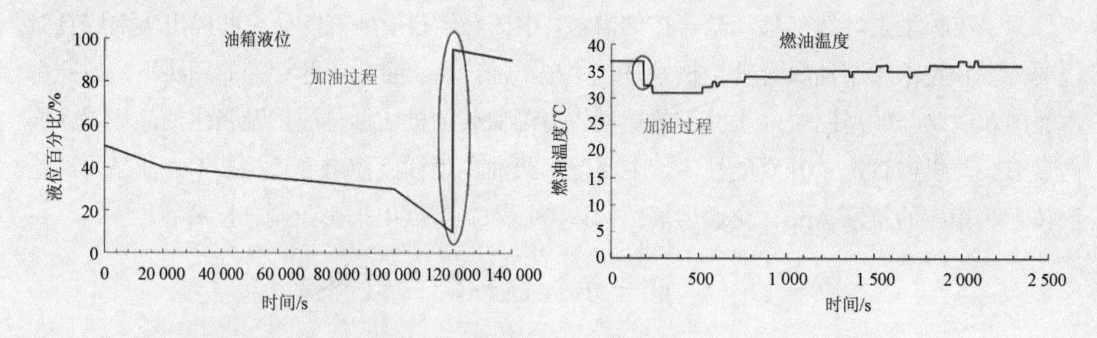

图 2-3　加油点位识别的方法示例

二、NO_x浓度监控和排放特征分析

OBD 设备通过尾气氮氧传感器实时监测车辆 NO_x 排放水平，并通过无线传输系统上传至平台，利用 NO_x 监控数据可实时回溯特定车辆排放轨迹，锁定车辆 NO_x 高排放路段。通过车队 NO_x 排放水平的统计计算，分析整个车队的排放水平。如图 2-4 所示，平台拥有车辆中，在监测时段内近一半（42.8%）NO_x 平均浓度小于 500 ppm（1 ppm=mL/m^3）。

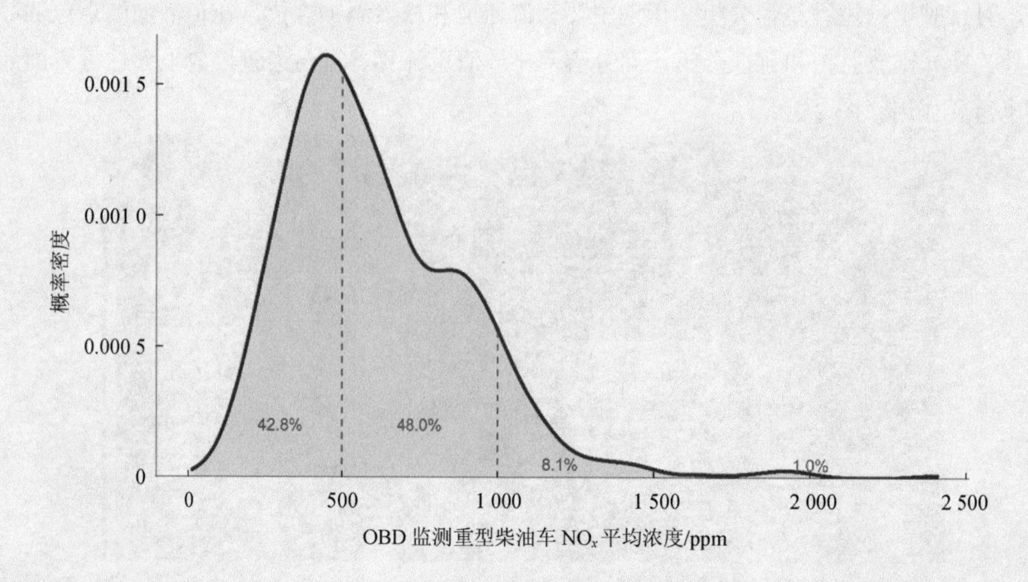

图 2-4　重型柴油车 NO_x 平均浓度概率分布

三、高分辨率排放清单编制

利用重型柴油车 OBD 监测参数、GPS 数据和本地化排放因子，中国环境科学研究院采用“从下至上”的方法，编制车辆在区域内的高分辨率排放清单（1 km，1h），车辆的排放因子由综合基准排放因子和校正因子计算得到，相关数据和参数均来自《道路机动车大气污染物排放清单编制技术指南（试行）》。

四、京津冀路网高排放识别系统

依托大气攻关课题，中国环境科学研究院组织相关单位对“2+26”城市重型货车行驶轨迹进行研究，梳理出了京津冀及周边地区主要物流通道。在此基础上，完成“2+26”城市 200 个重型货车固定遥感点位布设方案。重型柴油车远程在线监控平台有效融合了多源数据，包括机动车定期检验信息、遥感监测数据、OBD 监控数据等，并加以分析、利用和研究，实现了京津冀实时路网监管和监控。该平台可以识别遥感监测个体高排放车辆，经过大数据分析，进一步识别出超标排放较为集中的车型，并结合车型型式核准、信息公开数据等，溯源该车辆、车型生产企业。

第二节　油品现场快速检测技术

中国环境科学研究院重点研究了现场测试油品所需的采样技术和分析测试技术及设备。柴油油品评价方面，单波长色散 X 射线荧光光谱法（ASTMD 7039）已列入车用汽柴油国家标准硫含量检测方法，具有使用样品量小（1～2 mL）、检测速度快（3～5 min）、检测准确性高、性能稳定、人机界面友好等特点。使用的便携式检测仪器，除具有上述特点外，还具有体积小、重量轻、可充电等特点。经比对实验，单波长色散 X 射线荧光光谱法与仲裁方法紫外荧光法（SH/T 0689）检测相关性达 0.99 以上，完全符合现场快速检测要求，大幅提高了工作效率。

车用尿素质量评价方面，经不同实验室实验检测和比对，发现采用燃烧法定氮仪测量 NO_x 还原剂中尿素含量存在误差，一致性较差。而《柴油发动机氮氧化物还原剂　尿素水溶液（AUS 32）》（GB 29518—2013）中规定的折光率检测与尿素含量具有非常好的一致性和相关性，在不同品牌折光率检测仪间数据相关性可达 0.98 以上。折光率广泛应用于溶液浓度确定，且仪器小、操作简便、重复性好，适用于车用尿素水溶液现场快速检测，能够判断尿素含量水平。

通过与实验室测试结果进行对比，最终选定采用单波长色散 X 射线荧光光谱法检测油品中硫含量，选择检测折光率来评估车用尿素质量，检测结果与实验室结果相关性均在 0.98 以上。

第三节 交通运输结构调整支撑技术

一、重点物流通道筛选技术

基于公路交通调查和全国道路货运平台重载货车轨迹数据，找寻“运输集中”线路区段，中国环境科学研究院组织相关单位利用形成的“断续线”，基本勾绘出区域货运最为集中的运输线路。根据大型货车（包括大货车、特大货车和集装箱车）主要进行长距离运输的特点，重点计算大型货车的流量和占比情况。综合考虑 2017 年京津冀地区国家高速公路、省级高速公路、普通国道和普通省道上货运车辆的流量及其占总流量的比例，筛选出主要货物运输通道（表 2-1）。经研究发现，京津冀及周边地区公路货物运输通道 56 条，物流通道明显集中。

表 2-1 主要货运通道筛选标准

指标	货车加权流量	货车加权流量占比/%	大型货车加权流量	大型货车加权流量占比/%
标准	6 000 辆以上	40 以上	5 000 辆以上	30 以上

二、区域路网货运交通流分布模型技术

中国环境科学研究院组织相关单位采用 BP 神经网络、K 最短路算法、Logit 模型和遗传算法等，构建京津冀区域路网货运交通流时空分布模型，反推“2+26”城市交通的发生吸引量并测算区域路网流量，模拟各种管控措施引发的路网货车流量变化。经计算，预计“2+26”城市“公转铁”政策实施后，区域内 54%路段交通量降低，全路网日均交通量减少 280 车次。

第四节 重点用车企业监管技术

重点用车企业监管技术，主要是通过对进出重点用车企业车辆的数量、排放阶段、达标情况进行监控，实现对重点用车企业的监管。重点用车企业监管系统包括重点企业分布、门禁视频监控、企业运能登记、实时流量监控、按时段车流统计、过车数据统计、企业筛选车辆、车辆筛选企业、车辆黑名单数据库等子系统，企业分布和管控现状可显示企业的详细信息，包括正常进车数、当日进车数、10 天内进厂车流变化、进厂车辆排放阶段分布以及企业施行“一厂一策”方案的实际效果等。

门禁视频监控系统可以实时监控重点企业进厂车辆，收集相关数据并协助企业进行车流量、排放阶段等的管控和车流量统计（图 2-5、图 2-6）。企业可结合车辆黑名单限制高

排放车辆进入厂区。相关信息和数据同步传输至生态环境部门，按照秋冬季和重污染应急管控的监管要求进行监管。该监管技术同时服务重点用车企业和生态环境部门。一方面，实现对企业自有车队和非企业自有车队进行监管，支撑企业运输管理以及错峰生产、重污染应急“一厂一策”运输方案的制定和实施；另一方面，为生态环境管理部门监督和核查实施效果提供技术依据。

图 2-5　门禁视频监控界面

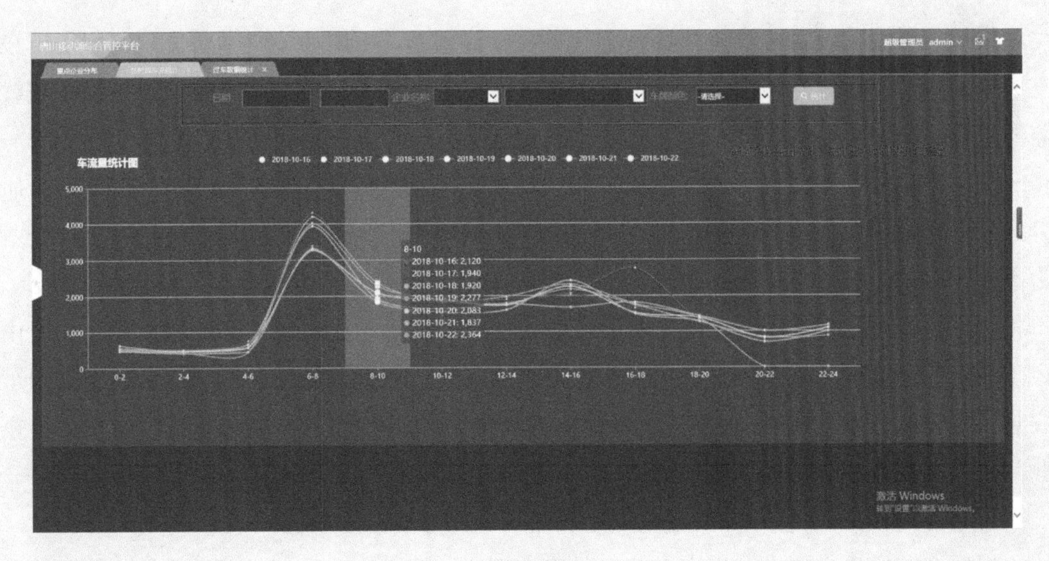

图 2-6　车流量统计界面

第四章 典型案例

唐山市秋冬季重污染天气移动源管控

一、唐山市概况

唐山市交通运输结构偏重公路，重型柴油车运输量大，由此产生的排放量高，使得移动源成为唐山市大气污染排放的重要来源之一。2019 年唐山市公路货物运输量为 4.4 亿 t。唐山市登记重型柴油车超过 18 万辆，其中营运车辆约 16 万辆，占总量的 88%。其中，国三标准及以下车辆占柴油货车的 30%左右。重型柴油车排放 NO_x 超过 9 万 t/a，是重要的大气污染源。唐山市钢铁冶炼等企业共 40 余家，炼钢产能约 1.33 亿 t，由此带来的运输量为 6 亿 t 以上。因此，从重点用车企业入手，加强柴油货车达标监管，落实秋冬季及重污染应急管控措施是唐山市移动源管控的重要措施。

二、主要工作

依托大气攻关项目柴油机排放及强化管控措施课题，中国环境科学研究院将唐山市设立为柴油货车管控试点城市，在唐山市生态环境局的大力支持下，建立柴油货车远程在线监控平台，协助唐山市编制移动源管控方案、秋冬季重点行业错峰生产方案、重点企业“一企一策”移动源管控方案等。以唐山市钢铁、焦化等重点行业工业企业（共 46 家）为研究对象，全面梳理工业企业生产特点、运输车队结构、车队车型特征等，提出以工业企业为监控对象的监控技术，为错峰运输提供数据支持。46 家重点行业企业安装门禁系统。

通过摸清唐山市移动源概况，中国环境科学研究院协助唐山市生态环境局建立了唐山市工业企业运输车队监管体系，包括在重点企业安装门禁视频系统、选择部分重型柴油车安装远程排放管理车载终端、建立移动源远程监控综合管控平台，通过平台收集并分析企业门禁系统及柴油车远程排放数据。

1．支撑唐山市生态环境局在重点企业建立企业运输监管系统

根据企业的生产能力、生产工艺、错峰生产要求等对企业的每年（月、日）的运输量进行核算。通过在企业物料进出口设置监控视频，监控企业原料及成品运输情况和承担运输的重型柴油车的数量，进而对企业的车队结构进行分析，对企业的错峰运输政策落实情

况进行评估和监控，设置企业运输交通流量预警，通过互联网、短信等平台进行信息推送，对错峰运输政策实施情况进行有效监管。

在重污染应急措施监管方面，根据企业的生产能力、生产工艺、维持安全生产最低物料要求，原料及产品库存能力和日常库存水平等对企业的重污染应急措施进行评估，对企业重污染应急天气停止原料运入天数和产品运出天数进行核定，当重污染应急持续天数超过限运天数时，按照最低物料要求核定维持安全生产的最低运输车辆数。在唐山市政府启动重污染天气应急措施时，通过在企业物料进出口设置监控视频，监控企业重污染天气应急期间原料及成品运输情况和承担运输的重型柴油车的数量，设置企业运输交通流量预警，并通过互联网、短信等平台进行信息推送，对重污染应急措施实施情况进行有效监管。

对进出厂车辆信息进行数据挖掘，可以耦合到交通路网，为动态排放清单提供数据支持。政府可以采取鼓励机制，建立运输车队信用体系，倡导工业企业选择“绿色”车队承担运输任务。工业企业货运流量视频监控也是一种落实重污染天气错峰生产的监控手段。根据车牌信息，与各地市年检数据库匹配，对承担唐山市工业企业物料运输的车辆排放阶段构成进行分析。根据秋冬季应急方案，落实各个工业企业的“一厂一策”，制定错峰运输方案，量化每家企业的进厂车辆数及构成。

2．建立平台多源数据分析技术

通过对唐山市年检以及路检路查数据的收集和整理，构建车辆年检和道路抽检抽查数据库，进而在宏观层面上掌握唐山市在用机动车的达标情况，从而对车辆的实际排放状况进行系统分析。与此同时，对唐山市尾气遥感监测数据进行采集。通过分析大量的遥感监测数据，识别唐山市重型柴油车辆中超标率相对较高的品牌。同时与年检数据互相检验，通过独立系统校核数据的可靠性，另外，可以根据遥感监测数据对超标车辆所在的年检机构进行排序，识别超标车辆比较集中的年检机构。

3．重点企业秋冬季运输管控效果评估

唐山市 2018—2019 年秋冬季大气污染综合治理方案中，加强了重点用车企业移动源管控的要求，主要包括三种方式：①排放标准控制，对国四及以上货车的比例提出要求；②进出厂流量控制，确定进出厂货车流量每日限额；③重污染天气流量的绝对控制。重污染橙色及以上应急响应开始后，前 3 天要求企业进行绝对控制，原则上不允许有任何货运车辆进出厂。

评估唐山市 2018—2019 年秋冬季 46 家重点企业政策执行情况，排放标准控制和流量控制分别采用执行力度指标来确定，即实际每家企业流量和采用国四及以上标准车辆的比例与限额要求数量的比值，来评估政策执行情况。通过对非秋冬季、秋冬季和重污染应急响应期间三个时段连续一周的数据进行评估。

排放标准控制方面，6 家企业对控制国四及以上排放标准比例执行力度达到 100%，

40%以上企业政策执行力度达到 80%及以上，60%企业政策执行力度达到 70%，企业平均政策执行力度在 79.5%（图 2-7）。

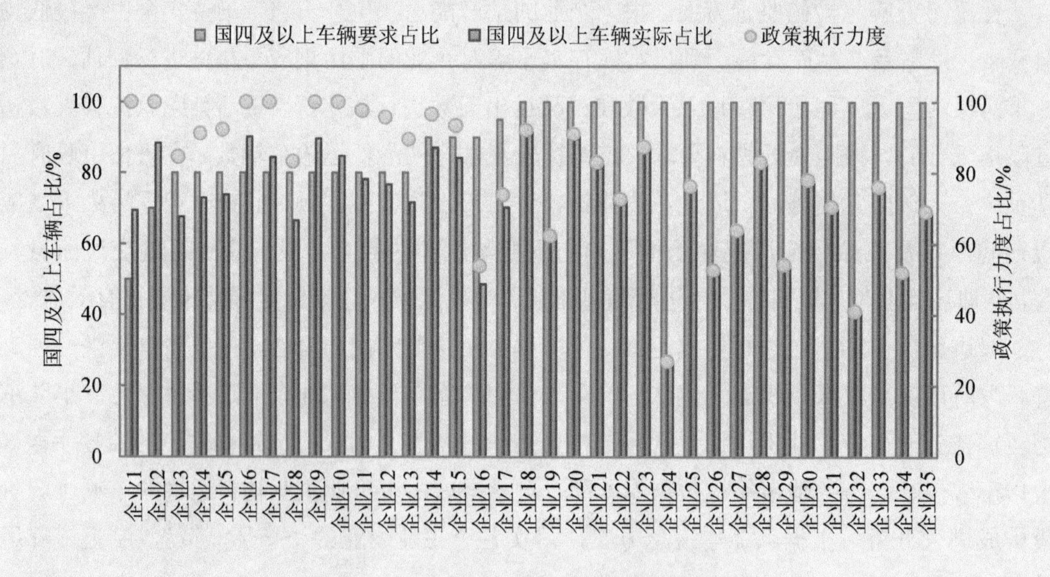

图 2-7 秋冬季国四及以上车辆政策执行力度

流量控制方面，秋冬季政策执行中，9 家企业对秋冬季流量政策执行力度达到 100%，企业间政策执行力度相差非常大，平均政策执行力度为 73%。政策执行力度在 40%～60%以及 100%以上的企业较多。相对而言，限额较大企业执行情况较好。重污染天气政策执行方面，有 20 家企业控制达到了 100%，其余企业差异较大，分布上无明显规律，政策平均执行力度达到 72.5%。虽然政策执行力度达到 100%的企业较多，但政策执行力度在 70%以下的企业占比 50%以上。相比较而言，限额较大的企业政策执行力度较好（图 2-8）。

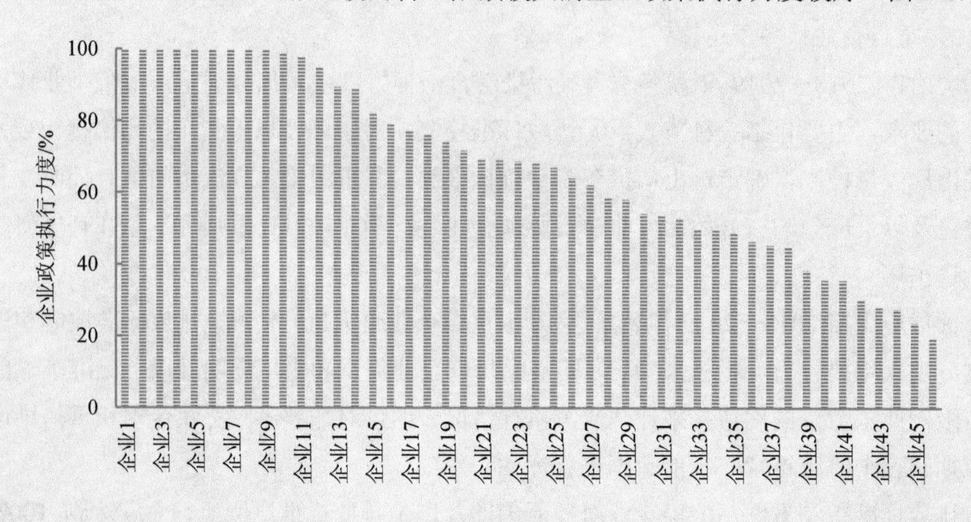

（a）秋冬季

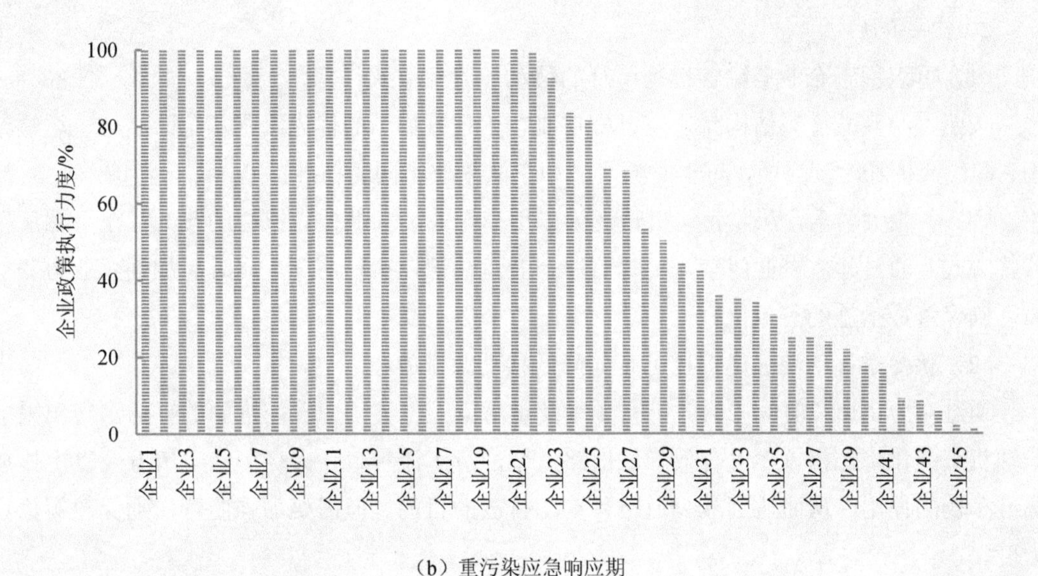

（b）重污染应急响应期

图 2-8　秋冬季和重污染应急响应期间流量控制政策执行力度

根据对遥感点位车流量和车牌信息数据分析，采用 AERMOD 模型，模拟遥感站点空气质量及移动源对 NO_x 和 PM 的贡献量，计算评估移动源的变化对非秋冬季、秋冬季和重污染天气污染物浓度变化的影响。设置所有的受体在距离道路中心 20 m 处，其中可吸入污染物的采样高度约为 1.5 m，机动车排放高度为 0.4 m。以曹妃甸—唐曹路遥感点位为例计算得出，非秋冬季由交通源贡献的 NO_x 浓度 24 h 平均值为 5.21 μg/m^3，秋冬季为 3.54 μg/m^3，重污染天气为 3.32 μg/m^3。仅考虑交通源带来的浓度变化，秋冬季由交通源贡献的 NO_x 浓度比非秋冬季减少 32.1%，比重污染天气减少 36.4%。移动源的管控对道路周边空气质量改善明显。

三、成果与启示

1．成果

中国环境科学研究院梳理了唐山市移动源概况、重点分析了重型柴油车车队结构、排放情况以及重点行业企业运输现状，确定了以企业运输管控为切入点的唐山市移动源管控方案。建立远程在线监控平台，达到监管重点用车企业运输、柴油货车排放等目的，并将企业过车数据中车牌数据和车型结构数据耦合，分析重点企业错峰生产和重污染应急预案执行情况。对唐山市柴油货车污染治理管理、唐山市重点工业企业在重污染天气应急响应期间车辆管控提供了有力的技术支撑。同时，为下一阶段移动源污染治理和管控提供宝贵经验和技术储备。

2．主要的启示

（1）重点用车企业运输管控是可行的移动源管控方式

按照“源头减排＞结构减排＞过程控制＞治理减排”的优先级，从车队结构、运输结构、在线监控和治理方面，对不同的区域和车队采取不同的精准措施，综合考虑“车、油、路、企”各相关要素，从监管司机转变为以用车企业需求调控为核心的柴油货车环保达标监管方式。通过建立企业门禁，实时监控企业运输管控执行情况，同时需加强企业自我保障，确保管控措施的有效执行。

（2）秋冬季移动源强化管控可有效降低移动源排放

通过对唐山市 2018—2019 年秋冬季及重污染天气移动源管控措施的评估，得出采取柴油货车强化管控措施，可有效降低道路上柴油货车流量，并提高车队中国五及以上排放标准车辆的使用，从而达到减少道路移动源排放的目的。但需要加强监管，确保政策执行力度。

3．信息化建设可显著提高移动源管控效率

企业门禁、遥感、远程在线监控平台等的建设，可以实现实时监控企业运输管控、车辆排放等功能，并通过多源数据融合的算法，高效分析、评估相关政策实施效果、筛查高排放车辆，并溯源分析超标原因，为精细化、科学化的移动源管控提供科技支撑，是下一步移动源管控的重要技术手段和支撑。

第三篇

长江保护修复攻坚战

长江保护修复攻坚战

CHANGJIANGBAOHU XIUFUGONGJIANZHAN

推动长江经济带发展是以习近平同志为核心的党中央作出的重大决策部署，是关系国家发展全局的重大战略。习近平总书记从中华民族永续发展的战略高度，亲自谋划、亲自部署、亲自推动实施长江经济带发展战略，5 年中先后在重庆、武汉、南京主持召开推动长江经济带发展座谈会并发表重要讲话。在 2016 年 1 月 5 日重庆座谈会上，习近平总书记明确提出当前和今后相当长一个时期，要把修复长江生态环境摆在压倒性位置，共抓大保护，不搞大开发。在 2018 年 4 月 26 日武汉座谈会上，强调要正确把握整体推进和重点突破、生态保护和经济发展、总体谋划和久久为功、破除旧动能和培育新动能、自我发展和协同发展等“五个关系”。在 2020 年 11 月 14 日南京座谈会上，习近平总书记强调要坚定不移贯彻新发展理念，推动长江经济带高质量发展，谱写生态优先绿色发展新篇章，使长江经济带成为我国生态优先绿色发展主战场、畅通国内国际循环主动脉、引领经济高质量发展主力军。

生态环境部认真贯彻落实习近平总书记关于推动长江经济带发展的重要指示精神，扎实推进长江生态环境保护工作。2017 年 7 月，经商推动长江经济带发展领导小组办公室，环境保护部、国家发展改革委、水利部联合印发《长江经济带生态环境保护规划》；2018 年 12 月，经国务院同意，生态环境部、国家发展改革委联合印发《长江保护修复攻坚战行动计划》，吹响了长江保护修复攻坚战的号角；2019 年 2 月，生态环境部制定印发《生态环境部落实〈长江保护修复攻坚战行动计划〉工作方案》，梳理和细化各项重点任务，明确 8 个专项行动，即开展劣Ⅴ类国控断面整治、实施入河排污口排查整治、推进“绿盾”专项行动、启动“三磷”排查整治、推动“清废”专项行动、持续开展饮用水水源地专项行动、持续实施城市黑臭水体整治、开展工业园区污水处理设施整治。

为进一步推进长江生态环境保护工作，2018 年 4 月，生态环境部党组决定组建国家长江生态环境保护修复联合研究中心（以下简称长江中心），中国环境科学研究院作为主要依托单位，联合近 300 家优势科研单位，组织 5 000 余名科研工作者，按照“科学研究与管理决策紧密结合、与治理方案协同推进”的总体要求，秉承“长江大保护重大科技工程”的总体定位，创新科研组织实施机制，采取“边研究、边产出、边应用、边反馈、边完善”的工作模式，送科技、解难题，开展长江生态环境保护修复联合研究与驻点工作。2019 年 2 月 28 日，生态环境部与三峡集团正式签署《长江大保护战略合作协议》和《长江生态环境保护修复联合研究（第一期）执行协议》。2019 年 5 月，长江生态环境保护修复联合研究正式启动。

长江中心成立以来，在联合研究领导小组领导下，在联合研究管理办公室具体指导下，坚持问题导向、目标导向与成果导向，以生态环境质量改善为核心，统一决策、统一管理、统一标准、统一行动和集中攻关，有序推进联合研究和驻点工作各项任务，把脉问诊制约长江生态环境保护修复的难点问题和关键环节，向长江沿线城市派驻 58 个专家团队，深入一线、诊断病因，开出 358 项“药方”，全力支撑国家管理决策，精准做好地方科技帮扶，助力打好长江保护修复攻坚战。

中国环境科学研究院充分发挥运行管理职能，组织开展全流域联合攻关、驻点调度、技术集成等工作，并承担“长江流域磷污染源排放清单编制”“长江流域水环境模型构建与应用”“长江干流云南片区生态环境保护技术与方案”“长江支流嘉陵江片区生态环境保护技术与方案”“长江干流贵州段片区生态环境保护技术与方案”“长江干流及典型城市环境保护综合方案与管理平台研究项目”6 个课题以及无锡、嘉兴、舟山、十堰、荆州、咸宁、重庆、攀枝花、绵阳、广元、内江、昆明、大理、贵阳、黔南州 15 个驻点科技帮扶工作，在助力打赢打好长江保护修复攻坚战中发挥了重要作用。

第一章 背景和主要问题

第一节 背景情况

长江是我国第一大河，世界第三长河，干流全长为 6 300 km，流域面积为 180 万 km^2，占我国国土面积的 18.8%。长江经济带覆盖上海、江苏、浙江、安徽、江西、湖北、湖南、重庆、四川、云南、贵州 11 省（直辖市），面积约为 205.23 万 km^2，占全国的 21.4%，人口和生产总值均超过全国的 40%。近年来，随着《水污染防治行动计划》、黑臭水体整治以及长江生态环境保护规划等工作的全面实施，长江生态环境保护已初见成效。但是，沿江各省市发展冲劲十分强烈，经济发展和生态环境保护的矛盾依然突出，发展的可持续性面临严峻挑战。

长江生态环境问题依然突出，形势依然严峻。十万多闸坝在长江干支流鳞次栉比，对长江流域的水文情势造成深刻影响，生态连通性受阻，生态功能受损。重化工产业和工业园区在长江上中下游密集布局，部分流域单元污染物排放量远超环境承载力，太湖、巢湖等重点湖库水华频发。上游汇水区遍布尾矿库，存在巨大的环境风险。

针对水生态环境保护修复中的环境问题，我国已经具备了较好的技术基础和条件。“十一五”以来，我国组织实施的国家重点基础研究发展计划（“973”计划）、国家高技术研究发展计划（“863”计划）、水体污染控制与治理科技重大专项（“水专项”）等科技项目，攻克了一批水污染控制与治理、水环境保护修复等关键技术，基本建成了适合我国的流域水污染治理技术体系。在流域水环境管理技术方面，中国环境科学研究院研发了流域水环境监控预警技术，研究了流域经济政策等，为国家相关规划和任务实施提供了重要科技支撑，为长江生态环境保护修复奠定了坚实基础。

然而，与长江生态环境的严峻形势相比，我国长江生态环境保护与修复科技支撑工作还存在以下短板。一是研究缺乏系统性和整体性。长期以来，对水资源、水环境、水生态的认识相互割裂，缺乏在流域尺度和生态系统层面的系统研究，对长江生态环境问题的成因和演变趋势缺乏整体性、全局性认识，缺乏全流域、全过程水质水量管理。二是研究的实用性和针对性不强。科学研究与污染治理实际结合不够紧密，对流域内的污染底数、生态环境本底、风险隐患和环境承载力不清楚，无法支撑科学决策和精准施策。三是流域生态环境保护协调机制不健全。当前长江流域生态环境标准体系不健全，上下游协调与激励机制不完善，生态环境空间管控制度缺失，经济发展与保护矛盾突出。四是缺乏协同攻关的长效机制。长江生态环境的研究项目和团队分散，科技创新平台规模较小，科技资源共享不足，成果转化应用缓慢。

第二节 主要意义

长江是中华民族的母亲河，长江经济带既是具有全球影响力的内河经济带、东中西互动合作的协调发展带、沿海沿江沿边全面推进的对内对外开放带，也是生态文明建设的先行示范带。同时，长江经济带涵盖了我国 13 个陆域生物多样性保护优先区域，拥有我国 7 大流域中最多的国家重点保护野生动植物群落、物种和数量，覆盖 204 个国家级水产种质资源保护区，具有约占全国 35%的水资源量，是我国重要的生态安全屏障，在我国乃至全球均具有突出的生态地位。推动长江经济带高质量发展，确保长江一江清水绵延后世，对实现“两个一百年”奋斗目标、实现中华民族伟大复兴的中国梦具有重要意义。

针对当前长江保护修复科技支撑工作中存在的问题，迫切需要创新机制体制和科研服务模式，整合优势资源，协同开展多领域、多学科联合攻关，建立“边研究、边产出、边应用、边反馈、边完善”的工作模式和定制化科技服务模式，加快科技成果转化。立足生态系统整体性和长江流域系统性，坚持目标导向、问题导向、成果导向，提出科学性、针对性、可操作性强的生态环境改善总体解决方案和“一市一策”“一河（湖）一策”差异化应对策略，形成流域和区域生态环境保护和经济产业协调发展的战略性、全局性和前瞻性研究成果，支撑长江保护修复科学决策和精准施策。

第二章 支撑行动

第一节 创新科研组织实施机制

2018 年 4 月，生态环境部党组（扩大）会议审议并原则通过推动组建长江生态环境保护修复联合研究中心方案，推动组建国家长江生态环境保护修复联合研究中心，成立长江生态环境保护修复联合研究领导小组，组长由生态环境部主要领导同志担任，副组长由生态环境部和中国长江三峡集团有限公司领导同志担任，成员由部相关司局和沿江 12 省市生态环境厅（局）等组成，领导小组下设联合研究管理办公室（设在部科技与财务司）；明确了长江中心领导班子，组建了长江中心总体专家组（含 12 名院士）和顾问专家组（含 13 名院士）。长江中心按照“1+X”组织模式，以中国环境科学研究院为主要依托单位，联合近 300 家部系统、高等院校、中国科学院、行业科研院所等优势科研单位，5 000 余名科研人员，整合优势科研资源，创新科研组织实施机制，建立了一支代表国内最高水平、高度融合的联合研究团队。长江中心成立以来，采取“边研究、边产出、边应用、边反馈、边完善”的工作模式，围绕国家决策、地方管理、工程实施等不同层面的科技需求，送科技、解难题，有序推进长江生态环境保护修复联合研究和沿江城市驻点跟踪研究工作，实现科技创新、管理支撑和技术服务的紧密融合，科技助力长江保护修复攻坚战，为长江生态环境保护修复管理决策提供科技支撑。

第二节 谋划联合研究顶层设计

为破解长江生态环境保护修复中存在的系统性、整体性不足，实用性、针对性不强，协同攻关长效机制缺乏等突出问题，在联合研究领导小组的坚强领导下，长江中心组织开展多领域、多学科、多层次联合攻关研究，组织召开 30 余次专家咨询会、研讨会，征求 100 余人次院士和知名学者专家 142 条意见，完成联合研究顶层设计，形成了《长江生态环境保护修复联合研究实施方案》，明确了精准识别长江流域生态环境风险及成因、支撑流域区域水质目标管理、构建重点区域生态环境保护综合解决方案、长江生态环境保护适用技术推荐与验证、创新流域生态环境保护协调机制、建设生态环境保护智慧决策平台 6 大任务。

2019 年 5 月，长江生态环境保护修复联合研究正式启动，按照总体设计、分步实施的总体安排，一期项目包括 3 大任务 21 个课题，由点及面构建“驻点研究帮扶—片区技术集成—全流域技术成果总集成”三级联动、互为支撑的研究架构。一期项目有效衔接长江保护修复攻坚战、联合研究和驻点跟踪研究工作，形成“1113”的研究格局，即以水专项等科研成果作为 1 个基础，以集成应用研究作为 1 个定位，以支撑长江保护修复攻坚战作为 1 个目标，实施以磷为核心的水质目标管理、区域综合解决方案和智慧决策平台 3 大任务。经过一年多的实施和探索，联合研究初步形成一套清单、一套方法体系、一套方案和一个平台“四个一”成果。

一套清单：建立驻点城市工作调度档案，初步形成了驻点城市主要生态环境问题及污染源清单。

一套体系：初步建立了以磷为核心、涵盖源清单编制—污染过程模拟—标准限值确定—防控技术优选等全过程的流域水质（磷）目标管理技术体系。

一套方案：推动形成 58 个驻点城市“一市一策”及 14 个片区生态环境保护综合解决方案。

一个平台：全面开展长江保护修复信息平台建设，初步构建了集“数据汇聚—数据共享—调度会商”等多功能一体化的长江智慧决策平台。

截至 2020 年年底，联合研究阶段性成果为长江生态环境保护管理决策提供了积极有效的技术支撑。6 份信息专报被中央办公厅、国务院办公厅采用，2 份获中央领导人批示。累计向生态环境部报送 20 期科技专报，其中 16 期科技专报获部领导批示。辐射带动成立了 3 个省级联合研究中心，直接投入各类科研资金约 3.6 亿元。向 58 个驻点城市、1 500 余家企业推介生态环境治理技术和科技成果近 600 项（400 余项水专项支撑长江保护修复推荐技术、200 余项标准规范），有效推动了水专项成果落地生效。

第三节　组织开展驻点跟踪研究

紧紧围绕长江保护修复攻坚战的科技需求，建立“包产到户”的驻点跟踪研究机制，联合研究管理办公室、长江中心、各城市驻点工作组及驻点城市人民政府四方签订驻点工作协议，印发《长江生态环境保护修复驻点跟踪研究工作方案》，组建了各城市驻点跟踪研究工作组，向长江干流沿线和重要节点城市，派出 58 个专家团队进行驻点研究和技术指导（表 3-1），创新工作方式，组织专家组下沉一线包片、跟踪指导，进一步强化技术保障。以长江流域沿线城市生态环境质量改善为目标，以推动水专项等国家科技计划项目成果转化应用、解决突出生态环境问题为主线，以驻点跟踪研究为抓手，“送科技、解难题，把脉问诊开药方”，提出“一市一策”综合解决方案，形成“管理—研究—决策—执行—管理—研究”的闭环科研模式，着力解决科研工作不落地的问题，为长江保护修复攻坚战提供强有力的科技支撑。

表 3-1　58 个驻点城市分布

	省（市）	驻点城市
上游（22 个）	青海省	青海
	云南省	昆明、大理
	贵州省	贵阳、遵义、黔东南州、黔南州、同仁
	四川省	成都、自贡、攀枝花、泸州、德阳、广元、内江、乐山、南充、宜宾、眉山、资阳、绵阳
	重庆市	重庆
中游（19 个）	湖北省	武汉、宜昌、襄阳、荆州、黄石、十堰、荆门、黄冈、咸宁、鄂州
	湖南省	岳阳、益阳、常德、郴州、娄底、株洲
	江西省	南昌、九江、上饶
下游（17 个）	江苏省	南京、镇江、扬州、常州、无锡、苏州、泰州、南通
	安徽省	合肥、安庆、芜湖、马鞍山、铜陵
	浙江省	嘉兴、湖州、舟山
	上海市	上海

按照《驻点跟踪研究工作方案》，58 个驻点工作组紧扣地方需求，以解决突出生态环境问题为导向，在节约投资、提高治理成效、支撑管理和服务决策等方面提供了卓有成效的科技支撑，围绕氮磷深度削减、水质稳定达标等向相关部门提交政策建议、技术报告 300 余项。支撑服务百亿地方治理工程（仅重庆、武汉、南京 3 市就投入了 62.8 亿元），20 个驻点工作组牵头或参与各省级、地市级“十四五”生态环境保护规划编制工作。驻点工作得到了地方政府和相关部门的充分肯定，共收到来自驻点城市人民政府、驻点城市生态环境局等方面的感谢信 35 份。

第三章　主要成果

第一节　系统诊断长江重大生态环境问题，加深流域整体性科学认识，为科学管理、精准施策提供决策参考

一、着眼于流域水环境质量持续改善，从流域层面对长江磷污染问题形成了较为系统的认知，基本厘清了长江磷污染的形势、来源及成因，为磷污染精准控制和管理奠定了基础

以总磷作为水质定类因子的断面占 51.5%。长江干流（大通站）输送总磷通量年均约 6 万 t，宜昌—大通区间（干流约 1 100 km）和长江上游（约 4 000 km）总磷通量相当，应关注宜昌—大通区间磷通量管控。污染来源分析显示，长江经济带 11 省（直辖市）及青海省农业源为主要污染源，其总磷排放占比达 68%，生活源占 30%，工业源仅占 2%，但农业源排入环境后的代谢路径和入河量尚不清楚；总磷超Ⅲ类标准断面与“三磷”企业位置相关性明显，工业源入河对水体的影响更为直接。此外，磷对泥沙有较强的亲和力，水库群运行导致泥沙拦蓄、库区水沙条件变化，对磷通量有削弱作用，改变着坝下水体泥沙颗粒级配、磷浓度及形态组成，对长江磷污染沿程演变有明显影响（图 3-1）。2013 年向家坝、溪洛渡水电站相继下闸蓄水后，水文站点向家坝站总磷年通量由约 18 000 t 骤减至约 2 000 t；三峡水库 2018 年和 2019 年分别拦蓄了约 1.0 亿 t 和 0.6 亿 t 的泥沙，坝下总磷通量随之亦有削弱（图 3-2）。中游通江湖泊和长江河口区磷污染演变与水库运行影响密切相关，2003 年三峡水库运行后，长江“三口”入洞庭湖水沙、总磷（尤其颗粒态磷）通量显著降低，导致直接汇入西洞庭湖湖体的总磷由颗粒态为主转为溶解态为主；长江口海域含沙量、活性磷酸盐浓度均有所降低。

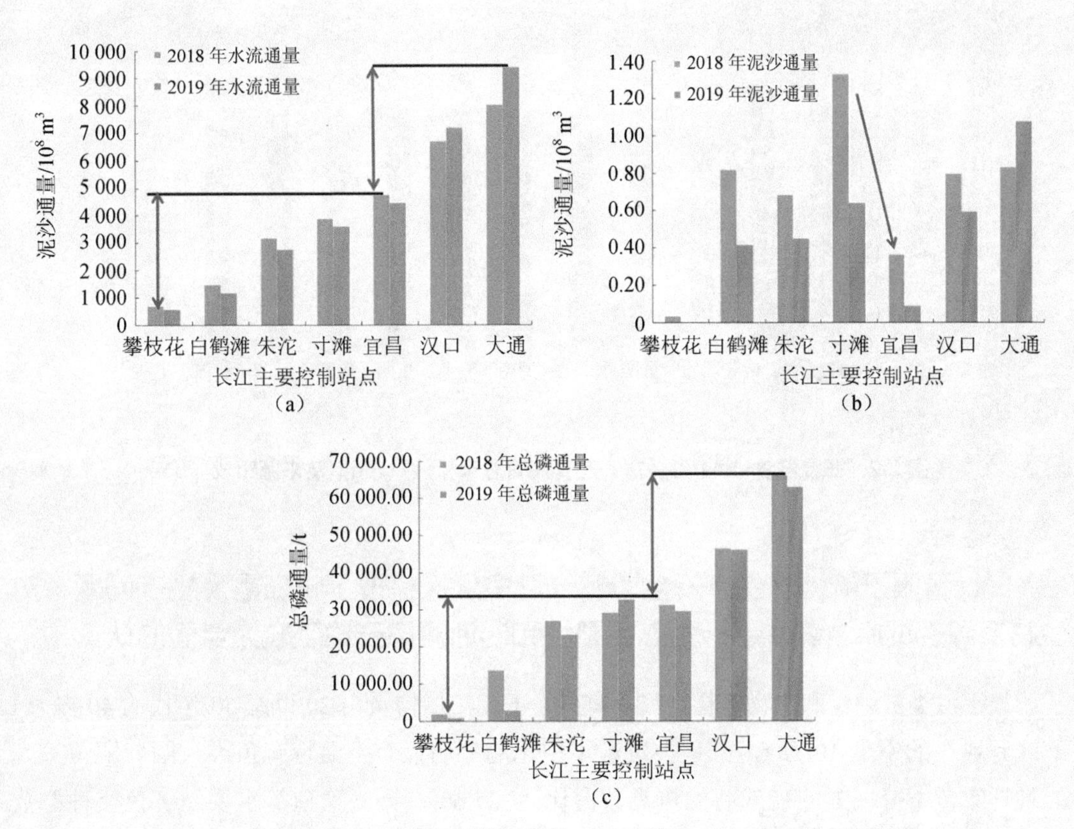

图 3-1 长江干流主要水文控制站的径流（a）、泥沙（b）和总磷（c）通量

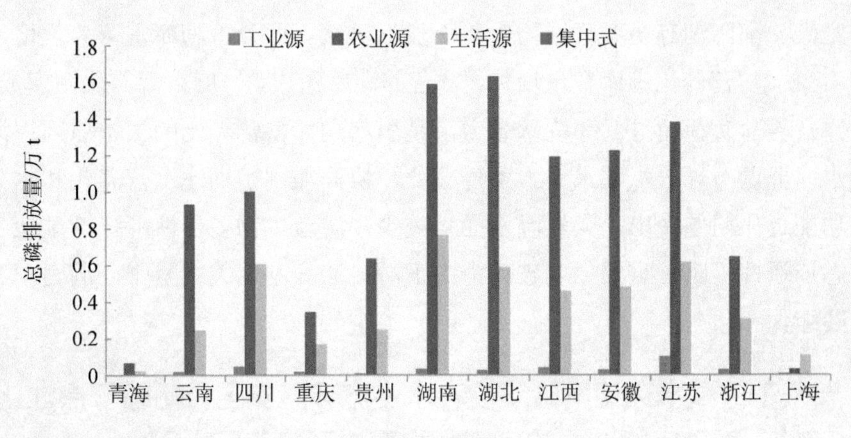

（a）

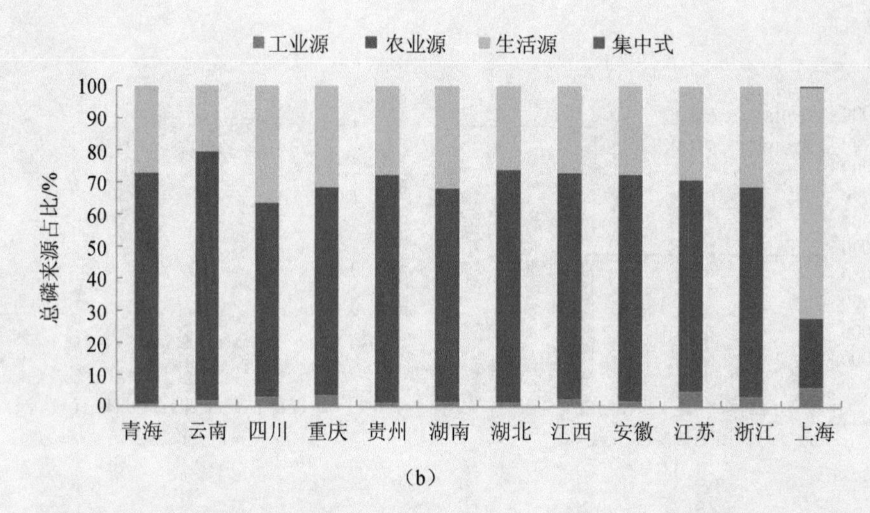

图 3-2 长江经济带 11 省（市）及青海省总磷排放量（a）及来源组成（b）

二、着眼于流域水生态安全，多维度多层次梳理了长江重大生态问题，对生物资源、湖库营养水平、生态完整性和湿地格局形成了较为全面的认识

长江鱼类资源量和生物多样性显著降低，干流年捕捞量由 20 世纪 50 年代的 40 多万 t 下降到现在的不足 10 万 t，且鱼类资源小型化趋势明显。上游特有鱼类（圆口铜鱼等）的种群数量下降明显，受威胁的鱼类数占比达 27.6%；四大家鱼等重要经济鱼类种群数量显著下降；白鱀豚、白鲟、鲥鱼已功能性灭绝，长江江豚、中华鲟成为极危物种，2013 年、2015 年、2017 年和 2018 年均未监测到中华鲟自然繁殖行为。根据鱼类生物完整性指数评价结果，除长江口、汉江以外，金沙江下游、三峡水库、长江下游干流、雅砻江、乌江、洞庭湖、鄱阳湖等主要区域均为“一般”等级。此外，湖库富营养化格局发生改变，近 10 年来，富营养化湖库数量增加，贫营养湖库消失，轻度富营养化湖库成为主体，入湖氮、磷营养盐负荷超过其环境承载力，是引起湖库富营养化的根本原因；河湖连通性变差、水库群调节导致水域水动力条件改变，协同加剧了湖库富营养化和水华风险。湿地生态功能退化问题突出，天然湿地面积减少，湿地生物多样性下降，湿地生态功能减弱；生态连通性受阻，重要生境破碎，中下游“江—湖”关系紧张，洞庭湖、鄱阳湖湿地面积萎缩。

三、着眼于流域水环境风险防控和水生态环境安全，明晰了沿江化工、危险化学品运输、尾矿库所造成的环境风险严峻形势和巨大压力

长江经济带分布化工企业有 14 813 家，主要集中在 158 家省级以上化工园区和上千家市级园区，主要分布在云南省、贵州省、四川省、重庆市、湖北省、江苏省、浙江省和上

海市。化工企业废水排放总量为 8.63 亿 m^3，占全国化工企业的 45%。化工园区沿江沿河密集分布，形成“围江”之势。航运污染风险大，长江航运承担货运量达 26.9 亿 t，支撑了长江经济带 11 省（直辖市）经济社会发展所需 85%的铁矿石、83%的电煤和 85%的外贸货物运输量。干线港口危险化学品生产和运输点多、线路长，泄漏风险大；沿线港口还存在污染物接收设施分布不均衡，含油污水船、岸衔接不畅通，洗舱水化学品种类复杂，处理难度大等问题。

尾矿库次生环境风险隐患多，临近长江干支流的高风险尾矿库占比高，四川省 260 座尾矿库中有 148 座高风险尾矿库，且大多管理粗放，发生垮塌、泄漏后产生的次生环境污染风险大。近年来嘉陵江流域连续发生跨界输入型污染事件，2015 年锑尾矿库泄漏、2017 年含铊废水通过尾矿库直排，分别导致嘉陵江水体锑和铊严重超标，严重影响了饮用水水源安全，引发社会高度关注。

饮用水安全风险不容忽视，2019 年长江经济带 126 个地级及以上城市 293 个“水十条”考核水源达标率为 95.5%，超标水源涉及服务人口 616.2 万。因布局不合理导致企业排污口与饮用水取水口交错分布，水质风险较高；30 个城市无备用水源，116 个城市供水水源类型单一，安全供水能力不足；17 个城市的水源预警监控能力、36 个城市风险防控和应急能力不足。

四、着眼于长江流域“三水”统筹和经济高质量发展，系统分析了长江水生态环境安全保障所面临的诸多挑战

一是部分区域经济发展上行的环境压力仍较大，分析显示，从长江经济带整体来看，COD、氨氮、总氮、总磷排放量已经越过库兹涅茨曲线拐点，排放量进入下行期，然而，区域发展不平衡，上游地区（特别是云南、贵州）氮、磷排放量未越过拐点或在拐点附近，传统的粗放型发展方式仍未改变（图 3-3）。二是长江流域水资源战略储备减少，气候变暖使长江源区冰川退缩、冻土层消融，威胁长期水资源安全；近年来三江源生态保护系列工程实施发挥了正效应，但高寒湿地生态系统退化态势仍不容乐观。三是水环境质量持续改善但仍存问题隐患，针对长江中下游 7 省 14 个湖库 230 种有毒有害污染物采样调查发现，长三角地区尤其是干流江苏段及杭嘉湖地区 POPs 及重金属污染风险较大；中游典型湖泊——洞庭湖磺胺嘧啶、磺胺甲噁唑等多种抗生素在水产及畜禽养殖中用量大；红霉素和氧氟沙星是长江下游水和沉积物主要抗生素污染物，磺胺类抗性基因是主要抗性基因污染物。四是水生态系统退化的态势未得到根本遏制，太湖、巢湖、滇池水华发生程度并未改善，洞庭湖、鄱阳湖局部水华频发，洱海水华控制效果存在反弹风险；根据湖泊总磷与水华控制“四阶段”关系（图 3-4），一些湖泊需较长时期实施总磷削减、水华应急的双重管控。在长江水生生物资源养护、湿地保护和修复方面虽然开展了大量实践探索，但鱼类多

样性依然没有得到显著改善，湿地功能退化没有得到根本扭转。长江口整体仍处于亚健康状态，重度富营养化海域面积虽减少，但占比仍然很高，赤潮频发；低氧区在长江口外邻近海域长期存在，严重制约生态安全水平的提高。

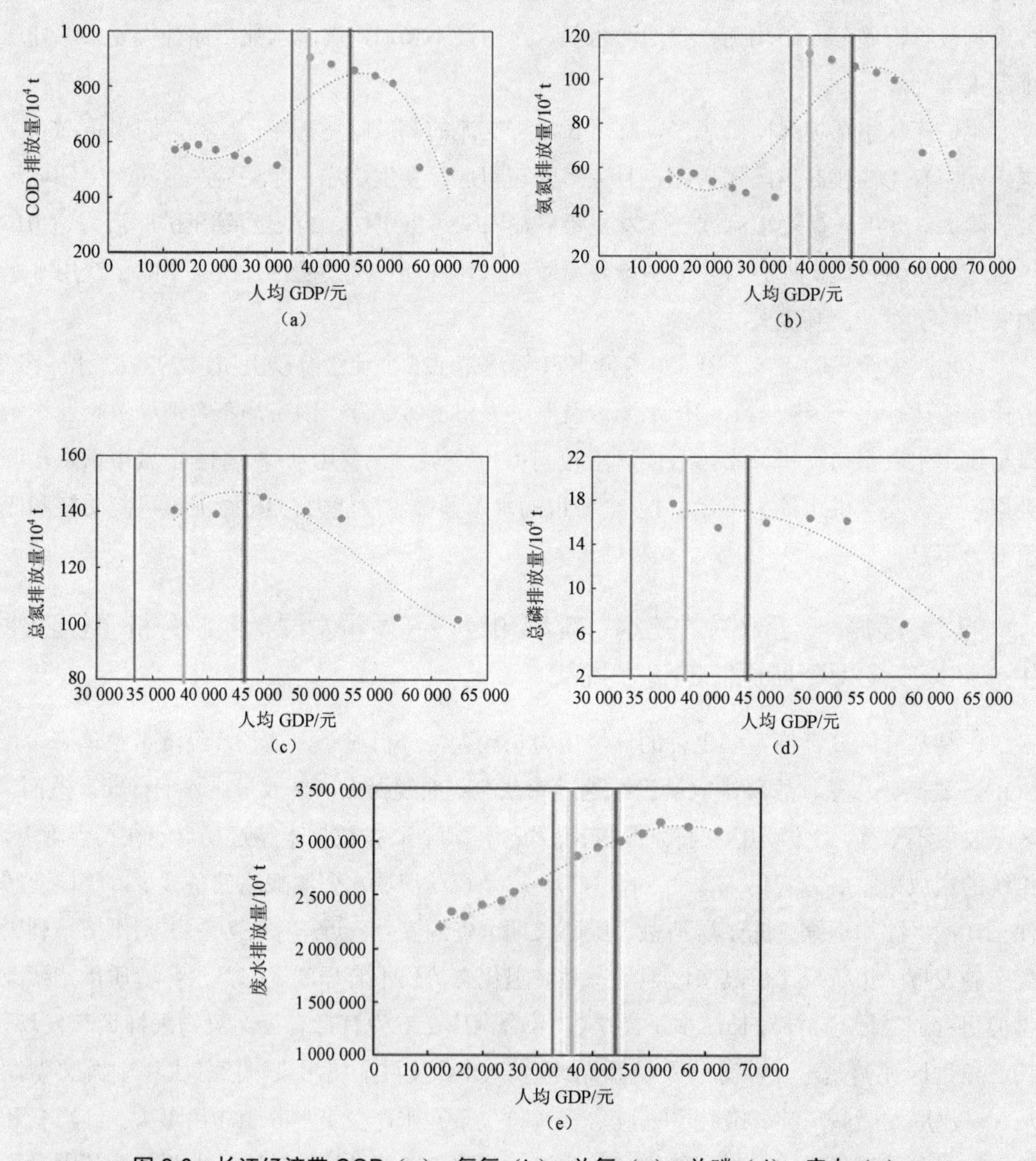

图 3-3 长江经济带 COD（a）、氨氮（b）、总氮（c）、总磷（d）、废水（e）

注：蓝色竖线为云南省所处位置；绿色竖线为贵州省所处位置；红色为长江经济带上游地区所处位置。

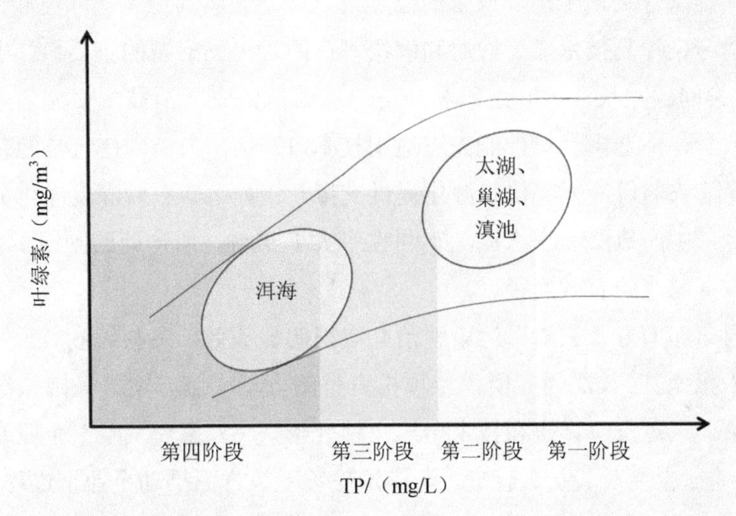

图 3-4 湖泊总磷浓度削减与藻类生物量变化“四阶段”关系示意图

注：图中红圈对应表示典型湖泊所处阶段。

第二节 准确把握长江“三磷”污染特征，筛选推介“三磷”整治关键技术，精准帮扶“三磷”企业整改成效显著

“三磷”是造成长江局部区域磷污染的重要原因。长江经济带是我国磷矿石和磷肥主产区以及磷石膏库主要分布区，磷矿石、磷肥和磷石膏产量分别约占全国的98.2%、88.1%和 82.6%，磷矿石约 77%用于生产磷肥，6%用于生产黄磷，7%用于制备工业级磷酸和饲料。中上游是长江经济带“三磷”的重点区域，湖北、贵州、云南和四川四个省磷矿石和磷肥产量分别占长江经济带产量的 96.7%和 90.8%；长江“三磷”专项排查整治行动涉及的 834 家企业中，四省磷矿企业、磷化工企业和磷石膏库分别占 90.6%、94.3%和 95.7%。总磷超Ⅲ类断面与“三磷”企业的空间分布相关性明显，“三磷”是导致长江中上游等局部区域磷污染的重要原因。

“三磷”对长江磷污染的贡献方式和作用途径各有差异。磷矿开采主要通过外排矿井水和矿渣流失等方式污染环境，中上游磷矿石开采多在喀斯特地区且以洞采为主，矿井水涌水量大，外排后造成污染区域大且管控困难；矿渣产生量较大，无序堆存造成水土污染较为严重。磷化工企业主要通过废水外排、黄磷流失和废气等方式污染环境，磷肥企业现有的废水处理技术难以达标排放，漏排偷排现象突出，黄磷企业电炉尾气火炬排空等产生的五氧化二磷扩散易引起二次污染；含磷农药企业母液未充分回收或处理不达标，排放强酸性含盐废水。磷石膏库占用大量土地资源，历史存量已超过 5 亿 t 且每年以 7 000 万 t的速度增加，主要通过渗滤液渗漏和扬尘等方式污染环境，磷石膏库覆土复绿、排水防渗、渗滤液收集、拦洪排洪等工程未建设或未规范建设，严重影响周边大气环境和水环境。

先进适用的磷污染控制技术成为应对和解决“三磷”污染问题的重要科技手段。针对“三磷”行业的污染问题，长江中心组织和参与“三磷”污染防治技术交流会、黄磷行业清洁生产技术交流会，筛选磷污染控制先进适用技术 12 项，为黄磷尾气资源化回收、磷石膏综合利用、含磷农药母液无害化资源化提供支撑。例如，磷石膏深度净化分解技术可通过高温还原煅烧，生产硫酸联产水泥，硫回收率大于 90%，所产硫酸回用于磷肥生产，有望成为解决磷石膏问题的有效途径。

全方位支撑国家和地方“三磷”污染整治并取得明显成效。参与编制《长江“三磷”专项排查整治技术指南》《长江“三磷”专项排查整治行动实施方案》等国家级规范性技术文件。通过两轮“点对点”调研和技术指导，精准帮扶 67 家“三磷”企业制定“一企一策”方案，从工艺、装备、设施、管理、污染治理装置等方面推动企业全过程防控污染。驻点工作组支撑地方“三磷”整治取得明显成效，贵阳市驻点工作组精准帮扶洋水河流域 15 家“三磷”企业，实现出境断面总磷浓度下降超过 2/3，解决了 60 多年来总磷超标的老大难问题。德阳市驻点工作组提出“三磷”企业“一企一策”和 17 个磷石膏堆场“一堆一策”治理方案，实现了“消增削存”的目标，综合利用率超 120%。

第三节 深入分析水体黑臭成因，构建“互联网+天地一体”监管质控体系，全过程支撑长江经济带城市黑臭水体整治专项行动

长江经济带黑臭水体总量和密度大，不同区域黑臭水体成因各异。截至 2019 年年底，长江经济带 110 个地级及以上城市黑臭水体总数为 1 372 个，黑臭水体数量占全国 295 个地级及以上城市黑臭水体总数的 47.3%。长江经济带黑臭水体基数较大，平均每座城市 12 个，高于全国 10 个的平均水平，主要原因是长江经济带城市水系较为发达、城市管网不配套且空白区域大。2019 年专项排查共发现黑臭问题河流 819 条，主要集中在长江经济带中下游地区，问题集中度较高的地区分布在湘鄂地区和苏皖地区。例如，河岸、河床存在垃圾类问题主要集中在湘中北和皖东、苏中地区；污水直排没有实质性解决类问题主要集中在苏皖地区；城镇污水管网不配套类问题主要集中在湘鄂皖和苏北地区。

提出黑臭水体综合治理思路和差异化管理对策，支撑河流岸线生态功能提升。一是抓住黑臭水体成因在岸上的“牛鼻子”问题，推动岸上水里统筹治理。通过多个城市的现场调研，系统梳理分析污水、垃圾“源流汇”过程，确定关键环节和问题，提出“污水处理厂进水 BOD_5浓度”等关键指标，引导地方治理工程解决实质性问题，部分指标纳入《城市黑臭水体治理攻坚战实施方案》《城市黑臭水体整治环境保护专项行动方案》。二是针对黑臭水体状况及其成因，进行差异化分类治理和全过程综合管理。从前期调查、污染分析

与问题诊断、城市黑臭水体整治、整治效果评估、长效机制建设 5 个方面对黑臭水体全过程治理与管理进行规范化，编制了《城市黑臭水体整治技术导则》（建议稿）。三是推动岸线生态化改造和河道生态系统功能提升。通过对 54 个城市 415 个（1 243 km）黑臭水体河道硬化情况现场调查，提出岸线生态化改造和河道生态修复及生态系统功能提升的顶层设计，科学制定技术标准/指南，推动实现“清水绿岸，鱼翔浅底”。形成《城市黑臭水体整治过程中生态保护问题分析调研报告》，上报国务院，并获中央领导人批阅。

全方位支撑长江经济带城市黑臭水体整治环境保护专项行动。完善黑臭水体核查技术手段，升级核查 App 和自查系统，进一步完善“互联网+天地一体”监管的标准化质控体系。编制形成《2019 年城市黑臭水体整治环境保护专项行动方案》《城市黑臭水体治理排查工作手册》《城市黑臭水体整治技术导则》等规范性技术文件，开展 4 次城市黑臭水体整治技术集中培训。完成 2 轮次城市黑臭水体整治环境保护专项行动。推动黑臭水体整治技术在荆门市、株洲市等驻点城市应用推广，形成《荆门市黑臭水体整治攻坚战实施方案》《株洲市城市黑臭水体治理攻坚战实施方案》等方案，有力支撑了驻点城市黑臭水体消除。截至 2019 年年底，长江经济带 110 个地级及以上城市黑臭水体消除比例为 86.9%，高于全国平均水平，同比提升 14 个百分点。长江联合研究的 57 个驻点城市黑臭水体平均消除比例为 87.5%，比未驻点的 53 个城市高 1.2 个百分点。

第四节　分类识别劣Ⅴ类断面问题成因，提出城市—乡镇—农村污水差异化治理推荐工艺，创新“河道环保管家”技术支撑模式，科学指导地方消减劣Ⅴ类

分类识别不同劣Ⅴ类断面主要污染成因。针对长江流域 12 个消劣目标断面，驻点工作组对十堰、荆州、荆门等 7 个城市 10 个劣Ⅴ类断面进行科学研判和技术支持，编制《荆门劣Ⅴ类断面水质状况分析报告》《球溪河口水质情况分析报告》等成因分析报告。劣Ⅴ类断面污染成因在于：一是部分河流断面径流量小、水资源开发过度。神定河与泗河年均径流量分别为 0.84 亿 m^3 和 1.33 亿 m^3，季节性断流现象时有发生；釜溪河水资源开发利用率达 46%，已超过国际公认 40%的用水警戒线。二是部分城镇污水处理能力不足。自贡市现有的城市污水处理厂运行负荷率均超过 85%，部分达到 120%，对碳研所断面有较大影响。三是部分河流农业面源污染较重，治理难度较大。竹皮河拖市和马良龚家湾断面上游养殖废水直排，汛期降雨径流冲刷携带大量面源污染负荷入河；釜溪河碳研所断面上游荣县、威远县畜禽养殖污染治理规划布局不合理，种植业农药施用强度大，占用河滩地种植。四是部分断面工业污染贡献较大。富民大桥断面上游聚集了钢铁、化工、石化、建材等众多行业，部分工业园区污水收集处理设施仍然不完善；通仙桥断面上游二街工业园区

有 11 家磷化工企业，松林庄出水点总磷浓度达 217.8 mg/L。

提出城市—乡镇—农村污水差异化治理推荐工艺，创新“河道环保管家”模式，支撑地方劣Ⅴ类国控断面整治。十堰市泗河、神定河劣Ⅴ类国控断面主要污染源为城镇污水排放，通过采用先进适用污水处理技术，该断面消劣工作于 2019 年下半年取得重要进展。十堰市驻点工作组在实地调研十堰市 110 种污水处理工艺的基础上，进一步分析总结全国城镇污水处理厂工艺类型，对现有污水处理工艺进行科学评估，提出长江经济带城市—乡镇—农村污水处理分级分类推荐工艺。成都市驻点工作组践行“一河一策”，建立由工作组牵头、工程技术团队跟进、区县政府购买服务的一河一组“河道环保管家”模式，确保河流长期稳定达标。

不同处理工艺在我国城镇污水处理厂中的应用情况如图 3-5 所示，长江经济带城市—乡镇—农村污水处理分级分类推荐工艺见表 3-2。

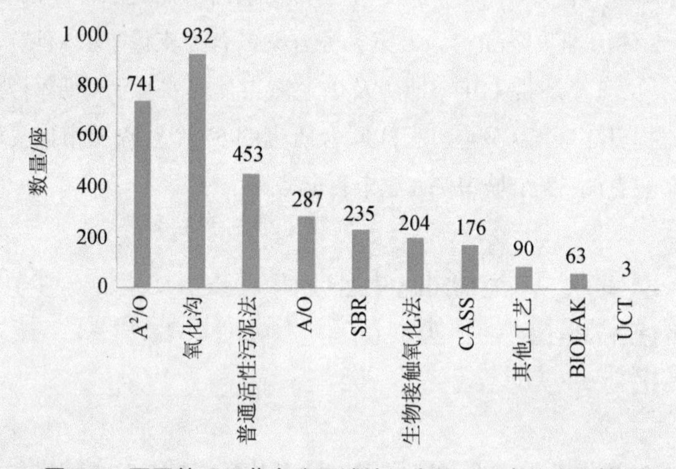

图 3-5 不同处理工艺在我国城镇污水处理厂中的应用情况

数据来源：住房和城乡建设部，统计数量 3 184 座。

表 3-2 长江经济带城市—乡镇—农村污水处理分级分类推荐工艺

污水厂	推荐工艺	投资/（元/t）	运行成本/（元/t）	出水标准	备注
县级以上城镇污水厂	A^2/O+人工快渗	2 000～2 500	0.65	Ⅳ类	占地面积大
	A^2/O+高密度沉淀	3 000～3 300	0.68	一级 A 或Ⅳ类	—
	人工快渗+BAF	2 000～2 500	0.60	一级 A 或Ⅳ类	占地面积大
乡镇污水处理厂	IBR+人工快渗	2 000～3 000	0.72	一级 A	占地面积大
	A^2/O+人工快渗	2 000～2 500	0.65	Ⅳ类	占地面积大
农村污水处理设施	人工湿地	1 000～1 500	0.08	一级 B	占地面积大
	人工快渗一体化	1 000～1 500	0.08	一级 B	占地面积大

第五节　全面评估长江经济带饮用水水源地环境状况，识别饮用水水源地污染成因，支撑饮用水水源地规范化建设与风险应急管理

长江经济带地级城市饮用水水源中有 7.12%仍未达到III类水质，主要污染物为总磷和 BOD_5，生活点源、农业面源和交通穿越占饮用水水源地环境问题的近 50%。长江经济带饮用水水源地环境状况调查评估显示，2018 年县级以上城市饮用水水源地有 1 387 个，占全国 36.2%，服务人口 3.2 亿人，占全国 53.7%。309 个地级城市饮用水水源中，22 个地级以上城市饮用水水源水质未达到III类，主要污染物为总磷和 BOD_5；81 个县级水源水质未达到III类，主要污染物为总磷、BOD_5、高锰酸盐指数等。围绕饮用水水源地专项行动要求，共梳理出饮用水水源地 2 673 个环境问题，其中生活面源污染类占 21.2%、农业面源污染类占 15.2%、交通穿越类占 13.4%、工业企业类占 6.3%、旅游餐饮类占 4.7%、航运码头类占 4.0%、排污口类占 4.0%、其他类问题占 28.2%。

提出八类环境问题整治标准，支撑相关指导意见出台。编制起草了《2019 年长江经济带饮用水水源地专项执法行动形势分析研究报告》，明确了水源保护区内工业企业、排污口、交通穿越、原住居民生活面源污染、码头、农业面源污染、旅游餐饮、加油站八类问题整治标准，支撑《关于答复 2019 年饮用水水源地环境保护专项行动有关问题的函》《乡镇及以下饮用水水源地环境保护指导意见》的出台。

开展饮用水水源地现场调研与技术帮扶，加强饮用水水源地风险防控。起草《集中式地表水型饮用水水源地突发环境事件风险源名录编制指南》；指导江西、湖南、云南、湖北四省推进落实“水十条”水源保护相关任务，水源达标率得到显著提升（江西省水源达标率提升 10.4%，湖南省水源达标率提升 3.6%，云南省水源达标率提升 2.9%，湖北省水源达标率保持 100%）。技术帮扶国家试点城市十堰市饮用水水源地环境风险应急管理，识别出丹江口水库安全保障区十堰市境内 13 条河流和水源地周边的尾矿库、工业企业、生活污水处理厂、垃圾填埋场、养殖场、道路桥梁移动源等环境风险源情况，明晰了丹江口库区高风险区域和敏感风险点，编制突发环境事件应急响应方案和流域预案，实现“一河一图一策”。十堰、上饶、株洲、重庆、南充等驻点工作组积极支撑饮用水水源地专项行动，提出包括《大坳水库城市饮用水水源保护专项规划》《关于万州区单一城市集中供水水源问题的解决建议》《南充市 2019 年饮用水水源地环境保护专项行动工作方案》等 10 余份方案、规划、建议，切实支撑了当地饮用水水源保护行动。

第四章　典型案例

驻点工作组紧扣地方需求和任务要求，以解决地方突出生态环境问题为导向，牢牢把握环保科技的人民性，深入一线、破解难题，协助地方科学决策和精准施策，助力水环境质量改善初见成效，亮点纷呈。驻点工作组帮助地方解决了一大批长期悬而未决的突出难题，深受地方政府认可。

一是针对长江中上游等局部区域水体磷污染问题，开展“三磷”（磷矿、磷化工、磷石膏库）整治技术帮扶。如贵阳驻点组提出“掌握需求→问题解析→分解任务→集成成果→落地应用”5步法，开展洋水河流域内7家磷矿企业、2家磷肥企业、4家黄磷企业及2个磷石膏库精准帮扶，2019年治理后的洋水河出境断面大塘口总磷浓度稳定在0.2 mg/L以下（2018年平均0.35 mg/L），解决了60多年总磷超标的老大难问题。二是针对长江中下游地区河湖水环境保护突出问题，提供定制化技术服务。如咸宁驻点组以“分期实施+动态调整”“急症急诊+系统治疗”等原则，针对咸宁市政府排污口整治需求，进行排查溯源，建立源—口对应关系，完成“一口一档”“一口一策”整治方案编制和排口信息管理平台建设，并向政府提交斧头湖入湖河口湿地建设等政策建议，支撑管理决策。三是针对长江下游重要水体治理与修复需求，结合国家水专项等成果转化，提供实际解决方案。如嘉兴驻点组积极参与嘉兴市生态文明建设示范市创建“十大攻坚行动”，结合“水专项”课题研究，支撑“污水零直排区”创建、城乡污水治理、水系连通暨美丽河湖建设及科技治污能力提升等专项行动方案。湖州驻点组积极推广应用长兴县国控断面蓝藻防控、新塘港区域生态缓冲带划定与生态修复试点研究、城镇污水处理厂清洁排放提标改造与污泥协同治理等水专项成果，支撑区域污染减排水质改善。

长江中心将继续强化专家指导、统一技术标准、创新方式方法，持续推进长江保护修复联合研究，加强58个驻点城市定制化科技帮扶，深度参与驻点城市长江保护修复攻坚战8大行动，为支撑打好长江保护修复攻坚战、长江生态环境保护“十四五”规划编制实施工作、推动长江流域水环境质量持续改善提供高水平科技支撑。

第一节　绵阳市驻点跟踪研究案例分析

一、主要问题

1．生态流量不足，农村污染严重

绵阳市部分河流以降雨补充为主，来水少，无大型输入型水源，河流径污比偏小，加之水电站和闸坝修建导致的水体流动性下降，导致水体自净能力弱，生态流量严重不足。农村污水处理设施建设滞后，部分生活污水直排河流，导致河流水质较差。管网建设滞后，部分乡镇污水处理厂设计处理能力与实际收集污水量存在较大差距，设计处理能力远大于进水量。年内水量波动较大，由于农村人口进城务工，导致乡镇污水量平时较少，节假日水量激增。因乡镇居民建设缺乏规划约束，污水排放口多而散乱，加上因地形复杂多样而污水管网建设难度大，且建成后易损坏，后期维护成本高，导致配套管网建设滞后，污水收集率低，部分污水直接排入附近河流。乡镇生活污水处理场存在进水水质波动、建设与运行成本高、系统运行不稳定等问题，导致出水不能稳定达标。农村地区由于人口分散、人口数量多，缺少有效生活污水的收集和处理设施，除很少部分采用简易化粪池进行处理外，部分农村生活污水就近排入河流、沟渠，严重影响水环境质量。

2．上游来水和主要水体水质较差

鲁班水库位于凯江支流绿豆河上游的铁线沟处，处于三台县鲁班镇内，幸福乡边界处，是四川省第三大水库，水域面积为 13.2 km^2，辖六沟十二湾，坝址以上控制流域面积为 21 km^2，平均水深 21.06 m，最大水深 60～70 m，属深水湖库，主要功能为灌溉，兼顾发电、防洪等。2014—2019 年，4 个监测点位均未达到Ⅱ类水质标准。其中，2014 年 4 个监测点位和 2016 年进水口、鲁班岛为Ⅳ类，其余年份各点位都能达到Ⅲ类，主要影响因子为 TP、TN 和 COD，目前处于中营养状态。

污染源主要有来水输入性污染源和内源污染。鲁班水库是都江堰人民渠七期工程的尾段，来水水质标准为地表水（河流）Ⅲ类水。相对于鲁班水库要求的水域功能标准Ⅱ类水而言，其 TP、TN 超标，COD_{Mn}、BOD_5 3—7 月集中超标。水库周边部分居民生活污水和生活垃圾，以及周边的农田径流和划船、垂钓、骑行、农家乐度假等休闲旅游产生的输入污染。内源污染主要是网箱养殖取缔后的遗留污染源（饵料、死鱼、鱼类排泄物等），其污染物的缓慢释放对鲁班水库的水质产生不良影响。鲁班岛养殖区底质污染物中 NH_3-N、TP 等明显高于非养殖区。

每年 2—5 月，出现鲁班岛 TP、BOD_5 高于进水口，可能是季节变化、水温升高导致内源污染物释放引起的。同步监测水温显示，每年 3—4 月，湖水会有明显的升温，通常会由 10℃升至 20℃左右。综合三台县对水库底泥的检测结果，养殖区比非养殖区的底泥中

NH_3-N 和 TP 高得多，而历史养殖区恰恰集中在鲁班岛，可以得出，鲁班水库以输入性污染为主，但冬春、夏秋等季节交替时内源释放比较显著。

3．农业农村面源污染未得到有效控制

部分地区未严格落实“一控两减三基本”的要求，农业用水总量、农药、化肥施用量控制不严，秸秆、农膜、畜禽粪污的综合利用措施不到位，有的甚至在河滩内耕种，导致部分流域范围内农业面源污染相对较重。首先是根据污染源分析，农业源中，畜禽养殖污染排放占比较大，分别占 COD、NH_3-N、TN 和 TP 排放量的 96%、46%、42%和 51%；其次是种植业排放的 NH_3-N、TN 和 TP 较高，分别占农业源排放总量的 29%、48%和 38%。同时农村畜禽散养数量较大，但由于管理不完善，存在随雨水冲刷污染物被雨水携带进入水体、污染水体的风险。此外，由于部分农户的环保意识薄弱，还存在沿河倾倒垃圾现象，河面存在生活垃圾等漂浮物，影响水功能提升及水质改善。

4．磷石膏堆场历史遗留问题

绵阳市安州区是四川省传统的磷化工基地，当地共有四家磷化工企业，分别为绵阳市金鸿饲料有限公司（以下简称金鸿饲料）、绵阳市神龙重科实业有限公司（以下简称神龙重科）、绵阳市安州区路林磷化工有限公司（以下简称路林磷化工）、绵阳川银化工有限公司。上述企业于 2002—2006 年开始生产，主要产品为磷酸氢钙，年磷酸盐产量总计约为 15.5 万 t，年产磷石膏约为 31 万 t。目前仅绵阳市金鸿饲料有限公司在生产中，其余三家均已停产。该区域磷化工企业于 2007 年开始先后分别建设了磷石膏综合利用项目，但由于利用量低，目前安州区境内仍存有磷石膏渣堆 3 座，总计约为 311 万 t，占地面积约为 257.5 亩（1 亩≈667 m^2）。

上述磷石膏渣堆沿干河子分布，且场底未采取有效的防渗措施，不满足一般工业废弃物Ⅱ类的防渗要求，该地区地下水埋深较浅，磷石膏的非正规堆放易对区域土壤、水环境造成污染。2018 年开始当地企业开展磷石膏堆体治理工作，实施了磷石膏边坡平整、磷石膏暂存养护区覆盖、新增渗滤液收集系统、渗滤液收集池清理完善等措施；同时川银化工磷石膏堆场内废渣全部转运至金鸿饲料磷石膏堆场内进行处置，但整治措施并不完善，仍存在环境污染与风险隐患。2018 年 11 月 8 日，中央第五生态环境保护督察组现场检查发现，绵阳市安州区磷石膏堆场环境问题整改推进不力，磷石膏削减工作进展缓慢，部分磷石膏堆场“三防”措施不到位，对涪江二级支流干河子水体造成污染。

二、开展的主要工作

1．开展源清单编制和生态环境问题解析

针对绵阳市生态环境要素问题，梳理构建污染源清单和风险源清单。在涪江的干流和主要支流，驻点工作组协助开展用取水量、排水量调查，排污口及其排放水质水量调查，污染源风险排查，摸清流域内磷污染源、风险源、主要污染源清单，梳理重大生态环境问题清单，解析区域和流域生态环境问题及成因；实施鲁班水库水生态环境状况调查。

2．开展重点污染源治理

针对场镇生活污水处理存在进水水质波动、建设与运行成本高、系统运行不稳定、处理工艺是否合理等问题，构建场镇生活污水处理厂优化运行成套技术体系。在固体废物资源化与安全处置行业，针对绵阳市安州区磷石膏堆场历史遗留问题，进行隔离防渗、污（废）水处理、土壤修复、地下水监测与污染防控、生态修复，提出磷石膏污染防控策略，加大全方位系统性综合治理修复力度。

3．开展重要水体的保护和修复

针对鲁班水库总磷超标问题，基于源清单和源解析成果，综合来水河湖总磷标准不一致，从底泥固化稳定、来水总磷削减等方面开展鲁班水库总磷达标整治，提出鲁班水库生态环境保护修复建议。在流域综合治理方面，指导芙蓉溪、草溪河、干河子等水质较差小流域的达标整治工作，综合考虑绿色发展、城镇生活污染与农业面源污染治理、河道生态整治、保障生态流量等综合治理措施，推动流域水环境质量改善、巩固及提升。

4．推动绵阳市“一市一策”生态环境保护战略规划

根据《绵阳市大气环境质量限期达标规划》《绵阳市水污染防治计划》《绵阳市环境污染防治“三大战役”实施方案》、生态环境督查问题整改清单以及政府重点工作等，结合社会经济发展和生态环境保护目标，从产业结构调整、污染物达标排放、政策标准制（修）订、重大生态环境工程建设等方面，提出“一市一策”综合解决方案。

5．队伍建设与人才交流

建立常态化人才交流合作机制，双方互派人员开展交流合作，以任务为导向，利用国家层面人才、技术与平台优势，组织开展相应技术培训，增强了解与共识，夯实合作基础。

三、主要成效

1．绵阳市磷石膏污染治理

驻点工作组指导帮扶企业开展三磷排查整治工作，编制完成《绵阳市安州区高川磷矿长江“三磷”专项排查整治方案》《绵阳市安州区磷石膏整治总体方案》及金鸿饲料、路林磷化工、神龙重科 3 家企业整治方案，对 3 家企业已有堆体 210 万 t 磷石膏完成应急工程，对堆体进行遮蔽、完成雨污分流系统，有效减少渗滤液产生，完善渗滤液收集和回用系统，污染得到有效控制。规范整治磷石膏约 311 万 t，其中 177 万 t 磷石膏已由神龙重科公司规范化长期封存，综合利用磷石膏约 134 万 t。

针对目前磷石膏渣堆现状及存在的污染问题，采用“综合治理+后期利用”作为磷石膏处置方案。加强磷石膏产出、堆存、利用等环节的全过程污染防治。规范磷石膏堆存和采掘作业，最大限度地降低磷石膏堆场对周边环境的影响，短期内无法消纳的磷石膏实施长期封存永久封场；大力开展清洁生产，源头上削减新鲜磷石膏中携带的可溶性污染物；扩大磷石膏综合利用能力，积极消纳存量。2019 年 6 月在金鸿饲料公司挂牌磷石膏综合利用试验基地，指导企业增强磷石膏处理能力，并开展新鲜磷石膏清洁生产技术研究，实现磷石膏的即产即销，直接产品化不进入堆场堆存（图 3-6）。

整治前

整治后

图 3-6　磷石膏堆场整治前后对比

2．初步构建“有机废弃物资源利用—精准测土培肥—土壤改良”水土共治模式

针对绵阳市传统农业和畜禽养殖规模大、农业污染物排放量大等特点，驻点工作组以绵阳市平武县作为试点，建设有机肥厂，年生产有机肥料 3 万～6 万 t，以平武县秸秆、养殖业畜禽粪便等农业废弃物为生产原料，经过生物堆肥反应器加工，5 天即可转变为有机肥料，同时将有机肥用于当地的水稻、果树。养殖场干清粪由统一收集、集中处理、养治分离，统筹考虑农作物秸秆等有机废弃物，协同资源化处理，利用先进的有机废物生物强化腐殖化及腐殖酸高效提取循环利用技术，实现有机废弃物高效定向腐殖化生产高品质有机肥基肥、生物土壤调理剂、碳肥，建设精准测土生物腐殖酸配肥中心，根据土壤肥料需求和精准测土结果，将农作物秸秆、畜禽粪便制作的有机肥基肥加入核心配方并进行科学配比，满足作物养分需求。施用有机肥可实现土壤有机质提升 0.6%、化肥用量减少 30%～50%，农产品品质得到改善，实现农业增效、农民增收、农村增绿目标，促进绵阳市环水有机农业可持续发展（图 3-7）。

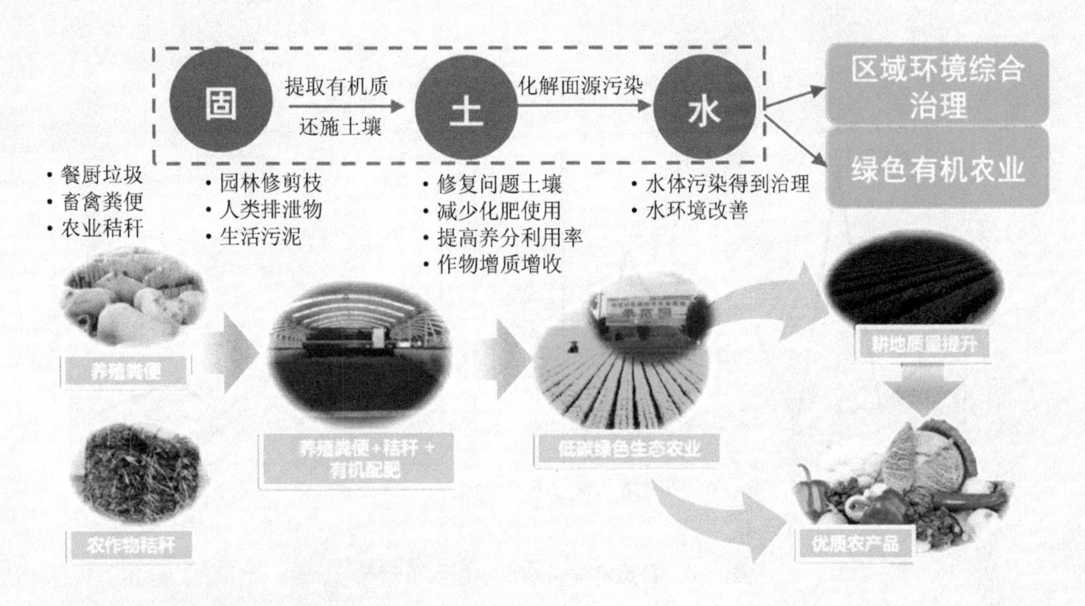

图 3-7 “有机废弃物资源利用—精准测土培肥—土壤改良”水土共治模式

3．鲁班水库水质提升研究

驻点工作组实地调研鲁班水库进水口、鲁班岛及库区周边情况，从控源截污、生态修复、智慧监管等方面提出水库水质提升建议，并针对鲁班水库总磷超标和中营养现状，对水库主航道沿线情况进行现场调查和采样，利用深水探测仪对水库水温、溶解氧等的垂直变换进行研究，发现鲁班水库在 22 m 以下深层区域存在一个跃温层，溶解氧和水温在该深度范围出现骤降，该水层一直延伸至 55 m 以下的水库底部。这一跃温层的发现对于破解鲁班水库水质变化成因将起到重要作用，有助于从内源和外源综合治理鲁班水库总磷超标等问题。

同时跟踪鲁班水库正在开展的底泥疏浚、前置库湿地等生态治理措施，对项目实施技术评估、参数优化，解决项目难点，实施全流程项目跟踪服务。经过水库进水口清淤、前置库湿地等生态治理措施，鲁班水库 2020 年进水口水质明显好于 2019 年水质（图 3-8）。

4．乡镇污水处理厂工艺优化

针对乡镇污水厂常用的 A/O 工艺反硝化脱氮能力较弱、总氮不能稳定达标的问题，经过现场调研和远程指导的方式，指导企业优化碳源投加和混合液回流，企业将碳源投加点位由缺氧池改为后方的缺氧罐，葡萄糖投加量由原来的 25 kg/d 减少到 12.5 kg/d，单次曝气时长由 45 min 减至 30 min，并将初沉池改成缺氧池，以提高系统的脱氮能力。经过调整优化后，总氮去除率提高了 7.4%，且出水总氮指标可以保持稳定达到《城镇污水处理厂污染物排放标准》（GB 18918—2002）一级 A 标准（图 3-9）。

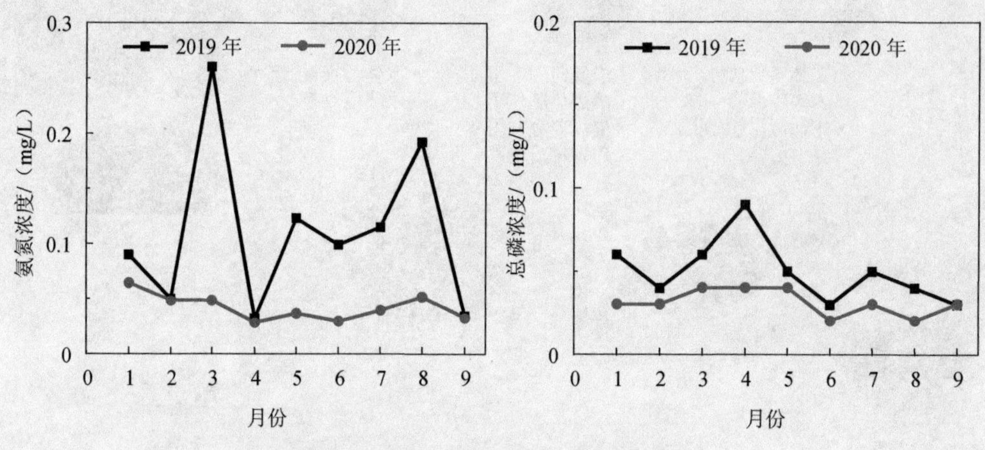

图 3-8 鲁班水库进水口水质改善情况

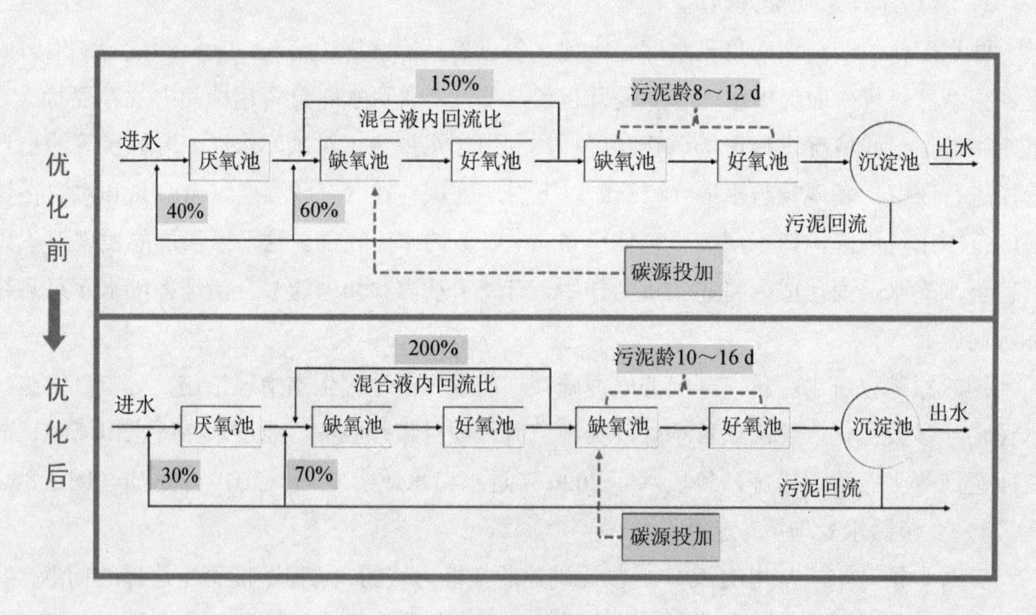

图 3-9 乡镇污水处理厂工艺优化

第二节　贵阳市驻点跟踪研究案例分析

一、主要问题

贵阳市地处长江和珠江流域的分水岭地带，水系发达。以花溪区的旧盘、掌克至桐木岭、孟关上板一线为界以南的河流属珠江流域水系，以北的河流属长江流域水系（乌江）。长江流域面积为 7 565.1 km^2，占全市土地面积的 94.2%；珠江流域面积为 468.9 km^2，占全市土地面积的 5.8%。全市天然径流深 545～640 mm，平均每平方千米产水 56.2 万 m^3，高于全国平均值。全市境内河长大于 10 km 或流域面积大于 20 km^2 的河流共 98 条，其中长江流域 90 条，均属乌江流域；珠江流域 8 条，均流入涟江。贵阳市河道总长度为 2 350 km，市域范围内主要湖泊（水库）193 座（含农村蓄水工程）（表 3-3）。

表 3-3　贵阳市 98 条河流等级分类

所属流域	水系	干流	一级支流	二级支流	三级支流
乌江流域	南明河—清水河流域	南明河	车田河、小车河、贯城河、市西河、松溪河、三江河、小黄河、麻堤河、鱼梁河（18 条）	小湾河、白岩河、长蚱河、武扒箐河（5 条）	—
		清水河	锦栗沟河、冯三河、大水井河、长滩河（鱼梁河）等（11 条）	罗广河、光洞河、葛马河、谷溪河、马路河等（22 条）	大石板河、三叉河（2 条）
	乌江水系（贵阳市段）	息烽河	车洞河、葫芦水河、鱼简河（3 条）	—	—
		猫跳河	猫洞河、修文河、马关河、麦城河、麦架河、宋家冲河等（15 条）	下坝河、平寨河、马文河（3 条）	—
		鸭池河、暗流河	补泥河	—	—
		乌江	刘家沟河、洋水河、九庄河等（13 条）	—	—
珠江流域	涟江水系	青岩河	思丫河、翁岗河、赵司河（3 条）	—	—
		涟江	马玲河、三岔河、老棒河（3 条）	—	—
总计			66 条	30 条	2 条

贵阳市主要河流共设 15 个监测断面，其中国控 4 个断面，省控 8 个断面，包括 3 个跨界出境断面。重点湖库共设 13 个监测点位，其中国控断面 11 个，省控断面 2 个。2016—2019 年，贵阳市 15 个河流监测断面总磷、氨氮及化学需氧量（COD）浓度年际变化趋势，贵阳市地表水体总磷、氨氮及 COD 浓度整体呈现下降趋势，水质逐渐向好（图 3-10）。

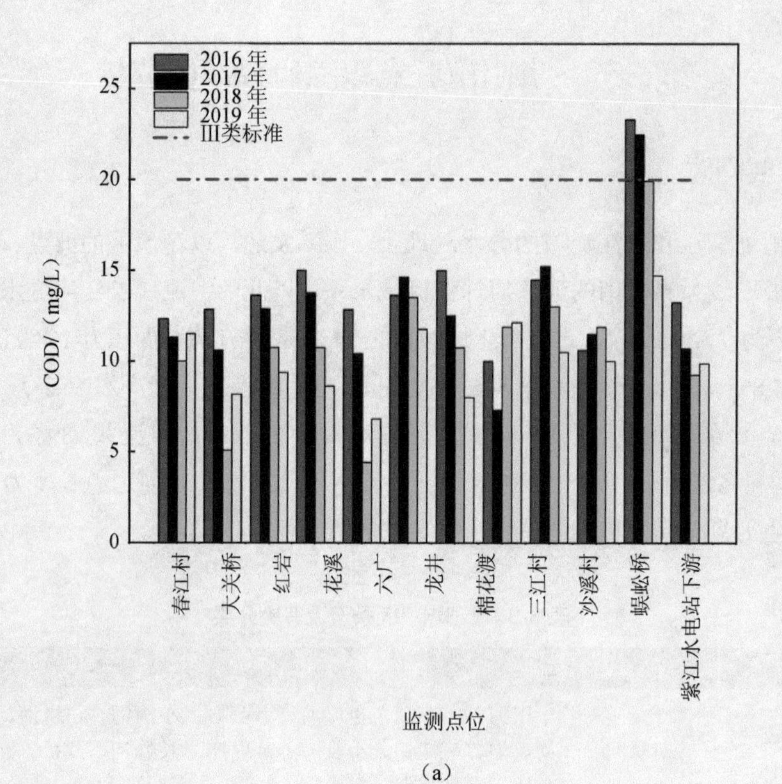
2016 年
2017 年
2018 年
2019 年
III类标准
COD/（mg/L）
25
20
15
10
5
0
春江村
大关桥
红岩
花溪
六广
龙井
棉花渡
三江村
沙溪村
蜈蚣桥
紫江水电站下游
监测点位

（a）

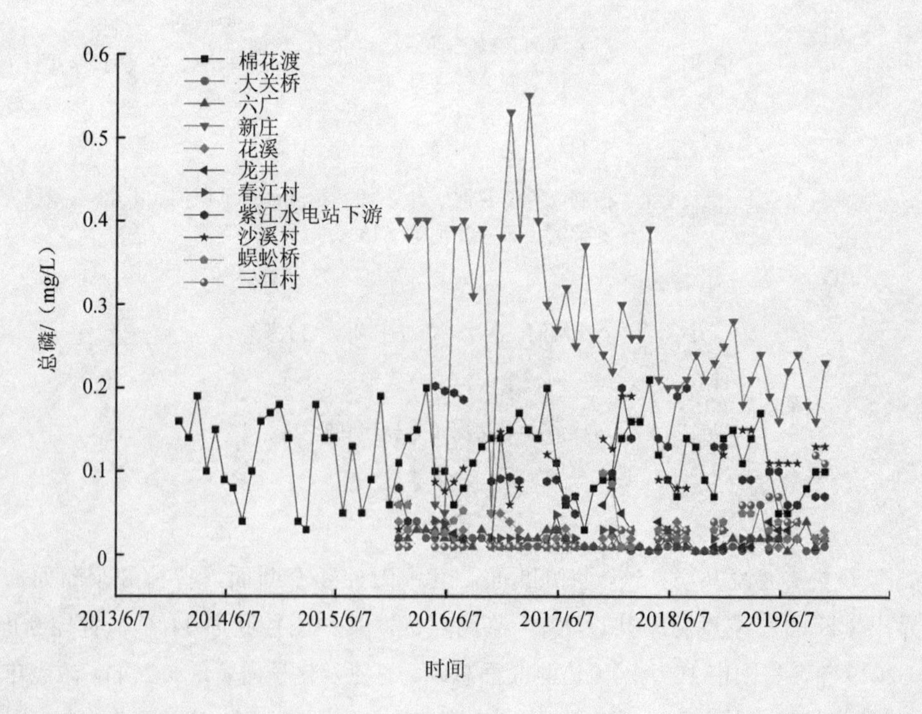
棉花渡
大关桥
六广
新庄
花溪
龙井
春江村
紫江水电站下游
沙溪村
蜈蚣桥
三江村
总磷/（mg/L）
0.6
0.5
0.4
0.3
0.2
0.1
0
2013/6/7
2014/6/7
2015/6/7
2016/6/7
2017/6/7
2018/6/7
2019/6/7
时间

（b）

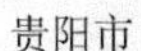

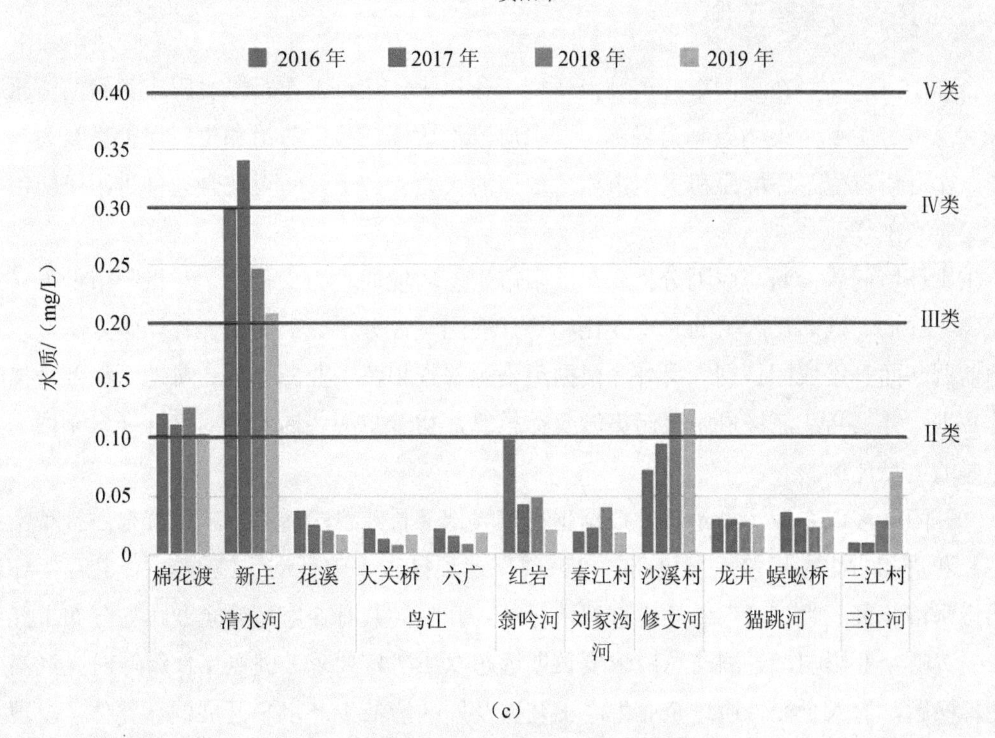

（c）

图 3-10 贵阳市水质监测污染物浓度变化

贵阳市主要面临以下水生态环境问题。

①雨污不分流，污水处理压力大。贵阳市城市基础设施建设存在一定短板，局部区域污水处理能力不足，建成区内管网存在空白区域，城中村、老旧城区雨污不分流，加之近年来人口的迅速聚集，对城区水生态环境的保护产生巨大的压力。

②优势产业突出，“三磷”问题有待进一步解决。贵州省磷矿资源质优量大，而贵阳市是我国主要磷产区之一，涉磷污染企业分布较集中。污染物排放量高、磷石膏堆存量较大，磷污染治理历史欠账多，是导致乌江支流总磷污染的主要原因。

③废弃煤矿酸性废水处理能力不足，水污染问题依然存在。贵阳市煤炭资源丰富，受地质结构影响，高硫高铁是贵阳地区煤炭的主要特征。贵阳市全市煤层分布较浅，规模小（以鸡窝矿为主），加之私挖乱采，尽管 20 世纪 90 年代贵阳市为保护生态环境关闭了所有的煤矿山，但长期开采形成大面积采空区，导致含煤地层与上伏岩溶地层沟通，雨季时，雨水进入采空区，含煤地层中所含硫化铁因赋存环境变化而自发进行氧化还原反应产生煤矿酸性废水，经熔岩点涌入河道，影响地表水水质。受地质结构影响，地下水从多个涌水点涌出，收集、处理难度加大。

二、开展的主要工作

自2018年12月在贵阳市开展驻点研究工作以来，驻点工作组以贵阳市各级河流水质提升和总磷等主要污染物控制为目标，以水质改善达标、污染防治和生态保护修复为核心任务，在贵州省生态环境厅和贵阳市相关部门的大力支持下，一直在全力推进污染防治攻坚战等重点工作。

①水环境问题诊断与成因分析。在贵阳市生态环境局大力支持下，对贵阳市近五年水质总磷、COD、氨氮及总氮的时空变化趋势开展回顾性分析，采用相关统计学方法对水质问题监测断面开展成因识别。另外，根据污染源普查相关工业源排放、耕地面积及畜禽养殖等数据，开展乌江流域贵阳段污染源负荷核算，初步掌握各污染源对乌江（贵阳段）水质影响的贡献比例。

②开阳县涉磷企业污染治理。根据生态环境部《长江“三磷”专项排查整治行动实施方案》和贵州省生态环境厅《贵州省“三磷”专项排查整治行动实施方案》，驻点工作组协助贵阳市开展了“三磷”专项排查整治行动。开阳县共有5家黄磷企业，均分布于光洞河，受黄磷企业影响，光洞河总磷浓度长期远超水质考核要求。驻点工作组针对光洞河总磷超标问题，深入企业，通过企业生产工艺以及厂区清洁生产水平开展调查评估，发现企业长期存在磷废水外排、厂区雨污不分流以及原料厂不封闭等问题。针对上述问题，驻点工作组提出了企业通过对水淬池加盖负压抽气、淬渣环节蒸汽收集处理，在泥磷贮存池和磷泥回收环节密封并加装烟气收集处理设施。实施生产区域地面硬化、防渗、设置围堰等措施，充分收集含元素磷废水进入循环池沉淀后循环使用等整治措施，并协助企业落地。同时与企业共同开展黄磷尾气综合再利用研究工作，最大限度地降低企业对周边的环境污染。

针对中央第五督查组对洋水河流域总磷污染综合治理工作指示，驻点工作组组建了包含水生态、水环境、清洁生产、水污染控制、环境风险评价等学科的工作组，开展全流域水资源、水环境、水生态调查，系统梳理流域生态环境现状、矿产资源开发利用活动导致的突出生态环境问题调研。调研形成了流域生态问题调查与诊断分析、流域主要污染治理设施有效性评估、产业发展清洁生产水平、资源的循环利用分析、流域水环境标准与绿色发展、流域水环境管理体制机制研究以及流域生态环境综合治理的“6+1”工作方案，用以指导洋水河水污染治理工作。研究提出系统解决区域结构性污染及生态环境监管机制问题的方案，提出流域绿色发展建议。

③全面推进贵阳市黑臭水体整治。驻点工作组协助贵阳市编制了《贵阳市入河排污口排查整治无人机航空遥感方案》和《无人机航测小区实施方案》，高效开展现场无人机航测工作。同时，按照生态环境部生态环境执法局《关于印发〈长江入河排污口排查整治工

作资料整合基本要求〉的通知》要求，驻点工作组协助贵阳市制定《贵阳市入河排污口排查整治工作方案》，通过“梳理清单—部门协调—资料收集—资料整理”等工作流程，按时完成贵阳市入河排污口排查整治资料收集和整理工作，为后续全面排查和溯源分析奠定了工作基础。另外，驻点工作组也参与并指导了开展现场排查工作，采用快检设备对具备采样条件的909个排污口，针对pH、COD值、氨氮、总磷等指标进行现场快速检测，逐一核查疑似入河排污口信息，稳步推进黑臭水体整治。

④煤矿区酸性废水成因分析与治理策略研究。阿哈水库是贵阳市重要水源地，位于花溪区久安乡片区游鱼河上游。该地区煤炭资源储量相对较大，20世纪90年代末，因生产安全与环境污染问题，采矿工作全部停止。但受喀斯特地貌影响，在雨季地下含铁、锰酸性矿井水、淋溶水大量涌入河道，造成水体中出现部分污染物超标问题。2018年12月和2019年7月、8月，贵阳市驻点工作组联合中国科学院地球化学研究所、中国矿业大学等多家单位组成工作组，系统调查流域水系、废弃煤矿、矸石堆场、涌水点、水文地质等基础资料，采集了部分区域的环境及生物样品，全面掌握久安乡水环境、土壤环境污染现状、植物分布、水系分布状况。该地区因涌水点较多，又受地质结构影响较大，工作组系统研究国内外水生态修复相关成功案例，结合现有酸性水治理工程，通过科学评估，提出了适合贵阳市实际的“源头阻断+过程控制+末端治理”治理方案。

三、主要成效

1．洋水河流域水质显著改善

驻点工作开展以来，通过“边研究、边产出、边应用、边反馈、边完善”的工作模式，特别是针对洋水河流域总磷污染问题，形成“审题”“解析”“分式”“集成”“交卷”的五步工作法。在精准识别洋水河流域水生态环境问题基础上，驻点工作组针对流域主要污染治理设施有效性评估、产业发展清洁生产水平、资源的循环利用分析、流域水环境标准与绿色发展、流域水环境管理体制机制进行了深入研究，形成了《开阳县洋水河流域水生态环境治理方案》。该方案是针对全流域水生态环境治理综合解决方案，有力地指导了洋水河流域水生态环境治理。当前，流域内所有企业已全部完成整改。在贵阳市驻点工作组的科技支撑和帮扶下，洋水河沿线企业实施了经济有效的改造提升措施，磷矿企业矿井水处理设施实现了自动化改造，磷化工历史遗留问题得到有效解决，磷石膏风险管控进一步加强，面源污染得到了有效控制，洋水河流域水质大幅改善。出境断面大塘口在前期治理的基础上，总磷浓度降低了8倍多，洋水河历经60多年首次稳定达到地表水Ⅲ类标准，“牛奶河”彻底消失。2019年7月19日，《中国环境报》以《驻点跟踪研究量身打造治理方案——破解贵阳生态环保三大痛点》为题专版进行报道。

2. 贵阳市黑臭水体基本消除

经过控源截污、内源治理、生态修复等治理工程的实施，黑臭水体黑臭现象得到基本消除，两岸的生态景观明显提升。监测结果显示，氨氮、溶解氧、透明度等均低于《城市黑臭水体污染程度分级标准》指标值。在实施大沟内雨污分流后，大沟内氨氮浓度降为0.5～3 mg/L，截污沟内氨氮浓度上升至25～30 mg/L。在降低污水处理厂运行负荷、减轻截污沟溢流问题的同时，有效地促进了城镇污水处理"提质增效"。充分利用黑臭水体周边特点，开展了生态修复工作，按照"控源截污、内源治理、活水循环、水质净化、景观提升"等工程手段，七彩湖、高山河、朝阳村等黑臭水体生态得到修复，为市民打造了良好的生态环境和休闲活动场所，周边居民从黑臭水体影响的直接"受害者"变成了黑臭水体治理的直接"受益者"。

第三节　嘉兴市驻点跟踪研究案例分析

一、主要问题

嘉兴市位于浙江省东北部，是长三角杭嘉湖平原腹心地带，属太湖流域杭嘉湖平原水网地区，地势低平，平均海拔 3.7 m。市境为太湖边的浅碟形洼地，地势大致呈东南向西北倾斜，平原被纵横交错的塘浦河渠所分割，田、地、水交错分布，形成"六田一水三分地"，旱地栽桑、水田种粮、湖荡养鱼的立体地形结构，人工地貌明显，水乡特色浓郁。2018 年嘉兴市工业废水排放量、城镇生活污水处理厂排放量、农村生活污水排放量及城镇生活直排排放量分别占嘉兴市污水排放总量的 36.69%、47.49%、14.89%和 0.93%。化学需氧量、氨氮、总氮和总磷排放均以面源污染为主，占 82%～97%，点源仅占 3%～18%。

①水环境质量逐渐趋好，但难以稳定达标。嘉兴市地表水断面水质呈持续向好趋势，2019 年嘉兴市市控以上 73 个断面中，Ⅱ类 2 个、Ⅲ类 46 个、Ⅳ类 23 个、Ⅴ类 2 个，分别占 2.7%、63.1%、31.5%和 2.7%（《嘉兴市生态环境状况公报（2019 年）》），然而大部分断面水质汛期难以稳定达标。2018 年嘉兴市 73 个地表水断面中，氨氮、五日生化需氧量、高锰酸盐指数、总磷、化学需氧量稳定达标率分别仅为 23%～66%。交接断面达标率由 2015 年的 12.1%增至 2018 年的 72.7%，仍有部分断面未达功能区要求。

②水体流动性较差，污染物易于累积。嘉兴市地势低平，河底高程及水流坡降较小，水体流动缓慢，污染物易于累积；长期以来很多河道被填埋、束窄和断流，水系不通，水流不畅，换水困难，导致河道淤堵，排泄能力不足，水质恶化，河水发黑发臭。河网密布，水体流向交错复杂，部分河段水流方向不稳定，嘉兴市区以东河道基本为感潮河段，受潮汐影响一天之内流向变化明显，治理难度大。

③部分湖荡大型水生植被缺失，水生态系统亟待恢复。调查表明，南湖水系、北部湖荡区大部分水体中高等水生生物分布普遍较少，除部分河段（如长水塘西南湖—中环南路段、南湖革命纪念馆新馆附近河道）发现有水生植物分布外，大部分河流、湖荡未发现明显水生植物分布，河流两岸较多被硬化，水生植物普遍缺失。

④污染源结构复杂，复合型污染突出。各区（市、县）污水排放总量均以城镇生活污水排放为主，化学需氧量、氨氮、总氮和总磷排放量中，农业面源和农村生活污染源贡献比例最大。纺织印染和造纸等传统工业污染仍然较重；污水处理厂进水中工业废水占比高，给污水的处理及后续排放增加了较大难度；生活污水处理量增大，污水处理能力不足。畜禽养殖规模化水平偏低，散养畜禽养殖污染问题日益突出。部分地方存在农村生活污水处理设施重建设、轻管理的现象，长效管理体制不健全，农村生活污水对河道水质影响依然存在。城市建成区面积不断扩大，而海绵城市建设示范区面积较小，城市径流污染对嘉兴市水环境质量的影响仍然不容忽视。

⑤基础设施建设滞后，难以满足不断增长的治污需求。污水系统内雨污管道存在一定程度的混接、错接等问题，雨季时大量雨水进入污水系统，对污水处理厂造成较大的冲击，同时也导致旱季时污水进入河道，从而对水系造成污染。部分区域管网布设覆盖率低，配套污水泵站无法满足污水输送需求等问题，导致污水厂进水量低于设计标准，运行负荷率低。

二、开展的主要工作

1．立足市情，全面调查，为打好长江修复攻坚战夯实基础

驻点工作组依托“水专项”工作，针对水质水生态、水文水动力及污染源全面开展了现场调查，采集水样、沉积物样品、水生生物样品等上千个，在此基础上对主要水生态环境问题进行解析，并提出嘉兴市水生态环境问题报告及综合解决方案。同时配合长江中心提交相关基础数据。

2．系统梳理，总体谋划，开展关键技术研发和综合示范

围绕嘉兴市“水十条”目标考核要求，针对影响水质的主要问题，在水环境问题调查、诊断基础上，对嘉兴市的水环境问题进行系统梳理，对嘉兴市水生态环境改善进行总体谋划和设计，从综合调控、深度削减、生态修复和运维监管四个方面，研发相应的关键技术、成套技术及设备，开展工程示范，构建分散式生活污水处理设施运维和区域水环境质量监管平台，编制指南、规程和方案并开展综合示范。

3．定制服务，有的放矢，支撑科学决策和精准施策

依托“水专项”研究成果，驻点工作组助力嘉兴市完成生态文明建设示范市“十大攻坚行动”和嘉兴市长江保护修复攻坚战行动。编制《南湖及运河水质提升行动方案》，提出南湖水质提升思路。在城乡污水治理攻坚专项行动方案中，提出了城镇生活与工业混合污水处理厂稳定达标关键技术，并建立分散式农村污水处理设施智慧监测控制平台。在北部湖荡综合整治工作中，提供河道—河网—湖荡淤泥高效减量化和资源化技术支撑。

4．快速反应，深入一线，为新冠肺炎疫情防控献力献策

新冠肺炎疫情暴发后，参与撰写科技专报《加强疫情防控期疫情区饮用水水源保护区内生活源的消杀防控，确保水质安全》并报生态环境部。国家水专项研究成果和主要技术骨干，为浙江省“一册二单”制度的落实，提供了强有力的科技支撑，助力全省重点工业企业疫情防控。参编了《疫情期间村镇排水系统运行管理风险防控工作指南》，支撑保障疫情期间农村生活污水处理设施远程在线巡查，确保农村运维环节防疫安全。

三、主要成效

1．研发关键技术，开展工程示范

经过近 3 年的攻关，驻点工作组基本完成了 14 项关键技术和 8 项成套技术的研发与集成，11 项工程示范均已完成施工并稳定运行。控源方面，形成印染废水深度处理回用、造纸废水资源化利用、城镇生活与工业混合污水处理厂稳定达标、农村分散污水处理设施智慧运维监管 4 项成套技术，并建成了 5 项工程示范和 1 个分散式生活污水处理设施智慧监控运行平台。生态修复方面，形成了城市河道—河网—湖荡淤泥减量化与资源化、城镇径流污染源头分离—过程削减—生态净化多级屏障水质改善 2 项成套技术，建成 3 项工程示范（图 3-11）。综合调控方面，形成工业污染源—污水管网—污水集中处理设施综合管理、降雨径流—排水管网—城市内河闸泵联合调度的水质水量实时优化调控 2 项成套技术，建成 3 项工程示范及嘉兴市水环境质量综合监管调控平台（图 3-12）。

图 3-11　部分工程示范现场

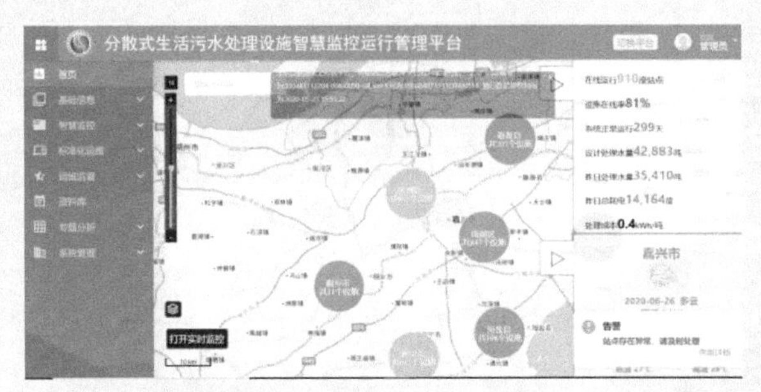

图 3-12 分散式生活污水处理设施智慧监控运行平台与嘉兴市水环境质量综合监管调控平台

2．制定综合调控方案

结合“水专项”研究成果，根据“嘉兴市城市总体规划”“嘉兴市水环境综合整治‘十三五’规划”“三线一单”，确定嘉兴市水环境质量底线。针对断面达标问题，基于经济社会发展水平和污染治理技术经济可行性，按照“分类、分区、分级、分期”理念，以控源工程优先、生态建设并重的思路，制定水环境综合调控方案。驻点工作组提出了产业结构调整方案、水土资源最佳匹配方案、水污染治理和水生态修复方案，结合风险管控要求，构建集社会经济—水土资源利用—水污染治理和水生态修复为一体的多情景多目标耦合的水环境质量综合调控方案（图 3-13）。

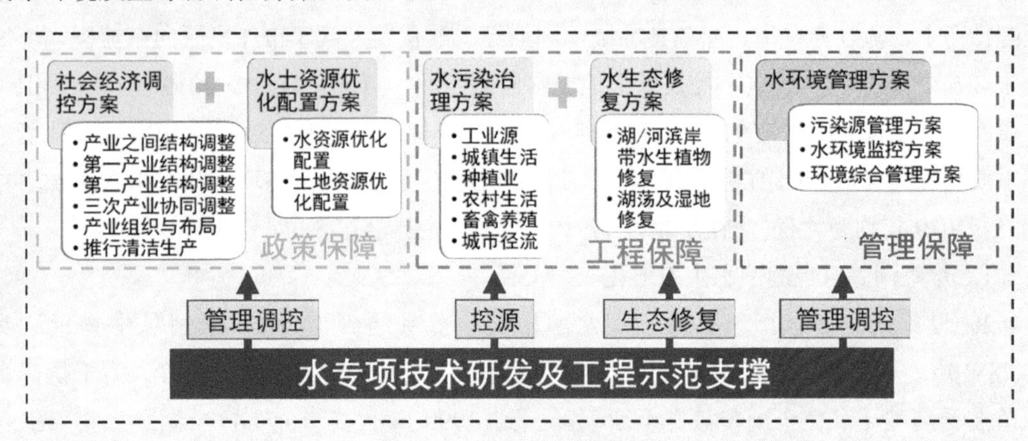

图 3-13 嘉兴市水环境综合调控方案

3．南湖水质提升与生态修复总体方案

以南湖为中心，开展水质、底质、水生态大规模调查，与地方有关部门（包括水利局、住房和城乡建设局、生态环境局等）开展近 20 次对接，通过充分的调研，对南湖水文、水动力、水环境特征进行解析；通过现场中试获取重要工程参数，在此基础上提出了包括清水廊道构建、河口强化净化、湖体生境改善、湖区生境改善等的南湖水环境保护修复方案（图 3-14）。该方案于 2020 年 2 月通过专家论证，提交嘉兴市政府，项目已被列入嘉兴市“品质嘉兴会战，生态治理项目”。

图 3-14 南湖水质提升与生态修复总体方案

第四节 咸宁市驻点跟踪研究案例分析

一、主要问题

咸宁市境内有富水、陆水、金水、黄盖湖四大水系，湖泊面积 30 hm^2 以上的湖泊有19个，主要有西梁湖、斧头湖、黄盖湖、大岩湖和密泉湖。河流有246条，长江自西向东经螺山而下，流经赤壁市、嘉鱼县环绕簰洲湾经上沙伏，入武汉市江夏区向东流去，境内长138 km。咸宁市共设置市控及以上地表水监测断面（点位）47个。2019年，Ⅰ～Ⅲ类水质断面（点位）比例为91.5%，Ⅳ类水质断面（点位）比例为8.5%。全市区域水环境总体水质状况为优，91.5%的断面（点位）水质达到功能区划要求，生态环境状况指数为75.44，2015—2019年均为“优”，在湖北省17个重点城市中排名第5位。

1．斧头湖等重点湖泊水生态退化

20世纪80年代，斧头湖全湖水生植被覆盖率达到100%，全湖总生物量达到 39.78×10^4t。其后几十年，由于湖岸区域围湖造田、筑堤、湖内围网养鱼等人为干扰，水生植被受到破坏，在全湖覆盖率不断下降，到1999年仅为16.7%，全湖总生物量仅有 0.55×10^4 t。经过人工强化种植等修复，2009年分别回升到47.9%和 4.84×10^4 t。对比2018年7月结果，2009年之后水生植被覆盖度再次下降至1999年的水平。从长江中下游浅水富营养化湖泊水生植被修复研究实践来看，湖水磷浓度为0.1 mg/L上下时，“草型清水”和“藻型浊水”两种状态均可存在，目前斧头湖湖水磷浓度仍处在此范围内，具备从“藻型浊水”向“草型清水”转换的潜力。

2．斧头湖不能稳定达到Ⅱ类水质目标

斧头湖位于湖北省东南部，地跨武汉市江夏区和咸宁市咸安区、嘉鱼县3市（县、区），湖北省第四大湖。流域面积为1 238 km^2，大部位于湖北省咸宁市境内，湖面东西宽9 km，南北长 18 km，湖面面积 162.4 km^2。斧头湖是咸宁市城区生活生产废水的主要受纳水体，自 2015 年以来，TP 超标为Ⅲ～Ⅳ类，达不到Ⅱ类考核要求（图 3-15）。围绕斧头湖水质改善，咸宁市做了大量工作，但水质没有得到根本改善。斧头湖流域面积大，水质考核要求高，如何有效、快速地改善斧头湖水环境质量，是咸宁市目前面临的难题。

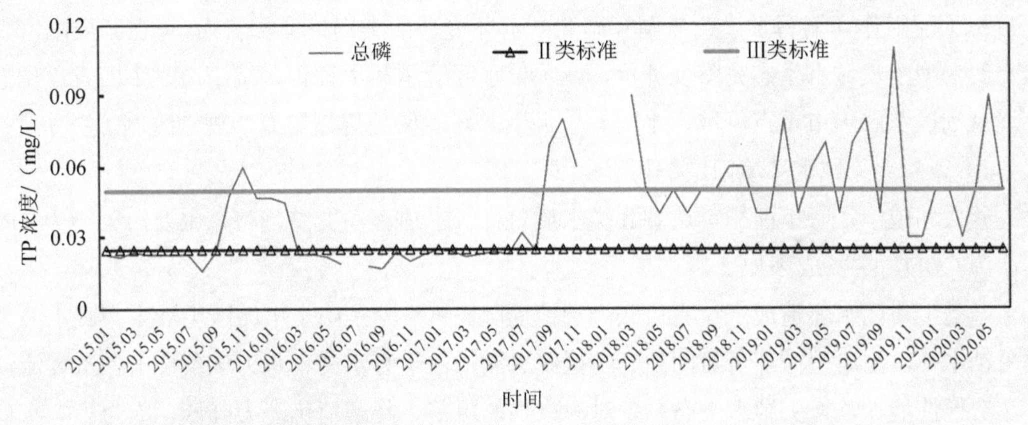

图 3-15　2015—2020 年上半年斧头湖国控点位咸宁湖心 TP 变化趋势

3．黄盖湖咸宁区域水质不能稳定达标

黄盖湖位于湖南、湖北两省交界处，上游西、南岸近 2/3 区域属湖南岳阳临湘市管辖，下游北、东岸 1/3 区域属湖北省咸宁区赤壁市管辖。黄盖湖流域面积为 1 538 km²，其中湖北省赤壁市为 432 km²，水深为 3～6 m，汛期水深为 7～10 m。水面面积为 73 km^2，赤壁市境内为 32 km^2。黄盖湖水质不能稳定达到Ⅲ类水质目标，水质存在变差趋势，主要污染物为 TN、TP、COD（图 3-16）。

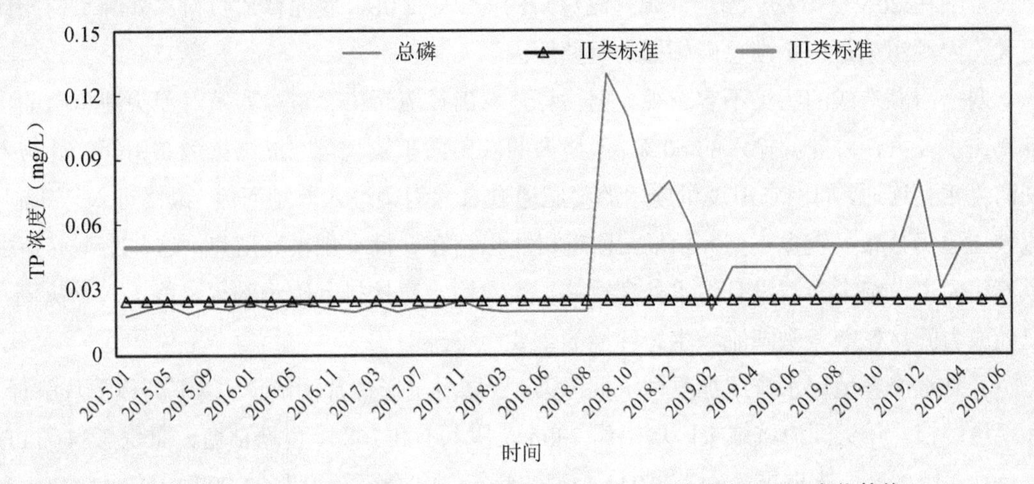

图 3-16　2015—2020 年上半年黄盖湖省控点位湖北水域湖心 TP 变化趋势

二、开展的主要工作

驻点工作组开展了斧头湖流域入河（湖）排污口查、测、溯、治工作，成果包括技术报告、一口一档报告、一口一策整治方案、排口信息管理平台。开展了黄盖湖湖北境内水质目标论证工作，编写了“黄盖湖（湖北）水环境功能类别论证报告”。正在开展陆水、金水等典型小流域水生态完整性评价，咸宁市水环境承载力评价，咸宁市“十四五”生态环境规划以及咸宁市重点流域“十四五”水生态环境保护规划等专项规划编制等工作。

1．斧头湖流域水环境问题解析

斧头湖咸宁湖心不能稳定达到Ⅱ类水质目标，水质存在变差趋势，主要污染物为TP，其次为COD，主要成因如下。

一是半封闭水体造成水量水质联合调控受阻。斧头湖是咸宁市城区生活生产废水的主要受纳水体，属典型城郊半封闭型、中型浅水湖泊。现有水文、水力学条件下，水体流动性和交换性能差，斧头湖水生态系统对污染物的阻断、降解消化能力降低，成为影响水环境容量的重要因素。

二是流域生态退化对污染物的阻断与消解能力变弱。斧头湖流域内湿地、湖滨、河滨等自然生态空间整体呈减少趋势，自然岸线保有率大幅降低，对污染物的阻断与消解能力变弱。高密度的围栏围网养殖导致湖体生物多样性锐减，水生植被覆盖面积、群丛数量和结构、生物量等均退化明显，底泥淤积，生态功能减弱。

三是总磷超标的主要原因是内源污染。前期研究表明，斧头湖底泥是湖水磷的内源，具有释放潜力。据估算，斧头湖底泥磷释放通量在0.5～1.5 mg/（$m^2 \cdot d$），计算出全湖内源负荷范围在20.93～62.79 t/a。外源入湖总磷约为24.72 t/a，底泥释放负荷比外源负荷相比更大，内源污染是斧头湖总磷超标的重要原因。

四是面源造成的污染不容忽视。据估算，农田径流污染、畜禽养殖对斧头湖总磷的贡献率比重较大，占外源输入的60%。流域内的农田面积较大，农灌沟渠散布田间，并与入湖河流相互连通，周围农田过量施用的磷肥通过农灌沟渠进入入湖河流，最终进入斧头湖。流域周边仍分布了较多小型养殖场，附近村庄也存在一批小规模养殖户，这些小型养殖多以养猪为主，绝大多数没有污水处理设施，畜禽污水直接排入附近沟渠最终汇入斧头湖，已经成为间接影响斧头湖流域生态环境的重要污染源。

五是水产养殖尾水排放加重枯水期污染。根据卫星影像片图解译（以下简称卫片解译）和现场校核，斧头湖流域咸宁区域沿岸2 km范围共有1 768个鱼塘藕塘，面积3.34万亩。嘉鱼县、咸安区、赤壁市分别有1 044个、675个、49个，面积为21 797.10亩、10 984.26亩、660.65亩。鱼塘藕塘排水时污染物会进入斧头湖，同时沿岸鱼塘藕塘与湖体存在水力联系，污染物渗入斧头湖。2019年9月采样分析表明，鱼塘TP浓度范围为0.1～1.95 mg/L，均值为 0.91 mg/L，超过地表水环境质量标准湖、库总磷Ⅴ级标准（0.2 mg/L）3.5 倍，所以周边鱼塘藕塘对斧头湖流域总磷造成的影响不容忽视。鱼塘排水捉鱼时，往往是春节期间，这时候也是斧头湖流域枯水期，水环境容量低，鱼塘尾水的排放造成这个时期污染物超标，这与斧头湖 1—3 月 TP、COD 超标时间相吻合，所以这个时期水产养殖尾水排放造成污染需要进行整治。

2．咸宁市斧头湖流域入河（湖）排污口排查

通过资料调研、无人机遥测、卫片解译、现场排查核查、水质水量测定、三维荧光分析、同位素分析等方式方法进行了排查和溯源，筛选出重点整治排口（图 3-17），建立了源口对应关系，确定了整治方案。成果包括咸宁市斧头湖流域入河（湖）排污口排查技术报告、“一口一档”报告、“一口一策”整治方案和排污口信息管理平台。

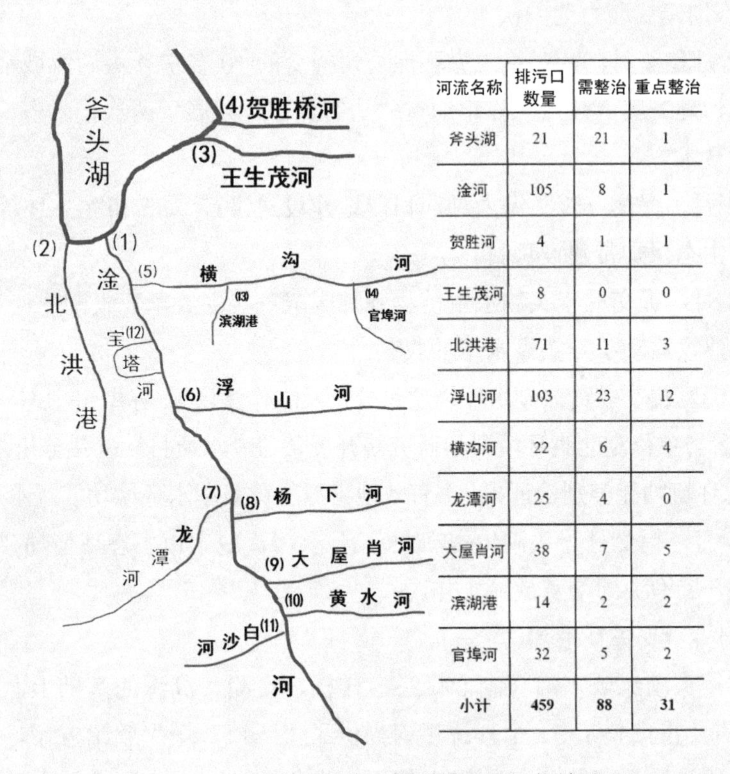

河流名称	排污口数量	需整治	重点整治
斧头湖	21	21	1
淦河	105	8	1
贺胜河	4	1	1
王生茂河	8	0	0
北洪港	71	11	3
浮山河	103	23	12
横沟河	22	6	4
龙潭河	25	4	0
大屋肖河	38	7	5
滨湖港	14	2	2
官埠河	32	5	2
小计	459	88	31

图 3-17　斧头湖（咸宁）流域排污口概化统计

在 65 个需要整治的排污口中，TP 排放负荷为 8.46 t/a，COD 排放负荷为 505.68 t/a。根据排污口 TP 负荷计算，负荷在 0.02 t/a 以上排污口为 33 个，累计负荷为 97.9%。根据排污口 COD 负荷计算，负荷在 1 t/a 以上排污口为 36 个，累计负荷为 97.9%。对比 TP 负荷整治排序和 COD 负荷排序，确定包括贺胜桥服务区排污口和洗碗厂排污口等 31 个排污口作为整治的重点。

3．陆水、金水（淦河）水生态完整性评价

对陆水 12 个采样点位以及金水（淦河）6 个采样点位进行了水生生物调查，陆水共鉴定出着生藻类 93 种/属、底栖动物 91 种/属、鱼类 36 种/属；金水（淦河）共鉴定出着生藻类 66 种/属、底栖动物 74 种/属、鱼类 16 种/属。金水河东源点位、陆水河青山水库下点位以及陆水河中上游点位 IBI 得分最高，生物完整性状况最好；陆水各点位 IBI 平均分高于金水（淦河），整体来说，陆水生物完整性状况优于金水（淦河）。陆水、金水（淦河）“优”“良”“中”“差”和“极差” 5 个质量等级比例分别为 16%、17%、28%、22%、17%，“中”和“差”点位比例略高。

三、主要成效

1．多项咨询建议助力地方决策

2019 年 2 月和 4 月，针对第三方环保公司提交的 10 多份斧头湖流域水质提升的可行性研究报告和治理方案，驻点工作组通过“送智到市”开展了两次技术咨询，推荐了以生态措施为主的技术方案。

2019 年 3 月，提交《斧头湖入湖河口湿地建设建议》，咸宁市生态环境局根据此建议启动了斧头湖生态保护带建设项目。

2019 年 4 月，提交《斧头湖水生植物栽种区菹草（麦黄草）收割建议》，咸宁市生态环境局根据此建议启动了斧头湖水草的收割。

2019 年 6 月，提交《黄盖湖水环境质量分析及工作建议》，赤壁市生态环境局根据此建议，委托驻点参与单位湖北省环境科学研究院开展黄盖湖水质目标优化分析工作。编制《黄盖湖（湖北）水环境功能类别论证报告》有效地支撑了黄盖湖水环境功能区水质目标的调整。

2019 年 6 月，提交《斧头湖生态渔业发展建议》，咸宁市生态环境局要求斧头湖管理局根据此建议开展渔业的增殖放流工作。

2．排污口排查支撑精准治污

在咸宁市斧头湖流域入河（湖）排污口排查、检测、溯源的基础上，针对需要整治的有 88 个（需要重点整治 31 个）排污口提供了“一口一策”整治方案，咸宁市政府根据提交的方案逐步实施了排污口的综合整治，为斧头湖流域水环境综合整治和水质提升提供了技术支撑。

3．统一了水质目标执行标准

黄盖湖为跨湖南、湖北两省的湖泊，上游湖南省执行Ⅲ类水质标准，下游湖北省生态环境部门执行Ⅱ类标准，水利部门执行Ⅲ类水质标准，存在标准不统一的问题。依据开展黄盖湖水质目标优化分析工作，湖北省生态环境厅印发《关于调查黄盖湖水环境功能区类别的函》，统一了水质目标执行标准。

第四篇

渤海综合治理攻坚战

渤海综合治理攻坚战

BOHAI ZONGHEZHILIGONGJIANZHAN

为贯彻落实党中央、国务院决策部署，坚决打好渤海综合治理攻坚战，加快解决渤海生态环境突出问题，中国环境科学研究院高度重视，组建了以国家环境保护河口与海岸带环境重点实验室（以下简称河口与海岸带实验室）为班底的渤海综合治理攻坚战专家工作组。在生态环境部的大力指导下，撰写完成了《关于打好渤海综合治理重大战役的建议》。作为技术牵头单位，配合生态环境部开展《渤海综合治理攻坚战行动计划》（本篇简称《行动计划》）的编写工作；配合海洋生态环境司编写驻点帮扶工作技术指南，并启动山东省驻点帮扶工作。

在渤海综合治理攻坚战中，承担山东省及沿渤海城市东营市、烟台市、潍坊市和滨州市的驻点帮扶工作，协助开展渤海综合治理跟踪调度评估工作。帮扶协助各驻点城市开展生态环境问题诊断梳理，编制形成“一市一策”工作方案，针对重要任务进行专题攻坚，全面助力各城市渤海综合治理工作的推进落实。筛选潍坊寿光市作为区（县）级试点，助力攻坚战任务在区县一级推进落实，打造渤海综合治理的区（县）级攻坚模式，解决区（县）级政府缺少专业技术支撑的困局，助力打好渤海综合治理攻坚战。

第一章　背景和主要问题

第一节　背景情况

渤海是我国唯一的半封闭型内海，由西部渤海湾、南部莱州湾、北部辽东湾、渤海海峡以及中央浅海盆地五部分海域组成，总面积约为 7.8 万 km^2，大陆岸线 2 796 km，平均水深为 18 m，最大水深为 70 m。三面环绕陆地，北面与辽宁省毗邻，西面与河北省、天津市毗邻，南面与山东省毗邻，东部通过渤海海峡同黄海相通，渤海与黄河的海上分界线为辽东半岛老铁山西角与山东半岛蓬莱角。

渤海共有 50 条国控入海河流，其中辽东湾沿岸有 15 条，渤海湾沿岸有 16 条，莱州湾沿岸有 19 条。辽河、海河、黄河等河流从陆上带来的大量有机物质，使渤海成为盛产对虾、蟹和黄花鱼等的天然渔场。环渤海周边是重要的经济发展带，是海洋开发利用活跃区域，环渤海地区经济总体实力约占全国的 1/5，人口数量和工业总体规模迅速增长、经济密度远高于全国平均水平。由于近岸海域处于陆地和海洋两大生态系统之间，在陆地和海洋进行的各种经济活动，都会对近岸海域生态环境造成直接或间接的影响，海洋实际上已成为众多水污染物、大气污染物和固体废物的最终归宿。

一、水环境质量不容乐观

近年来，水质监测结果表明，渤海湾底、辽东湾底、莱州湾底、普兰店湾等海域水质常年严重超标，首要污染因子为无机氮。《2017 年近岸海域环境质量公报》显示，渤海近岸海域水质一般，优良点位比例为 67.9%。渤海网格化监测结果显示，渤海湾的天津市和沧州市附近海域，主要污染因子为无机氮、活性磷酸盐、石油类、非离子氨，富营养化程度较高。辽东湾的锦州市和营口市附近海域，主要污染因子为无机氮、活性磷酸盐、化学需氧量、非离子氨，富营养化程度较高。莱州湾的东营市和潍坊市附近海域，主要污染因子为无机氮、化学需氧量。大连市的普兰店湾，主要污染因子为无机氮。此外，秦皇岛市附近海域化学需氧量浓度和富营养化程度较高，东营市附近海域石油类和化学需氧量浓度较高。海水养殖区剩余的饵料、施用的肥料等投入品和动物的排泄物，是水体富营养化的重要原因。为预防养殖动物疾病而使用抗生素等药物，以及为净化局部水质使用的消毒剂，造成海水中有害成分增加。

二、生态环境状况持续退化

环渤海的三省一市社会经济发展较快，给渤海带来较大的生态环境压力，造成渤海重点河口海湾生态系统持续处于亚健康或不健康状态，环渤海部分沿海地区产业结构偏重，大规模填海造地损害了海洋生态系统，造成自然岸线和滨海湿地急剧减少。围填海活动使海洋生态系统空间被大幅压缩，海洋生态系统对污染物的净化能力下降，加之部分工程项目向海洋排污，进一步加剧了局部海域生态环境的持续退化。

三、渔业资源持续衰竭

渤海渔业资源持续衰退，资源环境承载力接近或超出上限。调查资料显示，渤海鱼类资源仅是20世纪80年代7%～8%的水平，以辽东湾为例，原有鱼类150多种，目前仅剩90余种，减少了41%，难以形成有经济价值的鱼汛，生物多样性明显下降。渤海海水养殖业规模增长较快，近十年来环渤海三省一市海水养殖面积增长约50%。

四、各类风险灾害频发

2006年至今，渤海共发现130多起不同规模的溢油事件，其中蓬莱某油田溢油等重大溢油事件，对渤海生态环境造成了严重影响。此外，渤海海域赤潮、绿潮等自然生态灾害也呈现多发频发态势，2010—2015年，年均发现赤潮9.8次，年均累计发生面积达2 000多km^2。

第二节　主要意义

环渤海地区经济社会发展势头迅猛，以京津冀为核心、以辽宁和山东半岛为两翼的区域经济发展格局日趋明显，在我国经济社会发展的重要地位日益凸显，成为国家新一轮基础性、战略性产业布局的重要承载区域。加快环渤海地区发展，是推动落实“一带一路”、京津冀协同发展重大国家战略和深入实施区域发展总体战略的重要举措，有利于提升区域整体实力和综合竞争力，提高经济发展的质量和效益，培育形成我国经济增长和转型升级新引擎。

环渤海地区社会经济具有人为压力特殊性，生态环境质量影响因素复杂，加强海洋环境的保护力度，及时化解渤海生态环境质量与环渤海地区经济发展的矛盾，保持渤海生态环境的可持续发展刻不容缓。

党中央、国务院高度重视渤海生态环境保护工作，部署了包括渤海综合治理攻坚战在内的七大污染防治攻坚战战役，对于遏制渤海生态环境恶化趋势、进一步改善区域生态环境质量，促进社会经济与渤海生态环境可持续健康发展具有重要的战略意义。

第二章　支撑行动

第一节　支撑生态环境部渤海综合治理攻坚战顶层设计

一、提出打好渤海综合治理重大战役的对策建议

为贯彻落实党中央、国务院决策部署，坚决打好渤海综合治理攻坚战，中国环境科学研究院安排专项经费支持，用于河口与海岸带环境重点实验室支撑生态环境部开展渤海综合治理攻坚战国家方案的编制工作。中国环境科学研究院针对渤海海域的自然特征与环境禀赋，聚焦生态环境问题、分析主客观原因、提出针对性对策，2018 年 4 月撰写完成了“关于打好渤海综合治理重大战役的建议”专题报告，上报生态环境部并得到部领导的肯定与批示。

该专题报告进一步明确提出渤海已成为我国生态环境最为脆弱的海域，也是我国环境问题最突出的海区，主要内容包括三部分。

一是系统分析了渤海生态环境现状与存在的问题。结合历年水质变化趋势，系统梳理了渤海的四大问题：局部海域水质严重超标、海岸带生态功能退化、渔业资源严重衰退和突发性环境事故频发。

二是分析和解析了以上问题产生的根源。梳理出四大根源：陆源污染负荷居高不下，流域与海域污染治理尚未有效衔接；大规模开发致海岸带生态系统严重受损；复合因素导致渔业资源严重衰退；沿海石化企业密集布局存在极高突发环境风险。

三是提出了推进渤海综合治理的五大建议包括：陆海统筹，实施流域环境和近岸海域综合治理；重点突破，开展入海河流海湾综合整治；休养生息，保护修复海洋生态系统；防患于未然，化解环境事故性风险；融合资源，充分发挥科技支撑力量。

通过以上三部分的论述，对打好“渤海综合治理攻坚战”提出了顶层设计建议，为渤海综合治理攻坚战国家方案的编制和推进实施，提供了技术支撑。

二、牵头开展渤海综合治理攻坚战行动计划方案编制工作

2018 年 4 月，生态环境部组建了渤海综合治理攻坚战方案技术编写组，确定由中国环境科学研究院牵头开展国家方案的编写工作。按照生态环境部的要求，在国家方案的编制

过程中，协助生态环境部广泛征求了环渤海三省一市（天津市、辽宁省、河北省、山东省）人民政府和中央组织部、科技部、工业和信息化部、财政部、住房和城乡建设部、交通运输部、水利部、农业农村部、文化和旅游部、应急部、市场监管总局、林业和草原局、中国海警局等部门的意见，同时就重大问题与国务院相关部门和三省一市进行了深入协调，并根据生态环境部常务会、专题会，对文件内容进行了深入研究分析。历时8个多月，于2018年11月30日，经国务院同意，由生态环境部、国家发展改革委、自然资源部联合印发《行动计划》。

《行动计划》在国家和地方渤海生态环境保护已有工作基础上，坚持以问题为导向，以需求为牵引，延续了《"十三五"生态环境保护规划》《水污染防治行动计划》《近岸海域污染防治方案》《国务院关于加强滨海湿地保护　严格管控围填海的通知》等已有工作安排，并与相关专项规划和政策规定进行了充分衔接，同时根据《关于全面加强生态环境保护坚决打好污染防治攻坚战的意见》（中发〔2018〕17号，以下简称《意见》）要求对部分目标和治理措施进行了强化。

《行动计划》的主要目标是：通过三年综合治理，大幅降低陆源污染物入海量，明显减少入海河流劣Ⅴ类水体；实现工业直排海污染源稳定达标排放；完成非法和设置不合理入海排污口（以下简称"两类排污口"）的清理工作；构建和完善港口、船舶、养殖活动及垃圾污染防治体系；实施最严格的围填海管控，持续改善海岸带生态功能，逐步恢复渔业资源；加强和提升环境风险监测预警和应急处置能力。到2020年，渤海近岸海域水质优良（一类、二类水质）比例达到73%左右。

《行动计划》实施的范围是环渤海三省一市，重点是"1+12"沿海城市，即天津市及其他12个沿海地级及以上城市（包括大连市、营口市、盘锦市、锦州市、葫芦岛市、秦皇岛市、唐山市、沧州市、滨州市、东营市、潍坊市、烟台市）。

《行动计划》确定开展陆源污染治理行动、海域污染治理行动、生态保护修复行动、环境风险防范行动等四大攻坚行动，并明确了量化指标和完成时限。

一是陆源污染治理行动。针对国控入海河流实施河流污染治理，并推动其他入海河流污染治理；通过开展入海排污口溯源排查，严格控制工业直排海污染源排放，实施直排海污染源整治，实现工业直排海污染源稳定达标排放，并完成"两类排污口"的清理工作；推进"散乱污"清理整治、农业农村污染防治、城市生活污染防治等工作；通过陆源污染综合治理，降低陆源污染物入海量。

二是海域污染治理行动。实施海水养殖污染治理，清理非法海水养殖；实施船舶和港口污染治理，严格执行《船舶水污染物排放控制标准》，推进港口建设船舶污染物接收处置设施，做好船、港、城设施衔接，开展渔港环境综合整治；全面实施湾长制，构建陆海统筹的责任分工和协调机制。

三是生态保护修复行动。实施海岸带生态保护，划定并严守渤海海洋生态保护红线，确保渤海海洋生态保护红线区在三省一市管理海域面积中的占比达到37%左右，实施最严格的围填海和岸线开发管控，强化自然保护地选划和滨海湿地保护；实施生态恢复修复，加强河口海湾综合整治修复、岸线岸滩综合治理修复；实施海洋生物资源养护，逐步恢复渤海渔业资源。

四是环境风险防范行动。实施陆源突发环境事件风险防范，开展环渤海区域突发环境事件风险评估工作；实施海上溢油风险防范，完成海上石油平台、油气管线、陆域终端等风险专项检查，定期开展专项执法检查；在海洋生态灾害高发海域、重点海水浴场、滨海旅游区等区域，建立海洋赤潮（绿潮）灾害监测、预警、应急处置及信息发布体系。

为确保渤海综合治理各项任务的落实，《行动计划》从组织领导、监督考核、资金投入、科技支撑、规划引领与机制创新、监测监控、信息公开与公众参与等方面做出安排，对《行动计划》各项工作的实施予以充分保障。

第二节　助力渤海综合治理攻坚战驻点帮扶顶层设计

为全面贯彻党中央、国务院决策部署，落实《意见》要求，紧密围绕《行动计划》的科学决策和精准施策需要，打好渤海综合治理攻坚战，帮助地方解决渤海综合治理中的技术难题，在充分调研的基础上，河口与海岸带环境重点实验室提出渤海综合治理攻坚战驻点帮扶顶层设计建议获得生态环境部领导肯定和批示，支撑海洋司以办公厅函印发《关于开展渤海综合治理驻点帮扶工作的通知》（环办海洋函〔2019〕278 号），协助海洋司编写渤海综合治理攻坚战驻点帮扶工作技术指南。

一、确定驻点帮扶主要目标

生态环境部组织相关部属单位和专家团队组建驻点帮扶工作专家库，深入环渤海三省一市基层一线，根据地方工作实际需要，由相关领域专家提供对口的技术指导和咨询服务，协助驻点城市着力解决渤海生态环境问题，提升驻点城市生态环境保护能力建设，推动三省一市及 13 个沿海城市（区）的渤海综合治理取得成效。

二、设计驻点帮扶工作思路

按照整体推进、重点突破的原则，坚持陆海统筹、以海定陆的理念，统筹流域和海域关系，以驻点工作跟踪研究为手段，着力解决环渤海 13 个沿海城市（区）生态环境保护的科学难题。

以驻点区域生态环境质量改善为目标，以推动科技成果转化应用为主线，遵照渤海综合治理一张蓝图的思想，按照“边研究、边产出、边应用、边反馈、边完善”的模式，助力地方生态环境精准施策。

以帮助驻点城市建立攻坚战工作台账为切入点，支撑渤海生态环境保护智慧决策平台建设与环境管理。

以“问题清单—解决顺序—对策措施—效益评估”为思路，从陆源污染治理、海域污染治理、生态保护修复、环境风险防范等方面提出综合解决对策，结合项目“技术成本—效益—风险”分析，优化综合解决方案。

坚持区域发展“一盘棋”思想，充分调动地方生态环境、发展改革委、自然资源、农业农村、住房城乡、水利等相关部门，创新协调保护机制，对驻点城市水质明显改善的经验及时总结，多措并举，形成齐抓共管保护合力。

三、提出驻点帮扶重点任务

在驻点城市需求的基础上，驻点帮扶工作组协助地方政府开展以下工作。

编制驻点城市工作台账。细化并梳理《行动计划》的重点任务，以入海河流污染治理、直排海污染源整治等生态环境部牵头负责的任务为主，兼顾其他任务，协助编制驻点城市《行动计划》实施方案，完成驻点城市的工作台账，并汇总形成分省工作台账和渤海综合治理攻坚战工作台账。

解析生态环境问题及成因。结合第二次全国污染源普查、中央生态环保督查及“回头看”等，收集并整理驻点城市社会经济发展和生态环境相关数据及资料，识别主要海洋生态环境问题，评估海洋生态环境质量状况和环境压力，科学解析驻点城市生态环境问题及成因。

提出优先解决的问题清单。系统分析驻点城市生态环境目标与现状差距，重点考虑《行动计划》、水污染防治目标责任书、《近岸海域污染防治方案》实施重点，兼顾中央生态环保督查提出的海洋生态环境问题，提出优先解决的问题清单，协助制定“一市一策”综合解决方案，协助梳理当地符合中央财政资金支持条件的项目，针对消除入海河流劣Ⅴ类水体、入海排污口排查与整治、河口海湾综合整治等重点任务，提出“一河一策”“一口一策”“一湾一策”针对性解决方案。

跟踪并评估实施效果。在地方进入实施阶段后，跟踪综合治理的推进过程，评估实施效果，督促地方进一步强化落实，取得标志性成果。同时驻点帮扶工作组还要总结成功经验，梳理疑难问题，汇总形成水质改善、提标改造、污染治理、生态修复等重大科技攻关建议，以及立法、政策、标准和规范制定的管理需求，为“十四五”相关工作做好铺垫和支撑。

第三节 开展山东省及其环渤海四城市驻点帮扶工作

根据《关于开展渤海综合治理驻点帮扶工作的通知》的文件精神，中国环境科学研究院主要承担山东省及环渤海城市东营市、烟台市、潍坊市和滨州市的驻点帮扶工作，中国环境科学研究院组建了以河口与海岸带环境重点实验室为班底的山东省驻点帮扶工作组。驻点帮扶工作组以环境质量改善为核心，积极主动、全力以赴地帮助驻点城市建立工作台账、梳理问题、列出优先解决顺序，编制"一市一策"综合解决方案、提供坚实的技术支撑服务。

一、扎根一线、深度帮扶，协助各城市积极落实重点攻坚任务

2019 年 3 月 6 日，驻点帮扶工作组先后奔赴东营市、烟台市、潍坊市和滨州市，参加各市渤海综合治理攻坚战驻点工作专题培训会，介绍渤海综合治理攻坚战驻点帮扶工作的定位及要求、主要思路、工作内容和驻点工作机制及组织架构；参加各市渤海综合治理攻坚战驻点工作对接讨论会，传达生态环境部工作部署，研讨下一步工作内容；深入地方现场调研生态环境现状和存在的问题，为各市量身定制驻点帮扶工作方案，为各市解决生态环境重点难点提供技术服务。截至 2020 年 12 月，工作组驻点帮扶达 400 余人天，开展对接座谈 50 余次，深入调研 100 余次，形成工作简报 20 余期，上报重大建议 2 篇。

二、本底摸排、全面梳理，协助梳理山东渤海城市重点生态环境问题

为了更好地结合地方政府的实际生态环境问题，推进渤海综合治理攻坚战更加科学地落地实施，驻点帮扶工作组协助东营市、烟台市、潍坊市和滨州市梳理问题清单共计 21 条（表 4-1）。

表 4-1 山东环渤海四市主要环境问题清单

城市	主要环境问题
东营市	1. 东营市莱州湾近岸海域水质下降，原因亟须梳理解析； 2. 亟须开展黄河与近岸海域环境质量的关联性分析； 3. 农业面源通过排碱沟的迁移转化规律不明； 4. 需全面完善区域突发环境事件风险评估； 5. 海水倒灌严重，感潮河段水质评价方法有待完善； 6. 海水养殖污染防治等工作需加快推进

城市	主要环境问题
滨州市	1. 总氮排放底数不清，涉氮重点行业缺乏有效管控措施； 2. 闸控入海河流污染物入海通量缺乏有效的计算方法； 3. 海洋垃圾管理机制不健全，有待完善； 4. 农业农村污染治理难度较大，亟须筛选引进适应性技术； 5. 海水养殖废水排放规律、强度以及浓度不清，治理手段匮乏
潍坊市	1. 局部近岸海域水质下降，原因亟须梳理解析； 2. 河流长期断流，生态基流难以保障； 3. 重点河口海湾和海岸线整治修复效果亟须开展科学评估； 4. 总氮总量控制和削减缺少实质性措施； 5. 小清河流域对近岸海域水质影响范围不清
烟台市	1. 多数国控河流长期断流且污染物入海通量难以计算； 2. 总氮总量控制和削减缺少实质性的有效措施； 3. 农村污水收集和处理难度较大，亟须筛选引进适应性技术； 4. 难以协调生态红线管控要求和客观存在的污水排放之间的关系； 5. 海水养殖污染防治、海洋垃圾治理等工作需加快推进

三、紧密合作、协同帮扶，推动山东环渤海城市印发攻坚战实施方案

《行动计划》正式实施以后，山东省环渤海四城市市政府及生态环境部门高度重视，驻点帮扶工作组全力协助地方政府制定渤海综合治理攻坚战落实方案，建立工作台账。从省级层面，与山东省方案编制组沟通对接，协助出台了省级落实方案，推动沿海山东省各市尽快出台各市落实方案，同时，选择寿光市作为典型县（区），协助编制完成了县（区）级试点落实方案及工作台账。对各市开展专题培训、问题分析以及项目梳理。山东省各市在环渤海“1+12”中，率先开展并完成了市级落实方案编制工作，为山东省打好渤海综合治理攻坚战赢得了宝贵的时间。通过省、市、县三级层层推进落实，将《行动计划》的文件精神传达到攻坚一线，明确目标任务、聚焦重点工作、保证攻坚质量，采取有力措施，确保按照时限要求坚决完成各项攻坚任务。

四、积极探索、科学设计，构建任务分解和重点任务量化跟踪评估体系

在国家、省、市攻坚战方案的基础上，驻点帮扶工作组结合各重点任务的推进实施进展，研究构建了任务分解体系和海域综合治理重点任务量化跟踪评估体系。对山东省“4+1”城市开展渤海综合治理攻坚战治理成效跟踪评估，完成了山东省各城市攻坚战半程评估和

年度评估，对各项任务的推进情况进行量化，能够直观地分析评判各城市各项重点任务的推进落实情况。此评估体系被辽宁省、河北省、天津市驻点帮扶工作组借鉴使用。

五、未雨绸缪、主动先行，构建渤海攻坚任务考核验收评估体系

以渤海综合治理攻坚战目标实现为导向，提前布局、未雨绸缪。针对每一项重点任务，驻点帮扶工作组结合推进实施进展和存在的问题，建立了重点任务考核验收评估体系。对于提前完成的攻坚任务，协助部分城市专班开展任务的自验收和评估工作，对于尚未完成和完成滞后的攻坚任务，协同各城市专班进行督促预警，确保各项重点任务如期或提前完成。

第四节　渤海综合治理攻坚战实施情况与治理成效反馈

一、调度评估山东省及其环渤海城市实施进展

在生态环境部海洋司的指导下，开展山东省“4+1”城市（东营市、烟台市、潍坊市、滨州市 4 个地级市及寿光市 1 个县级市）渤海综合治理攻坚战工作进展调度评估工作。协助各市设立渤海工作专班，协调“4+1”城市市政府建立地市级、区（县）级层面的统一调度机制。派驻相关工作人员进驻各城市的工作专班，协助开展沿渤海省市攻坚战任务的调度、汇总、会商、预警等工作。2019 年 8 月，驻点帮扶工作组开展山东省沿渤海城市工作进展中期调度，全面评估各城市工作进展情况。2020 年 2 月，驻点帮扶工作组开展了山东省“4+1”城市渤海综合治理攻坚战 2019 年度工作进展和各季度的进展评估工作。为摸清攻坚战任务的底数与现状，细化了各项任务的量化指标与现状，设计了《渤海综合治理强化驻点帮扶基础数据收集表》。

二、分析研判山东省渤海近岸海域水环境现状与形势

按照海洋司渤海水环境形势分析会商机制要求，驻点帮扶工作组积极配合海洋司，开展渤海近岸海域水环境形势分析会商工作，完成了 2019 年、2020 年环渤海入海河流水质变化情况进行整体分析，提出存在的问题以及下一步工作建议；针对 2019 年、2020 年渤海各季度入海河流以及山东省及其沿海城市水环境形势进行分析研判，并提交 2020 年各季度山东省及其沿海城市水环境形势分析报告。

三、打造渤海综合治理攻坚战区（县）级攻坚模式

渤海综合治理攻坚战驻点帮扶期间，驻点帮扶工作组发现，虽然环渤海城市（区）在国家的统一要求下均制定了具体的实施方案，而作为攻坚战任务基层实施主体的区（县）级政府，受各种条件限制，很多区（县）尚未制定准确解读国家方案的具体实施方案，既

缺少对攻坚战任务的准确解读和理解，又缺少高水平的专业技术和管理技术的队伍支撑，攻坚任务的推进实施成效难以保障。驻点帮扶工作组积极深入一线，扎根基层，在现有地级市驻点帮扶基础上，主动下沉开展区县一级深度帮扶，协助寿光市政府准确解读国家任务部署、编制攻坚战实施方案、梳理难点痛点问题、提出差异化的综合解决方案，确保各攻坚任务在区（县）一级真正落地。

第三章　主要成效

在渤海综合治理攻坚战中，河口与海岸带实验室深入一线，驻点帮扶探索前行，通过设计打造海域综合治理新模式，有效提升山东省各级政府综合治理成效。

第一节　深入基层，主动服务，开展渤海综合治理技术辅导和专题培训

国家部署打好渤海综合治理攻坚战任务后，环渤海城市陆续开展攻坚战任务的落地实施方案的编制和细化，驻点帮扶工作中发现，基层仍欠缺对国家方案的准确理解和解读。我们主动服务、深入基层一线，对东营市、滨州市、潍坊寿光等城市开展了技术辅导与专题培训，全面介绍了任务的出台背景和攻坚要求，使基层一线准确掌握了攻坚战的各项任务要求和攻坚目标，提高了各级政府、企业等对渤海综合治理攻坚战的认识水平，统一了攻坚思想，为各项重点任务的推进实施奠定了思想基础。

第二节　对接座谈，找准症结，科学制定“一市一策”综合解决方案

自 2019 年河口与海岸带实验室承担山东省驻点帮扶工作起，数十次深入山东各城市一线，开展全面调研对接，把脉问诊区域生态环境问题，梳理问题清单，根据问题的急迫程度，分别制定了生态环境问题优先解决问题清单，根据各城市的工作重点，区分轻重缓急、因地制宜，制定“一市一策”“一事一策”综合治理解决方案，协助各城市找准问题、找准对策、找准解决路径，助力渤海综合治理攻坚战在山东省各城市落地推进。

第三节　定向帮扶，科学施策，深入一线协助开展生态环境问题精准治理

针对每个城市突出的个性化生态环境问题，河口与海岸带实验室开展定向帮扶，协助开展了山东省环渤海沿海城市重点问题集中攻坚研究；分别开展了东营市近岸海域扩容潜力评估与修复方案研究，东营市和寿光市海洋垃圾治理研究，滨州市和寿光市总量控制制

度和总氮控制与削减途径研究，连续两年暴雨灾害对莱州湾水质恶化影响评估研究，烟台市海洋生态环境保护中长期发展战略研究，潍坊市、滨州市海洋“十四五”生态环境保护规划编制等，将中国环境科学研究院已有总量控制制度、陆海统筹治理、海域综合治理等技术在山东省沿海城市应用实施，助力渤海综合治理攻坚战重点任务的推进落实。

第四节　凝练经验，打造亮点，开展海域综合治理攻坚模式设计与经验总结

驻点帮扶工作中发现，区（县）层级尚欠缺技术支撑，考虑到区（县）一级落实工作的压力与困难，驻点帮扶工作组结合山东省驻点帮扶工作，以寿光市工作模式为典型代表，对区（县）级政府的攻坚模式进行了认真梳理，通过剖析寿光市面临的形势与压力，梳理其主要工作思路和经验，组织编写完成了《剖析寿光工作模式与推进思路，助力三省一市打好渤海综合治理攻坚战》建议，获得生态环境部海洋司领导的肯定和批示，并通过海洋司渤海综合治理攻坚战专刊介绍“寿光模式”（图 4-1），为其他各级政府落实重点攻坚任务、打好渤海综合治理攻坚战提供借鉴和参考。

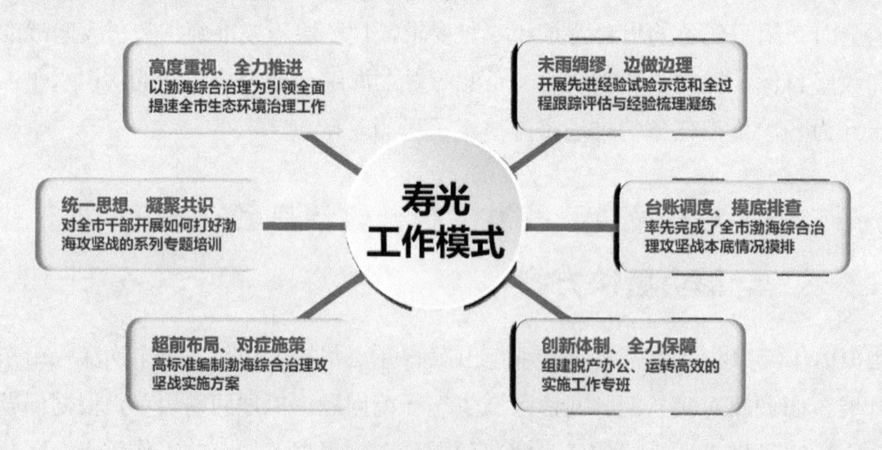

图 4-1　寿光工作模式

第四章　典型案例

第一节　主要生态环境问题

一、近岸海域环境状况不容乐观

寿光市近岸海域位于莱州湾底部，是莱州湾污染综合整治的核心区域，域内有小清河、弥河等河流入海，近岸海域水质总体呈现恶化趋势，近期水质波动变化大，海域环境不容乐观。2018 年，山东省渤海近岸海域优良水质面积比例为 50%，同比下降了 21%，远低于《行动计划》确定的 75%的目标，而莱州湾是造成山东省近岸海域水质下降的主要区域，因此，在渤海近岸海域水质总体向好的背景下，莱州湾已经成为渤海水质状况整体改善的制约瓶颈，寿光市面临非常大的治理压力（图 4-2）。

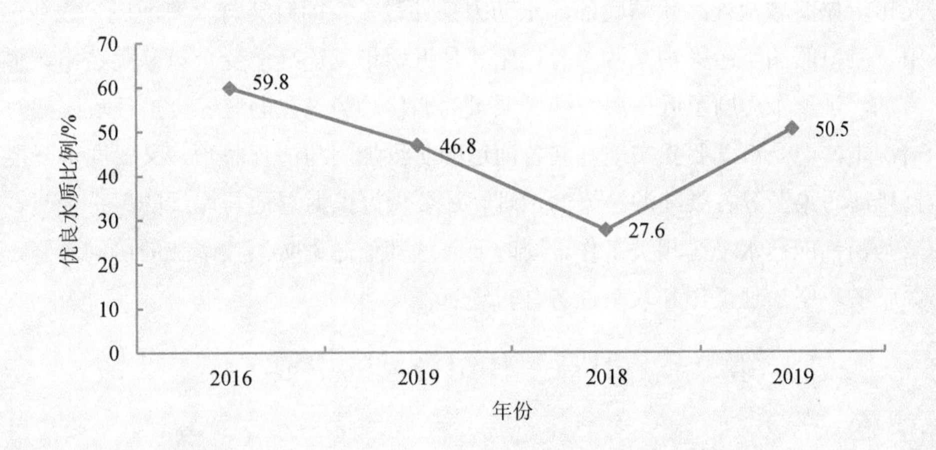

图 4-2　2016—2019 年莱州湾海域优良水质比例变化趋势

数据来源：2019 年度海洋司渤海水质会商材料。

二、农业生产废弃物的环境隐患

寿光市南部沃野平畴，水源丰沛，是国家确定的蔬菜、粮食、果品等产品生产基地，是著名的“中国蔬菜之乡”，全市蔬菜生产基地 60 万亩，累计 586 个品种获得“三品一标”

农产品认证。同时，伴随着寿光市蔬菜产业与畜禽养殖的大力发展，大量施用的化肥农药，农业生产所用的薄膜、塑料绳，大棚蔬菜换季的蔬菜秸秆垃圾，养殖过程中产生的畜禽粪污等，一旦疏于管控或遭受暴雨侵袭，大量农业生产废弃物以及土壤中氮、磷等营养元素通过地表径流进入近岸海域，带来巨大的环境压力。

三、台风造成的环境影响难以估算

弥河作为流经寿光市辖区的主要入海河流，基本上常年处于断流状态。近两年来，山东省连续遭受强台风袭击，尤其是 2018 年“温比亚”台风过境，导致弥河等主要河流决堤漫滩，大量农田遭受洪涝灾害，养殖业、农业大棚以及城市基础设施等均遭受重大损失，寿光市部分区域蔬菜种植大棚有近一半在台风降雨中被冲毁，猪、家禽等大量被冲走淹死，部分受灾严重地区后续的排涝泄洪工作持续 2 个月以上。受强降雨和洪涝灾害的影响，导致大量淹死的畜禽尸体、农业面源等污染物入海，严重影响了近岸海域水质。此外，黄河和小清河等入海河流每年携带大量氮、磷等污染物入海，尤其是近两年的台风过境期间污染物入海通量激增，也对寿光市近岸莱州湾海域水质造成一定影响。

四、多重环境压力叠加，攻坚任务任重道远

寿光市近岸海域地处莱州湾底部，水动力条件较差，同时又有入海河流、农业面源、滩涂养殖、港口船舶等污染物来源入海，尤其是近两年又连续遭受台风暴雨袭击，多种因素交叉叠加，进一步加剧了近岸海域环境质量的恶化趋势。在渤海综合治理攻坚战时间比较紧的情况下，寿光市既要扎实地开展各河道的防洪加固与清理整治，又要同步开展农业面源、直排海污染源等各类陆源污染的治理，还要做好滨海湿地与岸线的保护修复、提高风险防范与溢油应急水平等相关工作，同时要兼顾其他污染防治攻坚战的协同攻坚，因此寿光市面临的攻坚治理工作和攻坚任务任重道远。

第二节　驻点工作组开展的主要工作

一、开展系列专题培训

2019 年 3 月 30 日，在“市委理论学习中心组集体学习”会议上，山东省驻点帮扶工作组专家受邀对全市干部就如何打好渤海综合治理攻坚战开展了专题培训。在攻坚战实施过程中，山东省驻点帮扶工作组与全市各相关部门就如何落实渤海综合治理各项重点任务进行了反复对接，召开了多次专题对接会议，帮助各相关部门统一了思想、凝聚了共识，为打好渤海综合治理攻坚战奠定了基础。

二、协助编制攻坚战实施方案

山东省驻点帮扶工作组结合寿光市实际，协助寿光市政府编制了《寿光市渤海综合治理攻坚战实施方案》，将陆源污染治理、海域污染治理、生态保护修复、环境风险防范四大专项行动和入海河流污染治理等 18 个重点任务分解为 104 项具体任务、78 个专项方案编制清单、11 项名录编制清单、18 份工作台账表格以及各项任务的工期清单等系列配套文件。寿光市以实施方案作为打好渤海综合治理攻坚战的纲领性指导文件，针对各项任务倒排工期、挂图作战，全面助力各重点任务的推进落实。

三、协助设计实施工作专班

为打好寿光市渤海综合治理攻坚战，山东省驻点帮扶工作组建议大胆进行体制机制创新，高标准组建渤海综合治理实施工作专班。专班办公室设置在寿光市生态环境分局，主要由生态环境分局、农业农村局、自然资源与规划局、住房和城乡建设局、海洋渔业发展中心等主要部门派员组成，要求专班工作成员在攻坚战期间脱产办公，全面负责各项攻坚任务的调度跟踪和成效评估，确保专班有效运转。寿光市为进一步提高专班工作成效，在专班成员中增设了市委办、市府办的主要工作人员，进一步提高调度成效，同时还邀请山东省驻点帮扶工作组派员加入，协助专班高效开展各项调度评估工作。形成了“每月一调度、两月一评估”“评估报告市委市政府专题会议发布”“先进表彰奖励、落后预警挂牌督办”等工作模式。

四、协助开展重点疑难问题联合攻关研究

渤海综合治理作为我国海洋综合治理的首个攻坚战，其各项攻坚任务具有先行示范性特点，多项任务的推进实施为全国其他沿海省市开展海域综合治理提供示范经验。驻点工作组协助寿光市提前布局、未雨绸缪，根据自身主要生态环境问题，筛选联合国内优势科研院所和高校，组建了寿光市生态环境问题联合攻关技术团队，协助推进寿光市重点生态环境问题攻坚解决。

第三节　渤海综合治理攻坚战区（县）级工作建议

山东省驻点帮扶工作组结合寿光市经验，组织编写《剖析寿光工作模式与推进思路，助力三省一市打好渤海综合治理攻坚战》重大建议，获得海洋司领导的肯定和批示，以此为基础，形成了渤海综合治理攻坚战专刊，已将“寿光模式”进行推广宣传，为其他各级政府落实重点任务、打好渤海综合治理攻坚战提供借鉴和参考。

一、区（县）政府是基层实施主体，党政重视是关键

《行动计划》要求：“三省一市是行动计划的实施主体”“严格落实生态环境保护党政同责、一岗双责，将行动计划的目标和任务逐级分解，落实到相关地市、部门，明确责任人，层层压实责任”。在各项任务的落地实施和推进过程中，各区（县）政府是实施的基层主体。目前，国家、省、市均已完成了部门机构改革，而区（县）机构改革过程恰逢沿海各地级市渤海综合治理攻坚战任务的细化分解过程，区（县）各部门职能调整和攻坚任务细化落实如果不能无缝对接，会造成攻坚任务的推诿扯皮、无人认领，因此区（县）党委政府应高度重视，严格落实“党政同责、一岗双责”，在基层部门改革和攻坚战任务分解过程中，明确各攻坚任务的责任单位和责任人，层层压实责任，确保各项攻坚任务落地推进。

二、重点工作应提前安排部署，不打无准备之仗

渤海综合治理是一项业务性很强的政治任务，除国家的整体部署之外，每个城市又存在各自不同的生态环境问题，因此，这就要求各级政府应在确保完成攻坚战共性任务“必选动作”的前提下，还要将影响区域生态环境质量的个性问题作为“自选动作”开展集中攻坚。目前攻坚战时间已过半，建议各级政府更要做好各项重点工作的安排部署，根据任务的不同类型，分类确定推进策略，做好重点工作的任务分解、责任分工、方案编制、经费保障、技术支撑、工程实施等全方位保障，力争各项任务如期顺利完成，确保渤海综合治理见到实效。

三、创新专班工作运行机制，台账调度高效推进

实施工作专班对攻坚战全过程的高效调度、跟踪、评估、预警、督办等是确保综合治理各项任务有效推进的重要举措，建议各级政府在设立攻坚战实施工作专班的过程中，对专班组成部门构成、专班工作人员选择、日常工作推进机制制定时，主动创新体制机制，以确保各项任务顺利推进和实现治理成效。为保障专班的工作效率，其组成部门除各任务主要牵头和参与部门外，建议将市（区、县）委、市（区、县）政府办公室纳入专班，确保调度成效；专班成员应是懂业务的能手，具有比较强的协调和调度能力，能够熟悉并及时掌握所在部门的相关重点任务的工作进展，在组织形式上应脱产联合办公；建议专班以工作台账为抓手，定期对各部门攻坚任务进行跟踪、调度和评估，对工作滞后部门进行预警和挂牌督办，督促各项任务如期或超额完成。

四、区（县）技术支撑欠缺，驻点帮扶下沉支撑

根据目前的渤海综合治理攻坚战帮扶部署，要求“三省一市生态环境厅（局）组织沿海城市（区）梳理当地生态环境问题，提出帮扶工作需求”，因此，帮扶的主要对象还是地级市，各市在国家的统一要求下均制定了具体的实施方案。而作为攻坚战任务基层实施主体的区（县）级政府，受各种条件限制，很多区（县）尚未制定准确解读国家方案的具体实施方案，既缺少对攻坚战任务的准确解读和理解，又缺少高水平的专业技术和管理技术的队伍支撑，因此，攻坚任务的推进实施成效难以保障。建议各驻点帮扶工作组在现有地级市驻点帮扶基础上，在各自能力范围内，下沉到区（县）一级进行驻点帮扶，协助沿海重点区（县）政府准确解读国家任务部署、及时校正攻坚方向、梳理难点痛点问题、提出差异化的综合解决方案，确保各攻坚任务在区（县）一级真正落地，在有限的攻坚期内进一步提升攻坚治理成效，确保渤海综合治理目标的实现。

五、凝练先行先试经验，作为试点推广借鉴

渤海综合治理攻坚战是唯一一个涉海的污染防治攻坚战，是进行海域综合治理的先行示范，渤海综合治理的先进治理模式和经验，在攻坚期结束后要在全国沿海省市推广应用。因此，建议各省、市、区（县）政府在治理过程中要勇于创新、大胆尝试，加大对先进治理模式的试用试验和常态化治理模式的动态调整，及时、系统地进行先进治理模式的部署和治理经验的整理、凝练和总结。建议对寿光市等已具备系统治理模式的综合治理思路及时进行总结凝练宣传，供其他省、市、区（县）借鉴，举一反三，助力提升渤海综合治理攻坚战的治理成效。

第五篇

城市黑臭水体治理攻坚战

城市黑臭水体治理攻坚战

CHENGSHIHEICHOUSHUITI
ZHILIGONGJIANZHAN

随着城市化进程加快和污染物排放量增大，我国很多城市水体污染负荷超出水体自净能力，水质恶化甚至出现黑臭，城市黑臭水体成为直接影响群众生产生活的突出问题。党中央、国务院及相关部门高度重视，出台了一系列政策和文件。2015 年，国务院颁布《水污染防治行动计划》（以下简称“水十条”），提出了城市建成区黑臭水体治理目标。2018 年国务院印发的《关于全面加强生态环境保护　坚决打好污染防治攻坚战的意见》中，将“打好城市黑臭水体治理攻坚战”作为打好碧水保卫战的主要内容之一。为此，住房和城乡建设部与生态环境部联合出台了《城市黑臭水体治理攻坚战实施方案》，并启动为期 3 年的城市黑臭水体整治专项行动，明确要求：截至 2020 年年底，各省、自治区地级及以上城市建成区黑臭水体消除比例高于 90%。为贯彻落实党中央、国务院决策部署，在生态环境部的领导下，中国环境科学研究院作为城市黑臭水体攻坚战技术支撑单位，成立流域水环境污染综合治理研究中心，全过程支撑黑臭水体治理攻坚战。从“水十条”及工作指南发布、政策文件和专项行动督查手册编制、黑臭水体监管技术等方面开展了技术支撑工作。

第一章　背景和主要问题

第一节　背景情况

城市黑臭水体是影响人民群众生产生活的突出环境问题。为了加快城市黑臭水体整治，提高城市人居环境，2015 年 4 月，国务院印发了《水污染防治行动计划》，明确提出了城市黑臭水体整治目标，到 2020 年地级及以上城市建成区黑臭水体均控制在 10%以内。同年 8 月，住房和城乡建设部、环境保护部联合印发了《城市黑臭水体整治工作指南》，指导全国开展城市建成区黑臭水体整治工作。

2017 年 10 月，习近平总书记在党的十九大报告中提出，为全面建成小康社会，要打好防范化解重大风险、精准脱贫和污染防治三大攻坚战。在 2018 年 4 月召开的中央财经委员会第一次会议上，城市黑臭水体治理被列为打好污染防治攻坚战的七大标志性重大战役之一。2018 年 5 月，全国生态环境保护大会在北京召开，中共中央、国务院印发《关于全面加强生态环境保护　坚决打好污染防治攻坚战的意见》，同时，生态环境部联合住房和城乡建设部组织开展城市黑臭水体整治专项行动。2018 年 10 月，住房和城乡建设部联合生态环境部印发《城市黑臭水体治理攻坚战实施方案》，深入推进全国城市黑臭水体整治工作。

从全国范围的城市黑臭水体整治进展来看，2016 年年底全国各地级市共上报黑臭水体 2 059 个。截至 2019 年年底，全国各地级市共上报黑臭水体 2 899 个，其中 2 513 个已完成整治，完成率为 86.7%。

我国城市黑臭水体治理中存在 5 个主要问题。

1．控源截污不到位

自改革开放以来，中国经济迅速发展，但基础设施的建设却远远赶不上经济发展的速度，历史欠账较多。控源截污问题主要体现在排水管网运维机制不完善、合流制溢流污染问题突出、污水收集及处理能力不足 3 个方面。

2．内源污染未得到有效解决

底泥是河道中污染物的源与汇，是河道水体黑臭的主要原因之一。因此，底泥修复是解决水体黑臭问题的关键。黑臭水体内源污染问题主要表现在底泥清淤缺乏科学指导、清淤底泥转运过程监管不到位、清淤底泥处理处置不规范 3 个方面。

3．垃圾收集、转运及处理处置措施未有效落实

随着社会经济的快速发展和城市人口的高度集中，垃圾的产生量正在逐步增加。垃圾中含有大量的酸性、碱性有机污染物和重金属，如果不能有效收集、转运及处理处置，其中的有害成分经雨水冲入水体，垃圾中的重金属溶出会成为水体黑臭的原因之一。垃圾收集、转运及处理处置措施未有效落实主要问题包括 3 种：河岸存在随意堆放垃圾、河面漂浮物及河底垃圾未清理和建筑垃圾无序堆放。

4．治理方案缺乏系统性和科学性

城市黑臭水体通常具有成因复杂、影响因素众多等特点，其整治方案应具有综合性和全面性。部分城市黑臭水体治理方案缺少对区域污染源整体分析和系统性工程措施论证，方案存在调查不细、底数不清、措施不系统等问题，包括水体黑臭成因识别不清、主体工程针对性不强、缺乏跨市跨区统筹治理机制等。

5．治理思路不清晰

黑臭水体的治理应坚持流域统筹、系统治理、标本兼治，按照控源截污、内源削减、水质净化、生态修复、活水增容五位一体的治理思路。部分城市黑臭水体治理没有从根本上解决问题，主要表现在 2 个方面：一是未实质开展控源截污；二是大量使用药剂、菌剂，且未评估是否对水环境和水生态系统产生不利影响。

第二节　整治的意义

近年来，随着我国城市化和工业化进程的加快，城市污水产生量和排放量不断增加，城市环境基础设施的日渐不足、城区污水配套管网建设滞后及雨污合流、转载负荷增加等问题出现，导致生活污水收集率低，大量污水未经处理直接排放或溢流入河，加之垃圾入河和底泥污染严重，使得全国相当部分城市河段受到不同程度的污染，城市河道生态系统遭到极大破坏，呈现令人不悦的颜色、散发令人不适的气味，即产生黑臭水体。据统计，截至 2019 年 12 月，全国 295 个地级及以上城市中，共排查出黑臭水体 2 899 个，其中河流 2 548 个，占 87.9%；塘 235 个，占 8.1%；湖泊 116 个，占 4.0%。从地域分布来看，黑臭水体主要分布在广东、安徽、湖南、山东、江苏、湖北、河南和四川等省，全国 36 个重点城市（直辖市、省会城市、计划单列市）中，1/2 以上的黑臭水体分布在广州市、深圳市、长春市、上海市和北京市。黑臭水体的存在不仅损害了城市人居环境，也严重影响城市形象。因此，治理黑臭水体迫在眉睫，这是解决百姓反映强烈的水环境问题，也是践行尊重自然、顺应自然、保护自然的生态文明理念的必然选择，更是建设美丽中国、实现中华民族可持续发展的迫切要求。

第二章　工作安排

第一节　成立黑臭水体治理专职机构

为支撑打好黑臭水体攻坚战，在生态环境部的指导下，2018 年 3 月，中国环境科学研究院成立流域水环境污染综合治理研究中心（以下简称流域中心），选调各部门科研骨干成立黑臭水体工作专班，支撑城市黑臭水体治理攻坚战。

第二节　全过程技术支撑黑臭水体治理攻坚战工作

中国环境科学研究院全过程服务于国家城市黑臭水体治理攻坚战，支持了《城市黑臭水体整治环境保护专项行动方案》《城市黑臭水体专项督查手册》《城市黑臭水体整治技术导则》（建议稿）等 10 个技术文件编制，为 2018 年度和 2019 年度 4 批次强化监督检查提供了技术保障；给全国生态环境、住建系统 2 000 余人次开展培训，帮扶地方树立了“实质性消除黑臭”的治理思路，明确了治理路径和方法；中国环境科学研究院累计派出 150 余人次参加城市黑臭水体排查、督察检查帮扶等工作，推动攻坚战取得积极成效。

第三章 创新与应用

第一节 黑臭水体遥感识别

一、问题与需求

导致城市黑臭水体的非点源污染、水体滞流等因素，存在量大面广、个体体量多数偏小、空间分布复杂的特点，致使治理、监管和评价考核存在较大难度。而传统监测方法在对黑臭水体进行监测时仍存在一些缺点，包括表征的综合性不足、与黑臭的感官接轨难度大、空间覆盖欠缺、时效性差、数据客观性难以保证等。另外，传统的地面监测方法人力、物力成本较高，费时、费力，且监管服务能力不佳，无法满足紧迫的水质监测要求。

遥感监测技术以其大范围、长时序、低成本、高效率等优势，为城市黑臭水体的监测提供了一种新的技术手段，能够动态、快速地调查城市黑臭水体的空间分布以及评估水污染防治的成效。通过系统研究城市黑臭水体的光谱特性，结合污染防治攻坚战的管理需求构建城市黑臭水体遥感识别与筛查体系，将实用的结果用于管理。

①提取城市建成区内水域分布，结合地方上报黑臭名单，形成城市拟治理黑臭河段分布图，分析黑臭河段分布的空间规律。

②提取疑似黑臭河段，结合地方上报黑臭名单，通过实地验证及舆情分析，获取地方漏报错报的城市黑臭河段名单，适时报送管理部门，保障城市黑臭水体整治工作的全面性。

③在确定为黑臭河段的遥感现状监测基础上，开展城市黑臭水体治理过程监督、成效评价及后评估工作。

④构建城市黑臭水体筛查体系，全面支持全国开展黑臭水体整治监管工作。城市黑臭水体遥感识别关键技术，为城市黑臭水体监管提供了技术支撑。

二、技术方法研究

1．光学特性研究

针对黑臭水体与一般水体的光学特性差异，选择沈阳市、抚顺市两个典型东北城市进行黑臭水体筛选，以研究区域附近一般水体为参照，从地理、水文、水质特征及光学特性等方面选取黑臭水体识别模型指标。现场检测透明度、温度、溶解氧、pH、氧化还原电位等水质指标，野外测量水面光谱数据等表观光学量，室内获取叶绿素、悬浮物和黄色物质等水质参数，藻类颗粒物、非藻类颗粒物吸收系数等固有光学量与氨氮、总磷、总氮等水质参数。

黑臭水体颜色呈现较为浑浊的灰绿色，其遥感反射率与一般内陆水体的光谱相似，但遥感反射率整体较高（$>0.015\mathrm{sr}^{-1}$）。在 400～580 nm 波段范围，黑臭水体两条反射率随波长的增加而逐渐上升，主要是由于黄色物质吸收和非色素颗粒物吸收共同作用形成的。在 500～600 nm 波段范围，两条反射率都有一个平缓的峰，但比一般水体的峰要平缓很多。在 600～700 nm 波段范围，两条黑臭水体反射率仍然要比一般水体变化小，在 675 nm 波段附近有明显的特征谷，表示叶绿素 a 在此处有明显的吸收峰。在 700 nm 波段之后，纯水吸收陡增使得反射率呈现陡降的特征；因在 806 nm 附近的特征峰，是由于该波长存在纯水的局部吸收谷，所以该波长处的反射率主要由总悬浮颗粒物的后向散射决定。

黑臭水体呈现黑灰色，其遥感反射率整体偏低（$<0.012\mathrm{sr}^{-1}$）。在 400～700nm 可见光范围内几乎没有特征峰和谷，在 806 nm 波段附近的反射峰特征也不是十分明显。而一般水体呈现绿或浅绿色。正常水体的叶绿素 a 含量为 1.51 mg/m^3，水体颜色呈现浅绿色，其 R_{rs} 受浮游植物色素吸收影响较小，在 550 nm 波段附近有一个明显的反射峰。

2017 年 10 月沈阳市黑臭水体 21 个样点的遥感反射率如图 5-1 所示，2017 年 10 月抚顺市黑臭水体 10 个样点的遥感反射率如图 5-2 所示。

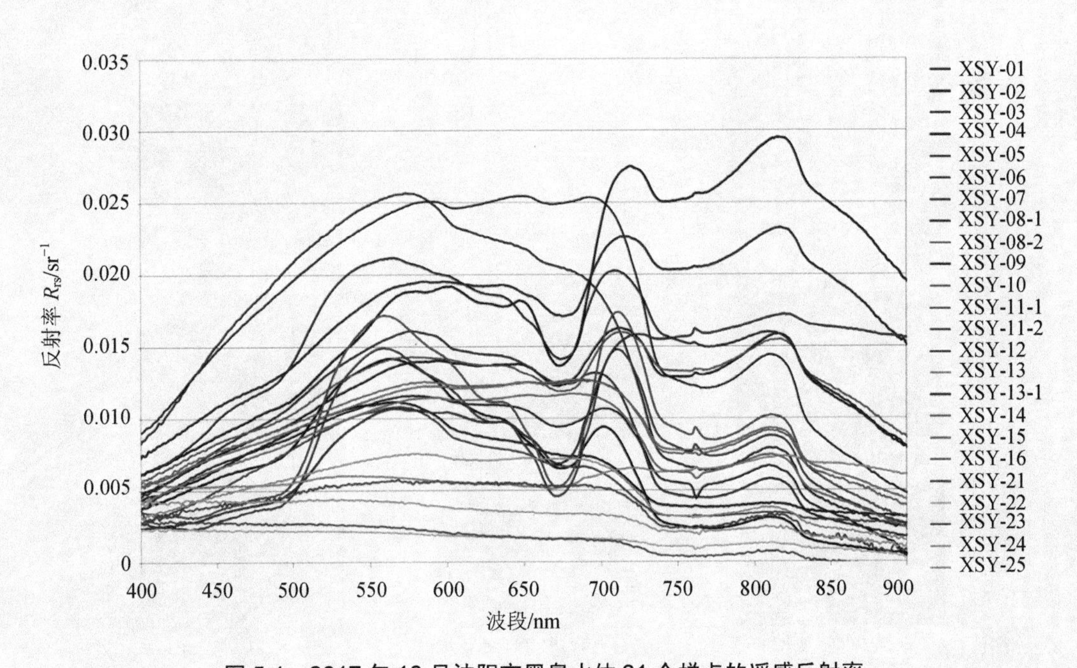

图 5-1　2017 年 10 月沈阳市黑臭水体 21 个样点的遥感反射率

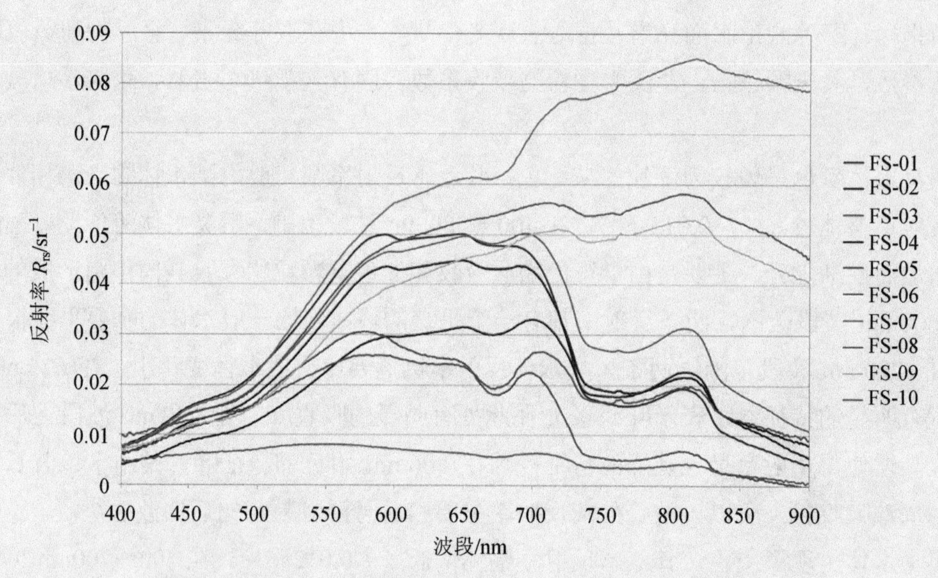

图 5-2 2017 年 10 月抚顺市黑臭水体 10 个样点的遥感反射率

通过图 5-3 对比可以看出，无论是灰绿色的还是黑灰色的黑臭水体，其 R_{rs} 光谱都要比一般水体变化更为平缓，这个明显的光谱特征差异为识别黑臭水体提供了理论基础。

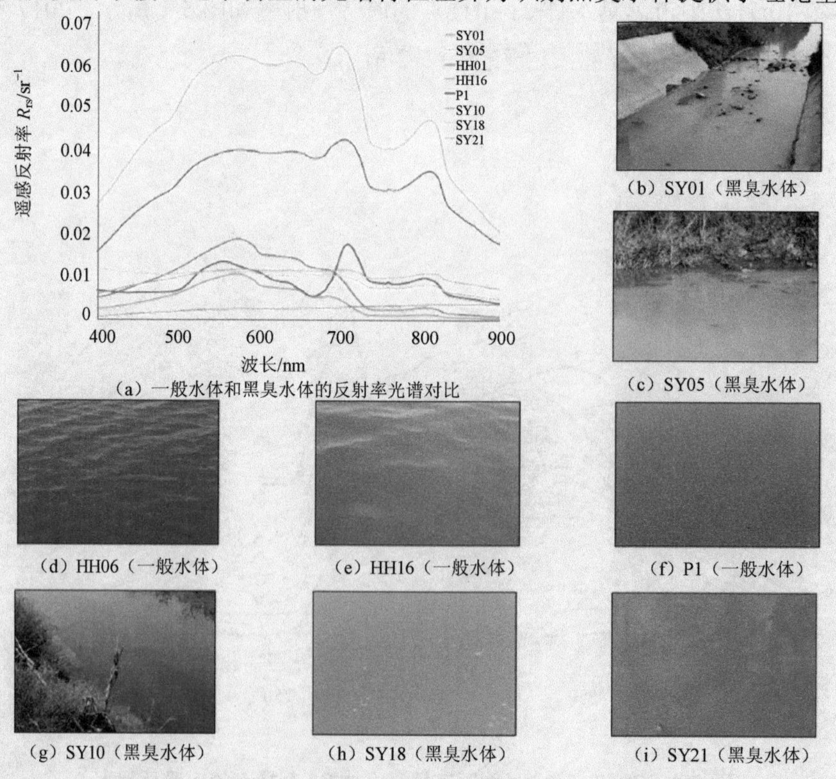

（a）一般水体和黑臭水体的反射率光谱对比

（b）SY01（黑臭水体）

（c）SY05（黑臭水体）

（d）HH06（一般水体）

（e）HH16（一般水体）

（f）P1（一般水体）

（g）SY10（黑臭水体）

（h）SY18（黑臭水体）

（i）SY21（黑臭水体）

图 5-3 一般水体和黑臭水体的反射率光谱及现场照片对比

注：一般水体 HH06、HH16 和 P1；黑臭水体 SY01、SY05、SY10、SY18 和 SY21。

2．识别模型构建

分析黑臭水体与一般水体在水质参数、固有光学量和表观光学量等方面的特点，阐明二者在光学特性等方面的差异，建立黑臭水体样本数据集，构建基于表观光学量和固有光学量的黑臭水体识别模型，获取经过瑞利散射校正的水体区域影像数据集，为下一步基于遥感影像识别黑臭水体奠定基础。

3．定量提取及遥感识别技术研究

通过对同步过境的国产高分影像进行几何校正、辐射定标、大气校正、影像融合、水体掩膜等预处理工作，得到研究区域经过水体掩膜处理的遥感反射率文件，将构建黑臭水体识别模型应用于预处理后的影像，选取阈值提取黑臭水体，建立基于高空间分辨率卫星遥感的黑臭水体遥感识别关键技术。利用 32 个实测点（1/3 个样本点）评价 BOI 指数精度，包括 18 个黑臭水体样本和 14 个一般水体样本，黑臭水体样本的 BOI 范围为−0.045～0.061，一般水体样本的 BOI 范围为 0.08～0.2。采用阈值 0.065，识别正确率为 100%，模型识别精度大于 60%（图 5-4）。

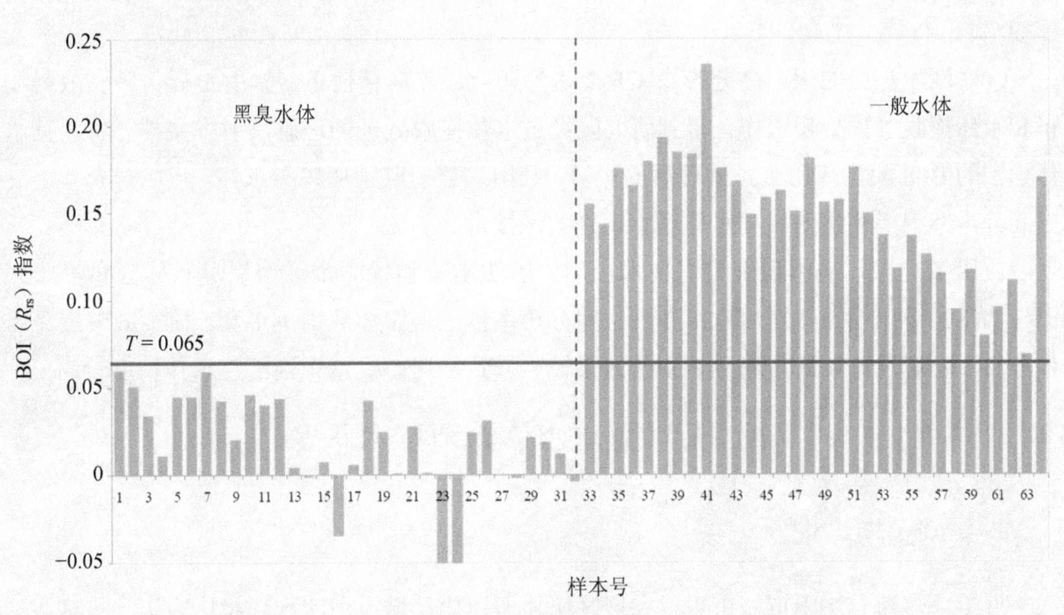

图 5-4 基于 BOI 的黑臭水体遥感识别模型的阈值确定

4．疑似黑臭水体遥感定量识别及验证

选取沈阳市、抚顺市两个典型城市，应用黑臭水体识别模型分别获得沈阳市和抚顺市疑似黑臭水体分布“一张图”和清单，通过现场调研和上报信息分析相结合的方式，核实城市黑臭水体分布，验证遥感识别的准确度和可信度。

三、成果和创新

①采集了沈阳市、抚顺市共 59 个样本点的水面光谱、水质参数、固有光学量和辅助观测数据等，形成了样本数据集。其中，水质参数包括现场测量的透明度、水温、溶解氧、pH、氧化还原电位。室内测量包括叶绿素 a、总悬浮物、有机悬浮物、无机悬浮物、氨氮、总氮、总磷、COD、BOD_5。固有光学量包括总悬浮物吸收系数、藻类颗粒物吸收系数、非藻类颗粒物吸收系数和CDOM吸收系数。辅助观测参数包括记录每个样点监测时的GPS点位坐标、风速风向、天气状况、水面状况、大气气溶胶光学厚度等。

②在绿光—红光波段遥感反射率 Rrs 光谱变化，城市黑臭水体比一般水体更为平缓，根据这个光谱特征差异，提出了基于光谱指数 BOI 的黑臭水体遥感识别模型指标。基于光谱等效实测数据进行精度评价表明，黑臭水体遥感识别模型（BOI 模型）在沈阳市的检验精度为 100%，基于 GF-2 影像进行模型精度评价表明，影像进行瑞利散射校正后的 BOI 模型，在沈阳市的检验精度为 92%。经过这两种方法验证，黑臭水体遥感识别模型精度大于 60%。

③对同步过境的国产高分影像 GF-2 进行融合、几何精校正、辐射定标、瑞利散射校正和水体掩膜等预处理工作，得到研究区经过水体掩膜处理的遥感反射率文件。将黑臭水体识别的 BOI 模型应用于预处理后的影像，利用阈值提取疑似黑臭水体，形成一套基于高空间分辨率卫星遥感的黑臭水体遥感识别关键技术。

应用黑臭水体遥感识别关键技术，形成了沈阳市和抚顺市疑似黑臭水体分布“一张图”，编制了两个示范城市的 GF-2 高空间分辨率预处理影像数据集 1 套。核实城市黑臭水体分布，发现现场调研与遥感识别的结果较为一致，遥感定量识别黑臭水体精度较高。

第二节　黑臭水体治理技术研发

一、问题与需求

近年来，随着沈阳市城市重点发展区快速城镇化，城市河流水环境压力进一步增大，引发水资源短缺、水质下降、水生态恶化，水体自净能力显著退化等问题。一是快速城镇化对水环境压力增大，导致水系水质趋于恶化。浑南地区快速城镇化，经济飞速发展，人口激增，需水量增加，导致污染物排放量增大。由于城镇建设规模扩大，污水管网难以及时配套建设，导致企业污水难以进入污水处理厂，污水仍然以直排支流河为主，成为低污染区域新的污染源头。二是快速城镇化侵占河流湿地及破坏下垫面，导致生态系统破碎化。浑南地区随着经济迅速发展，大规模基础设施、乡镇企业、房地产开发建设过程中，侵占河流湿地，破坏地表植被，致使土质疏松、地表裸露、水土流失日益加剧，致使水系生态系统破碎化，生态功能衰退。三是快速城镇化改变河流形态及连通性，导致水安全问题突出。浑南地区大规模基础设施建设过程中，侵占河道，改变河流形态，导致河流连通性不合理，易发生洪涝灾害，致使水安全问题突出。

1．“十二五”发展对水环境保护提出了更高需求

“十二五”是浑南地区城镇化快速发展时期，这为沈阳的经济发展提供了前所未有的优势，大大推进了沈阳市经济社会高速发展，优化经济及产业结构，促进新型工业发展，促进沈阳市经济的快速增长，但同时也引起了水质、水量、水生态及水安全问题。因此，在快速城镇化发展时期，要稳定水系水质，优化调控水系生态水量，维持水生态系统功能，保障水安全。

2．十二届全运会的举办为水环境改善提供了契机

2013 年，沈阳市举办了第十二届全运会。全运会的举办为提升沈阳城市建设管理水平、加快大浑南建设、做大中心城市和环境保护提供了难得的契机，对生态环境质量提出了更高的要求，环境质量的好坏直接影响着沈阳市的城市形象，直接影响着沈阳市的发展速度和投资环境。

3．“十二五”考核目标对区域水质改善提出新需求

在《辽河流域水污染防治“十二五”规划》中，在浑河中游区域白塔堡河曹仲屯设立省控断面。按照国家控制断面要求，浑河中游单元出境断面（于家房）水质将满足Ⅴ类水质要求；重点支流水质明显改善，白塔堡河水质满足Ⅴ类水质要求。

二、技术方法研究

1．活水循环技术

针对东北城市河流季节差异性大、生态基流匮乏等问题，工作组建立了基于水质保障的活水循环技术。研究开发了基于 QUAL2K 的城市水系水质水量调度模型，利用城市污水厂达标出水和清洁地表水如干流水作为补充水源，合理连通水系，分别确定了丰、平、枯水期河流水质稳定达到Ⅴ类水所需的水量。QUAL2K 模型能够有效模拟白塔堡河水质情况，定量描述污染物浓度的时空变化，为小流域调水提供一种简单易行的计算方法。

2．河滨湿地水质保育技术

针对浑河中游城市河流普遍存在的水生态退化、氮磷污染等问题，研发和优化了虹吸人工湿地、潮汐流湿地、循环流人工湿地、水平潜流人工湿地以及滞留塘湿地系统，优化提升了多种处理工艺的脱氮除磷以及有机物去除效果。通过不同类型植物塘和湿地系统耦合集成，利用河滨河流生态空间，实现河水中氨氮、总氮和化学需氧量的持续去除，增大了河水停留时间，提高了湿地抗低温效果，保障了出水水质稳定，以及低温期处理期延长。

河水经河口示范工程净化后，水体主要污染物 COD 降低，达到了降低 25%的目标。

通过与白塔堡河治理工程有机结合，入干河水主要污染物指标达到 COD 低于 40 mg/L、NH_3-N 低于 2.0 mg/L、TP 低于 0.4 mg/L。处理系统出水主要指标达到《地表水环境质量标准》（GB 3838—2002）的Ⅴ类水质标准。研发的潜流湿地对 COD、NH_3-N、TP 去除效果分别达到了 67%、50%和 34%；循环流湿地最适宜去除 TN，达 28%；滞留塘适宜去除 COD 和 NH_3-N，分别为 60%和 47%。

3．河流在线立体生物持续净化技术

针对缓流水体水动力不足、自净能力差等问题，研发光能复氧技术、曝气+生物基飘带在线治理技术、植物净水浮床技术和立体化生物净化技术等。在治理支流河口污水过程中，利用改进的太阳能复氧机与小型水下射流曝气机联合设施、美人蕉浮岛设施和改进生物漂带净水设施的组合应用，在河口处分别形成好氧型生物净化河床、表流水体净化床和水体空间净化床，通过本套组合净化工艺流程，支流污水 COD、氨氮和总磷浓度（分别为 79 mg/L、5.8 mg/L 和 0.71 mg/L）去除率分别达 39%、61%和 41%。依据重污染河道的污染特征，通过均质和药剂处理，结合改进的太阳能复氧机和制备的美人蕉浮岛等设备，将河道污染水 COD 浓度（约 200 mg/L）降低 55%以上，底质修复阶段可降低 75%以上。在处理事故性的重污染河道时，使用水上施药设备，可迅速有效控制污染物扩散，防止水质、底质严重恶化，再结合本套组合净化工艺，使河道水质和底质得到进一步改善。在处理富营养化滞水区污水过程中，组合应用船载式收集等设备，可使水体 DO 浓度控制在 7～9 mg/L，有效地控制了富营养化，水质和自然复氧条件得到改善。

三、创新和成果应用

针对快速城市化河流控源截污后水质仍无法有效改善的问题，研究提出重污染河流活水循环技术、傍河湿地水质保育技术、在线立体生物持续净化技术的“三级调控”技术模式，提高河流水环境承载能力，保障生态流量，加快河流水质改善及水生态系统恢复。

技术应用于沈阳市北部的蒲河和南部的浑南白塔堡河治理，全部示范河段长度超过 20 km。其中，活水循环技术主要应用于白塔堡河，COD 枯水期全流域达标，NH_3-N 在中下游全部达标，TP 下游达标，技术支撑了 2013 年浑南区水利局在白塔堡河开展调水，支撑了 2013 年全运会浑南景观水系水质保障及应急处理处置工作。傍河湿地水质保育技术主要应用于白塔河河口湿地和白塔堡河营城子湿地工程。

采用生物体、潜流湿地和植物塘联合生态处理技术，对白塔堡河水进行处理，保障入干河水水质。该塘—湿地组合工艺具有净化水质、提高景观效果、提升河流水质功能。同时实现水质改善与沿岸生态景观建设的紧密结合，形成独特的自然与人工复合生态景观，提升了生态环境质量。

本技术以河流治理与生态修复为主导，是一种集环境效益、经济效益及社会效益为一体的污水处理方式，其投资和运行费用仅为常规二级污水处理厂的1/10～1/2，具有效率高、投资少、运行和维护费用低等特点。从技术水平和应用效果来看，该技术具有广阔的推广应用前景，能有效促进环保产业发展，在治理城市水环境的同时注重城市生态环境恢复，为绿色城市建设提供技术支撑和经验。

第三节　黑臭水体监管技术

一、问题与需求

由于城市黑臭水体治理涉及部门多、成因复杂，长期以来缺乏系统性管理和常规水质监测，在现有行政资源有限的条件下，采用常规手段对黑臭水体进行监管，难度很大。随着黑臭水体治理工作要求的不断提高，对黑臭水体治理开展日常监管等也提出了新的要求，为管理工作带来巨大的挑战。面对新的需求，生态环境工作者需要开展黑臭水体专项行动标准化指标体系和创新监管技术研究，配合建设监管平台，提高城市黑臭水体治理监管效率。

二、技术方法研究

1．黑臭水体监管指标体系构建与完善研究

为建立统一的标准化指标体系，根据《城市黑臭水体整治工作指南》要求，分别以控源截污、垃圾清理、清淤疏浚和生态修复四个方面为主，结合机制建设等内容提出 19 个类别共 65 种情形的问题判定指标。

（1）控源截污

污水直排是导致水体黑臭最为直接的因素，是公众举报频次最高的问题之一，长期以来是公众关注的焦点问题。因此，控源截污措施是黑臭水体整治最直接有效的工程措施，同时也是采取其他整治措施的前提。黑臭水体整治专项行动开展前，针对控源截污类问题建立了 20 种情形，并在专项行动持续开展过程中分别从城市污水收集处理系统能力和城市污水收集处理系统效能等方面进行分析，对专项行动指标体系进行进一步完善。

①城市污水收集能力分析

在 2018 年专项行动中，晴天污水直排问题占发现所有问题总数的 12%，存在非法排污口问题占比为 11%，污水收集能力是影响污水直排的重要因素之一。

由于污水管网存在破损、违规进行私搭乱接等情况，城市生活污水和工业废水未得到有效收集。经过调研，全国 51 个城市存在 375 个面积为 244.86 km^2 的污水管网空白区，空白区内大量污水未经收集直接进入环境。经过分析判断部分城市污水收集率仍处于较低水平，存在污水偷排、漏排、超排和异地排放等污水直排现象。

此外，晴天污水直接排放情况得到好转后，合流制管网雨季溢流污染问题进一步凸显。由于污水常年冲刷致使管道内壁污染物沉积严重，又因管网多年未进行疏通、截留倍数设计不合理等因素，导致多数城市小雨甚至晴天溢流，水体返黑返臭可能性被大大提高。

②城市污水处理能力分析

在历次专项行动中，污水处理能力不足问题的数量在控源截污类问题中持续位列第三，是造成污水直接排放的另外一个重要因素。

根据城市建成区常住人口数量，利用系数计算，结合地方上报数据核定建成区生活用水量。参照地方规划或污水处理厂设计规范确定污水排放系数，以建成区生活用水量乘污水排放系数得到建成区污水排放量。将建成区污水排放量和城市污水处理厂近年运行台账记录的实际污水处理量进行比对，发现部分城市污水处理量明显小于污水产生量。经过调研，全国 51 个城市中 6 个城市实际污水处理量大于城市总体设计处理规模。

由于城市污水处理厂长期超负荷运行或不正常运行，又存在部分水体采用临时处理设施且不能长期稳定达标排放，城市污水处理能力明显不足，不能有效发挥治污作用。

③城市污水收集处理系统效能分析

经过长时间治理，多数城市污水收集处理系统得到进一步完善，但城市环境基础设施短板依旧突出。

由于水体或地下水水位高于管网水位、排口设置不合理、污水管网破裂漏损和排水管网混错接等情况，导致地下水入渗、河湖水体倒灌和雨雪山溪水入流，大量清水进入污水管网，增大水量但大大降低污染物浓度。此外，由于部分管网流速过低，造成污染物在管道内沉积，进一步削减污染物浓度，导致城市污水处理厂进水浓度偏低。经过调研，全国 258 个城镇污水处理厂中 161 个污水处理厂进水 COD 浓度低于 100 mg/L，占 62.4%。其中，进水 COD 浓度最低的仅为 17.9 mg/L，优于地表水Ⅳ类水质标准。目前，全国多数地级及以上城市根据污水处理厂处理污水量统计的污水集中处理率都超过了 90%，但由于上述原因，污水处理厂削减污染物的效果大打折扣，有的城市污水实际处理率不足 50%。

根据分析结果提出“污水处理厂平均进水 COD 浓度低于 200 mg/L 或平均 BOD 浓度低于 80 mg/L”的关键判定指标，紧抓城市环境基础设施短板，聚焦关键环节和问题。

（2）垃圾清理

垃圾堆放是影响黑臭水体感官的另一个主要因素，同时也是公众持续关注的重点问题之一。垃圾清理措施作为黑臭水体治理最简单有效的措施，可通过一次性工程措施达到清理到位的效果。专项行动开展前，针对垃圾清理类问题建立了 8 种情形，分别从河道垃圾问题、城市垃圾收集转运体系、城市垃圾处理处置能力和城市管理能力 4 个方面开展分析研究，进一步完善标准化指标体系。

①河道垃圾问题分析

垃圾清理类问题数量占历次专项行动发现问题总数的30%，其中，发现数量最多的问题情形是河岸存在明显人为倾倒或随意堆放的垃圾以及河面存在大面积漂浮物。由于水体周边无正规垃圾堆放点且部分正规垃圾堆放点有垃圾溢出，垃圾未及时清理转运，造成河面和河岸存在大量垃圾。

②城市垃圾收集转运体系分析

在2018年专项行动中，垃圾中转站存在垃圾收集转运记录不全或记录情况不真实的问题，此类问题占垃圾清理类问题的10%。在后续黑臭水体调研中发现，个别城市垃圾焚烧厂、垃圾填埋场服务范围不能覆盖整个建成区。经过综合分析，部分城市垃圾收集转运体系不健全，导致河道存在垃圾现象无法得到根本性解决。

③城市垃圾处理处置能力分析

针对城市垃圾收集转运体系较完备但河道存在垃圾问题数量依然较高的城市，根据城市建成区人口进行计算，结合垃圾转运量，统计得到城市建成区每日生活垃圾产生量，对比城市垃圾焚烧厂、垃圾填埋场近年运行台账等记录，发现部分城市的垃圾焚烧厂、垃圾填埋场生活垃圾实际处理量明显小于建成区生活垃圾产生量，并存在城市实际垃圾处理长期处于超负荷运行状态，得出城市垃圾处理处置能力不足是造成垃圾污染河道的另外一个原因。

④城市管理能力分析

除城市垃圾收集处理处置体系有关问题外，部分黑臭水体未配备清护人员对河岸和河面垃圾按时进行清理、公共道路日常清扫或大排档等场所将垃圾直接倒进雨水篦通过雨水系统直接排入河道等管理不到位的问题，也是导致垃圾污染水体的重要因素。

（3）清淤疏浚

底泥污染散发恶臭气味极大，影响周边生活环境，同样是黑臭水体治理关注的焦点问题之一。清淤疏浚措施一般适用于所有黑臭水体，尤其是因底泥污染造成的黑臭水体的治理。清淤疏浚可快速降低黑臭水体内源污染负荷，避免再次造成污染。但开展清淤疏浚措施前必须确保水体无外来污染，否则将影响清淤疏浚效果。针对清淤疏浚类问题从内源污染控制和底泥安全处理处置两方面进行分析并提出问题判定指标。

①内源污染控制现状分析

由于未开展底泥清淤疏浚措施或整治措施不到位，多数城市在专项行动中发现存在河道翻泥现象，占问题总数的6%左右。

②底泥安全处理处置分析

在2018年专项行动督查的水体中，有585个水体实施了清淤疏浚工程，但369个水体存在清淤底泥未安全处置的问题，多数城市在开展治理前期存在仅清淤不处置的现象，存在极大隐患。部分未安全处置底泥的现象一方面体现在技术不规范，处理处置不合理。

河道底泥清淤后未开展风险评估，危险废物和普通污染底泥一同处理，或清淤后直接堆放岸边，直接造成二次污染。另一方面体现在管理不到位。多数底泥清淤后没有转运台账且后续过程均无监管，部分城市对清淤底泥情况底数不清等。

针对上述问题提出“清淤工作未开展环境风险评估”“含有危险废物的底泥未得到安全处置”等关键性判定指标，纳入标准化指标体系。

（4）生态修复

生态修复措施对黑臭水体治理后长期稳定的保持整治效果提供最重要的保障，修复硬化驳岸、河道，恢复河道生态系统和自净能力，通过自身生态系统达到长期有效去除水体污染物质的效果。针对生态修复主要从河道硬化情况进行分析并提出问题判定指标。

通过对 8 省 54 个城市开展调研，对 415 个黑臭水体河道硬化情况进行排查，排查黑臭水体总长度为 1 243.8 km。其中，河道两侧硬化率为 45.1%，河道底部硬化率为 11.1%，发现黑臭水体治理时存在“重美化、轻内涵”“重水质、轻生态”“重短效、轻长远”和“重工程、轻系统”四个方面的问题。针对以上问题，结合调研结果提出“黑臭水体整治后河道简单硬化、自净能力差”和“仅采取撒药、曝气、加盖、临时冲污等措施，治标不治本”两项指标纳入标准化指标体系。

经过不断对专项行动指标体系进行深入研究分析，聚焦黑臭水体治理核心问题，逐渐进行更新完善，目前指标体系已经更新至第 4 版，形成了 13 类 24 种情形的标准化指标体系，正在支撑开展 2020 年专项行动，具体内容见表 5-1。

表 5-1　城市黑臭水体整治专项行动排查要点清单

排查要点	问题类别	问题情形
污水收集处理体系	生活污水收集能力不足	存在污水干管未覆盖区域
	生活污水处理能力不足	污水处理能力明显不足
		污水处理厂实际处理水量明显超过设计能力
	污水收集处理系统效能低	污水处理厂进水浓度明显偏低
		污水干管内无水，或只有清水
		存在利用河道拦蓄污水或污水直排现象
		污水处理厂不能稳定达标排放
		仅有临时污水收集处理措施，缺乏治本措施
		其他问题，未制定污水处理厂 BOD 浓度工作目标；进水 BOD 浓度低于 100 mg/L 的城市污水处理厂未围绕服务片区管网开展“一厂一策”方案制定

排查要点	问题类别	问题情形
污水收集处理体系	工业企业/工业集聚区污染	工业企业/工业集聚区超标、超量排放或偷排
		工业聚集区污水接入城市生活污水处理厂，并对其造成冲击
		工业企业未取得排污、排水许可，或未按照排污、排水许可规定的水质水量等要求，接入城市生活污水处理厂
		其他问题，专项行动期间不运行且不能做出合理说明
	建成区外来水污染	建成区外来水污染未得到有效控制
	农业面源污染	存在农业面源污染影响建成区内黑臭水体水质
垃圾收集转运处理处置	垃圾收集转运能力不足	存在垃圾收集转运体系未覆盖区域
	垃圾处理处置能力不足	垃圾处理处置能力明显不足
	其他	存在明显的垃圾沿河乱堆现象
		城市管理不到位，大排档等污水垃圾直接排入雨水管道系统
内源治理情况	内源污染未得到有效控制	河道有大量明显翻泥现象
	底泥未安全处置	清淤工作未开展环境风险评估
		含有危险物质的底泥未得到安全处置
生态修复情况	河道简单硬化	黑臭水体整治后河道简单硬化，自净能力差
	其他	仅采取撒药、曝气、加盖、临时调水冲污等河道治污措施，治标不治本

2．创新监管技术研究

手机摄像头不同于遥感传感器，遥感传感器默认为输出信号与输入信号是线性关系，而手机摄像头认为输出信号与输入信号是非线性关系，是为了尽可能接近甚至超越眼睛的视觉效果。定量化遥感对仪器的要求与当下手机丰富的拍摄场景和体验并不完全符合。为利用现有的手机摄像头达到定量化遥感的应用需求，针对固定机型定制了不同反射率（2%～99%）的一组标准板，通过拍摄该组标准板，构建手机摄像头 DN 值与反射率的关系曲线，该曲线是随光照条件而变化的，进而利用当时光照条件下的关系曲线，实现手机照片的遥感反射率反演。

在手机照片反射率反演的基础上，在全国范围内开展调研，选取重点区域进行研究，进一步基于手机照片上一般水体和黑臭水体的反射率差异，构建反射率模型识别出黑臭水体。在开展构建模型时，将全国城市水体按照城市水体整体的浑浊度分为高浑浊型和低浑浊型两种，并根据浑浊度的不同构建了两种不同模型。最终利用研究拍摄照片和配套水质数据，进行真实性检验与模型评价。

2020 年在考虑参考板带来的诸多不便后，对相机算法进行了改进，在收集数据时去除了对参考板的拍摄要求，利用天气情况和手机型号等参数计算的系数近似替代了各种情况下参考板的系数。目前手机拍照识别在评价时识别精度为 75%，已内嵌至专项行动水质监测 App 中，进行进一步优化（图 5-5）。

（a）当前位置定位功能

（b）水体气味选择功能

（c）文字描述水体状况功能

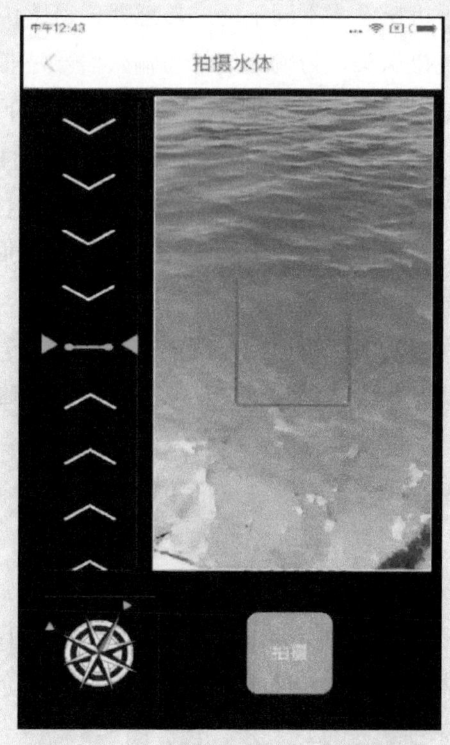

（d）拍摄照片功能

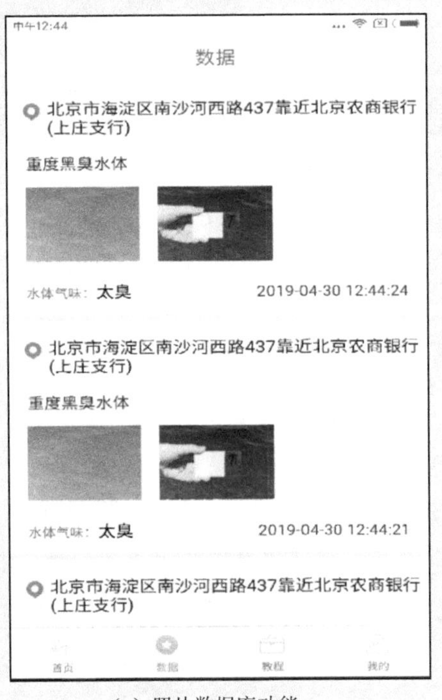

（e）照片数据库功能

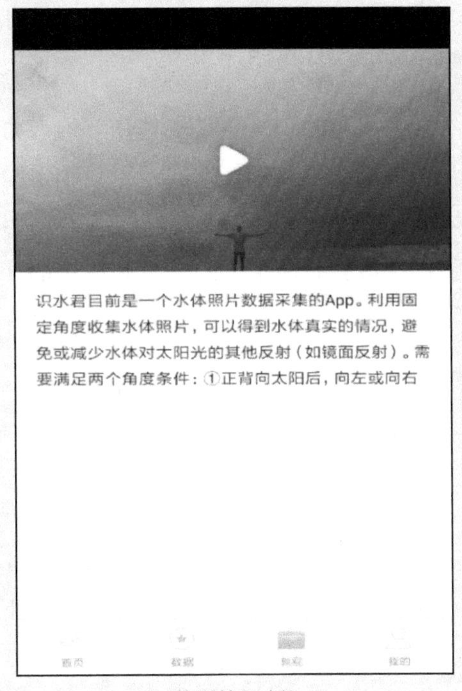

（f）使用教程功能

识水君记录

图片ID	方位角	倾斜角	气味	经度	纬度	位置	备注	时间	来源
253	213.82	-43.23	太臭	116.191647	39.735251	北京市房山区阜盛东街55号院靠近长阳镇水碾屯社区卫生服务站		2019-08-26 23:45:	识水君APP
251	6.03	-43.5	臭	116.282629	40.071516	北京市海淀区邓庄南路9号靠近全国光电测量标准化技术委员会		2019-08-22 01:49:	黑臭水体水质智
252	208.49	-43.06	无味	116.191647	39.735251	北京市房山区阜盛东街55号院靠近长阳镇水碾屯社区卫生服务站		2019-08-22 01:39:	黑臭水体水质智
250	136.78	-43.06	臭	116.191821	39.735103	北京市房山区阜盛东街55号院靠近长阳镇水碾屯社区卫生服务站	有污染	2019-08-17 00:16:	识水君APP
249	128.55	-44.86	臭	116.191656	39.735688	北京市房山区阜盛东街55号靠近长阳镇水碾屯社区卫生服务站		2019-08-16 23:49:	识水君APP
246	52.47	-46.09	无味	121.704552	29.881733	浙江省宁波市北仑区G1501宁波绕城高速靠近中国邮政储蓄银行(下邵街		2019-08-11 16:36:	识水君APP
245	45.25	-46.3	无味	121.711449	29.879002	浙江省宁波市北仑区姚下段靠近岙门口		2019-08-11 16:23:	识水君APP
243	131.73	-45.33	无味	121.800238	29.882931	浙江省宁波市北仑区S20穿山疏港高速1号靠近大碶特大桥		2019-08-11 15:49:	识水君APP
240	34.75	-42.89	无味	121.799386	29.878926	浙江省宁波市北仑区S1甬台温高速30靠近宁波市北仑区大矸宁力机械厂		2019-08-11 15:27:	识水君APP
238	38.09	-46.14	无味	121.822992	29.884458	浙江省宁波市北仑区坝头东路665号靠近惠琴幼儿园		2019-08-11 15:11:	识水君APP
235	35.14	-45.8	无味	121.836071	29.88988	浙江省宁波市北仑区宝山路124号靠近宁波石浦豪生大酒店		2019-08-11 14:45:	识水君APP
232	26.31	-44.58	无味	121.843599	29.886774	浙江省宁波市北仑区庐山东路1298号靠近北仑区人民医院		2019-08-11 14:29:	识水君APP
230	118.17	-45.45	无味	121.843599	29.886774	浙江省宁波市北仑区庐山东路1298号靠近北仑区人民医院		2019-08-11 14:15:	识水君APP
227	23.02	-43.45	无味	121.843599	29.886774	浙江省宁波市北仑区庐山东路1298号靠近北仑区人民医院		2019-08-11 14:01:	识水君APP
224	356.14	-47.7	无味	121.798475	29.940562	浙江省宁波市北仑区渤海路668号靠近乌金碶桥		2019-08-11 12:47:	识水君APP
221	343.09	-45.75	无味	121.798475	29.940562	浙江省宁波市北仑区渤海路668号靠近乌金碶桥		2019-08-11 12:31:	识水君APP
218	13.69	-47	无味	121.744623	29.953168	浙江省宁波市北仑区外环路62靠近皇冠大厦(公园路)		2019-08-11 11:26:	识水君APP
209	270.72	-43.48	无味	121.65546	29.972456	浙江省宁波市镇海区沿河路27号靠近石化海达幼儿园	无臭味	2019-08-11 11:06:	识水君APP
208	270.72	-43.48	无味	121.65546	29.972456	浙江省宁波市镇海区沿河路27号靠近石化海达幼儿园	无臭味	2019-08-11 11:06:	识水君APP
210	270.72	-43.48	无味	121.65546	29.972456	浙江省宁波市镇海区沿河路27号靠近石化海达幼儿园	无臭味	2019-08-11 11:06:	识水君APP
199	270.72	-43.48	无味	121.65546	29.972456	浙江省宁波市镇海区沿河路27号靠近石化海达幼儿园	无臭味	2019-08-11 11:05:	识水君APP
216	270.72	-43.48	无味	121.65546	29.972456	浙江省宁波市镇海区沿河路27号靠近石化海达幼儿园	无臭味	2019-08-11 11:05:	识水君APP
200	270.72	-43.48	无味	121.65546	29.972456	浙江省宁波市镇海区沿河路27号靠近石化海达幼儿园	无臭味	2019-08-11 11:05:	识水君APP

（g）导出用户使用记录及照片的功能

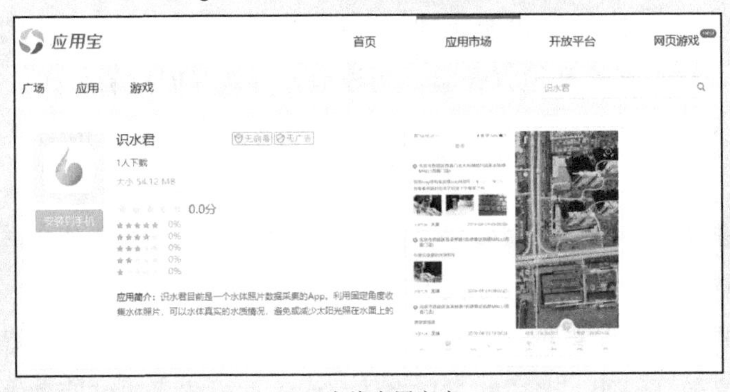

（h）上线应用商店

图 5-5 “识水君”App 功能

三、成果和创新

智能手机拍照识别黑臭水体，节约人力成本。手机遥感手段用于监测黑臭水体，共享数据后可以缩小黑臭水体地面巡查范围，提供新的观测手段。既发挥光学非接触式手段的低成本和不干扰的优势，又能解决国产民用高分辨率卫星数据源不够用的瓶颈问题，补充现有监测手段。智能手机的普及和先进的计算能力使其成为全球范围内的环境监测工具。

第四节 "互联网+督查"技术方法

一、针对需求与意义

自2018年起，生态环境部联合住房和城乡建设部每年开展2轮次的城市黑臭水体整治环境保护专项行动（以下简称专项行动），对全国295个地级及以上城市进行监督帮扶，推动各地加快整治城市建成区黑臭水体，补齐城市环境基础设施短板。作为污染防治攻坚战的七大标志性战役之一，也是《水污染防治行动计划》任务之一，城市黑臭水体治理攻坚战成为了社会舆论关注的焦点。

二、设计信息发布平台

工作组设计开发的"全国城市黑臭水体整治信息发布平台"，包括信息发布、公众参与、信息报送、督查自查报告上报4个子系统，专项督查和水质监测2个App，以及1个微信公众号，于2016年2月正式业务化运行。平台定期发布信息，让公众和行业主管部门掌握治理进展。通过微信公众号，促进公众参与，形成政府、企业、社会共同推进的良好局面，增加了黑臭水体监督管理的多样性，为黑臭水体治理攻坚战提供有力支撑。

信息发布，让公众和行业主管部门了解城市黑臭水体现状和治理进程。治理进程信息发布子系统主要分为以下3个功能：一是黑臭水体信息查询统计，让公众和行业管理部门掌握动态变化，公众可以对全国黑臭水体状况及治理进展进行不同类型的统计查询；二是发布政策及解读、典型案例和地方经验，指导地方有效开展整治工作；三是发布公众参与信息以及城市主管部门对信息的处理情况。公众可随时掌握举报信息的状态，建立互动机制。

公众参与子系统利用微信公众号建立信息举报渠道，接收社会公众举报信息，使群众在黑臭水体筛查、治理、评价等全过程中参与，形成了全方位、系统化、多元参与的城市黑臭水体治理模式。信息发布和公众参与2个子系统相互结合，形成了信息公开—公众监督—政府反馈的高效、透明、普适的黑臭水体整治管理模式，通过信息化手段，形成社会行动网络，使全社会积极、主动、有序地参与城市黑臭水体整治，促进形成黑臭水体"齐抓共管”的良好环境。

信息报送子系统是黑臭水体相关信息上报的快速通道，各城市人民政府确定的城市黑臭水体整治工作主管部门填报黑臭水体基本信息和黑臭水体整治工作进展信息，有效地提高了行业管理效率。

利用 App 开展专项行动，实现“互联网+督查”证据采集。为了让黑臭水体整治专项行动实现高效，通过“互联网+督查”提高专项行动针对性、科学性、时效性。建立标准化督查质控体系，实现 6 个统一，有效地保障了“互联网+督查”的精准度。

三、成果创新和应用

1．统一工作流程，工作有条不紊开展

2018 年开展专项行动以来，共编制了《督查工作手册》《巡查工作手册》等 6 本专项行动工作手册，工作手册明确了每个检查组成员的任务分工、职责，规范了工作流程和结果材料，保障了专项行动各项工作有序推进，实现了以各黑臭水体为对象的各项任务无缝衔接，保证每个检查组对要求的全部工作内容都有效开展。

2．统一监测方法，数据真实可靠

水质状况是判定水体是否消除黑臭的一个重要指标。为建立监测数据质控标准化体系，工作组研究制定了《城市黑臭水体环境保护专项行动监测方案》，保障了监测数据的代表性、真实性。同时通过水质监测 App，实现了水质数据与现场检查的数据互通。

3．统一公众调查对象，群众满意是首要判别标准

公众评议结果是评估水体是否消除黑臭的关键指标，专项行动中公众调查对象的选择是能否真实准确体现公众满意度的基础。为此在《城市黑臭水体整治效果公众评议表》中对调查对象的选择提出统一要求，真实反映了水体周边居民和有关群众的感受。

4．统一督查问题清单，问题评定有据可查

工作组建立了 19 类问题 65 种情形的标准化指标体系，经过不断完善形成了 13 类问题 24 种情形的指标体系，更为简化、聚焦，统一了专项行动人员现场工作程序，减少了人为主观因素导致对结果评价的偏差，更精准地还原问题发现的现状。

5．统一黑臭消除标准，实事求是公平公正

判定水体是否消除黑臭需根据 4 个要素：一是公众评议结果满意度高于 90%；二是若公众评议结果满意度高于 60%但低于 90%，水质监测结果符合《城市黑臭水体整治工作指南》关于基本消除水体黑臭的指标要求；三是污水收集处理体系基本建成并有效运行；四是垃圾收集、转运及处理处置措施有效落实。通过判定标准的统一，进一步切实引导地方从根本上解决水体黑臭的实质性问题。

6．统一证据采集要求，“互联网+督查”强化督查效能

除了运用巡河和调阅材料等常规手段，专项行动还灵活运用 3 个手机 App 协助开展检查工作。一是公众调查 App，进行公众满意度调查；二是水质监测 App，录入水质监测数据；三是专项督查 App，收集整治方案与工程可研设计等证明材料、现场巡河发现的问题和工程现场状况等情况。3 个 App 相互结合数据互通，实现了证明材料采集的统一和证据链的闭合，利用信息化的手段提高了准确率和工作效率。

第四章 支撑行动

第一节 技术支撑“水十条”及工作指南发布

在支撑行动的第一阶段，一是技术支撑“水十条”发布。“水十条”论证初期，我国还没有统一的黑臭水体概念和判定标准，是否将城市黑臭水体治理作为“水十条”主要任务、纳入考核体系亟须科技支撑。中国环境科学研究院通过“十一五”“十二五”水专项，持续科技攻关，明确了黑臭水体形成的成因及机理，从黑臭水体概念、判别标准、成因分析、整治必要性、国内外案例、可行性分析6个方面提出了“城市黑臭水体整治”任务论证支撑材料，提出了黑臭水体治理“控源截污、垃圾清理、清淤疏浚、生态修复”16字方针，技术支撑了《“水十条”论证背景材料》编制和“水十条”发布。

二是技术支撑《城市黑臭水体治理工作指南》发布。针对城市黑臭水体如何界定、如何指导各地开展城市黑臭水体治理的问题，研究提出了城市黑臭水体判定指标及其阈值，技术支撑了《城市黑臭水体治理工作指南》发布，保障黑臭水体排查、考核评估等工作实施。

三是完成城市黑臭水体监管平台建设，实现业务化运行。城市黑臭水体量大面广，涉及管理部门多，成因复杂，长期以来缺乏系统性管理和常规水质监测，在现有行政资源有限的条件下，采用常规手段对黑臭水体进行监管，面临巨大挑战。中国环境科学研究院主导设计开发的“城市黑臭水体整治监管平台”由信息报送、信息发布、公众参与、督查自查报告上报4个子系统，以及1个微信公众号组成，于2016年2月正式业务化运行。平台定期发布信息，让老百姓和行业主管部门掌握治理进展；微信公众号促进了公众参与，形成政府、企业、社会互动推进的良好局面，有效地推进了黑臭水体的监督管理，为黑臭水体治理攻坚战实施奠定基础。

第二节 技术支撑黑臭水体治理管理业务

在支撑行动的第二阶段，一是协助水司开展年度整治进展情况及存在问题分析。每年度开展全国295个地级及以上城市黑臭水体治理情况统计分析，紧盯目标要求，重点关注36个重点城市和长江经济带城市建成区黑臭水体治理进展，通过调度和调研的方式总结城市黑臭水体治理过程中存在的问题。

二是完成上报黑臭水体的位置信息标定。组织专门人员对地方上报的黑臭水体位置信息标定到地图，实现全国黑臭水体地图信息矢量化，为后续专项行动督查、检查提供基础地图与数据支撑。

三是作为技术专家参加“水十条”督导和督查。作为技术专家，参加生态环境部组织的“水十条”实施情况年度考核，重点负责城市黑臭水体治理情况考核；参加住房和城乡建设部组织的专项督导检查工作。

四是协助生态环境部水司开展季度进展调度分析。协助生态环境部水司完成每季度全国城市黑臭水体治理进展通报。2017 年 6 月起，协助每月调度全国城市黑臭水体治理进展，汇总上报国务院。

第三节　全过程技术支撑专项行动和攻坚战

在支撑行动的第三阶段，从“政策制定—推动落实—指导帮扶—监督管理”四个环节全过程技术支撑了城市黑臭水体治理攻坚战，技术支撑管理政策制定、黑臭水体排查、督查检查帮扶等工作，推动攻坚战取得积极成效。

一是技术支撑城市黑臭水体专项行动管理政策制定。支持了《城市黑臭水体整治环境保护专项行动方案》《城市黑臭水体专项督查手册》《城市黑臭水体整治技术导则》（建议稿）等 10 个技术文件编制，为 2018—2020 年强化监督检查提供了技术保障；编制的《城市黑臭水体整治进展、存在问题及有关建议》被水司采纳并以《专报信息》上报中央办公厅和国务院办公厅。

二是技术支撑明确城市黑臭水体治理路径。针对地方在黑臭水体治理过程中“有想法、没办法”问题及实际治理过程中遇到的困难，通过实地案例调研，提出了分类治理技术模式。从前期调查、污染分析与问题诊断、城市黑臭水体整治技术、整治效果评估、长效机制建设 5 个方面将黑臭水体治理之初到治理结束后长期维护等多个治理阶段进行规范，编制了《沈阳市城市黑臭水体整治技术导则》（建议稿），指导地方黑臭水体治理实现规范化。

三是科技创新，解决实际治理问题。技术支撑黑臭水体底泥调查与评估。针对城市黑臭水体底泥到底该不该清、清多少、清完怎么办的问题，全面开展底泥污染调查评估、污染形成机理研究，提出清淤建议与规范，并将底泥调查评估与安全处置纳入专项督查问题清单。通过对沈阳市建成区 8 条河流共 151 km 开展底泥污染调查与评估，阐释了底泥形成机制和规律，优化了清淤方案，节约了清淤与处置费用，为科学治理底泥污染提供了技术支撑。

引导河流岸线保护与生态修复。城市黑臭水体河道硬化、渠道化现象普遍存在，2019 年 2 月，新华社半月谈报道“破坏式治污”正加速河流生态退化，引起社会广泛关注。通过对 54 个城市 415 个（1 243 km）黑臭水体河道硬化情况现场调查，针对目前黑臭水体整治存在的“重美化、轻内涵”“重水质、轻生态”“重短效、轻长远”“重工程、轻系统”等问题，提出了相关政策建议，形成《城市黑臭水体整治过程中生态保护问题分析调研报告》，报告成果被生态环境部水司采纳，以报告形式上报国务院，获得国家领导人批阅。

创新水生态修复技术。针对城市黑臭水体生态系统严重受损，水生态功能逐渐丧失的问题，分析了城市河流的污染特征，阐释了城市水体系统环境生态方面的 8 个基本属性（汇集—输移—转化—沉积—传播—冲刷/切割—延长—流水生态）。在此基础上，以水生态系统的基本功能为出发点，阐明了城市水体污染控制与修复原理，提出了城市水体的水质提升与生态修复的成套技术，重点研发了水体与底部生境改善、水体生态修复关键技术。成果获得省部级一等奖 1 项，产学研创新成果一等奖 1 项。

四是创新城市黑臭水体监管技术。针对国产民用高分卫星数据源不够用、商业高分卫星数据源成本高以及高分卫星数据传输时效性差的问题，调查分析了国内外有关相机或手机摄像头监测水质的相关研究，创新提出了利用手机拍照快速识别黑臭水体的方法，开发了“识水君”App 并上线应用，实现黑臭水体的快速准确识别，为全民参与黑臭水体监管提供便捷有效技术手段。

五是协助建立“互联网+督查”标准化督查质控体系，助力精准监管。研发的监管技术、监管平台、督查 App 等应用于黑臭水体整治专项行动，建立了“统一的工作流程、监测方法、公众调查对象、督查问题清单、黑臭消除标准、证据采集要求”6 个统一的标准化督查体系，支撑近 2 000 人专项行动整齐划一，排查出近千个水体纳入整治清单。

六是组建城市黑臭水体专家库，组织开展技术帮扶。协助生态环境部水司完成城市黑臭水体治理专项行动专家库组建，通过宣贯政策、案例分享等方式，帮助各地加快城市黑臭水体整治，解决各地黑臭水体治理不平衡、不协调的问题，2018—2019 年，协助生态环境部水司举办了六期城市黑臭水体整治工作研讨会，介绍城市黑臭水体整治与管理经验，及时解读国家城市黑臭水体整治政策要求，为全国黑臭水体整治工作起到了积极推动作用。

第六篇

水源地保护攻坚战

水源地保护攻坚战

SHUIYUANDI BAOHUGONGJIANZHAN

党中央、国务院高度重视饮用水安全保障工作。2013 年以来，习近平总书记、李克强总理等中央领导同志多次对饮用水安全及水源保护进行批示。2018 年 6 月，中共中央、国务院《关于全面加强生态环境保护坚决打好污染防治攻坚战的意见》提出了“打好水源地保护攻坚战”的新要求。生态环境部积极贯彻落实党中央、国务院的部署和要求，以水源地专项执法行动为抓手，部署了 2018—2020 年水源地保护三年攻坚战作战方案。在生态环境部指导下，中国环境科学研究院组织饮用水水源地安全保障技术团队，综合运用污染源解析、水源地环境风险评价、保护区划分、水源地规范化建设与管理等技术方法和手段，通过出台技术标准、开展技术培训、实地现场指导、包保帮扶和技术答疑等多种方式，全面支撑了地级城市、县级城镇和农村集中式饮用水水源保护区专项行动及水源地保护攻坚战行动的顺利实施。三年来，水源保护攻坚战取得了明显成效，水源保护区制度得到了有效落实，城镇饮用水水源保护区整治基本完成，规范化建设水平得到了进一步提高。全国地表水水源地水质达标率提高了近 3 个百分点，7.7 亿人口的饮水安全得到了进一步保障。

第一章　背景和主要问题

第一节　背景情况

饮用水水源是群众赖以生存的基础资源，保障饮用水安全是维护广大人民群众利益的基本要求。饮用水水源地环境安全则是保障饮水安全的重要前提。2018 年，我国除港澳台外的 31 个省（自治区、直辖市）共有县级及以上集中式饮用水水源 3 535 个，总取水量 540.7 亿 m^3，总服务人口 7.3 亿人。其中，河流型水源 1 156 个，占全国县级及以上集中式饮用水水源总数的 32.7%；湖库型水源 1 036 个，占水源总数的 29.3%；地下水型水源 1 343 个，占水源总数的 38.0%。党中央、国务院高度重视饮用水安全保障工作。2013 年以来，习近平总书记、李克强总理等中央领导同志，多次针对饮用水安全及水源保护进行批示。2018 年 6 月 16 日，中共中央、国务院《关于全面加强生态环境保护坚决打好污染防治攻坚战的意见》中指出，“打好水源地保护攻坚战。加强水源水、出厂水、管网水、末梢水的全过程管理。划定集中式饮用水水源保护区，推进规范化建设。强化南水北调水源地及沿线生态环境保护。深化地下水污染防治。全面排查和整治县级及以上城市水源保护区内的违法违规问题，长江经济带于 2018 年年底前、其他地区于 2019 年年底前完成。单一水源供水的地级及以上城市应当建设应急水源或备用水源。定期监（检）测、评估集中式饮用水水源、供水单位供水和用户水龙头水质状况，县级及以上城市至少每季度向社会公开一次”。

生态环境部积极落实党中央、国务院决策部署，在 2017 年开展长江经济带地级城市饮用水水源地专项整治工作的基础上，部署了水源地保护三年攻坚战作战方案。2018 年 3 月，生态环境部和水利部联合下发《全国集中式饮用水水源地环境保护专项行动方案》，要求严格依据《中华人民共和国水污染防治法》等法律法规要求，利用两年时间，全面完成县级及以上城市（包括县级人民政府驻地所在镇）地表水型集中式饮用水水源保护区“划、立、治”三项重点任务，努力实现“保”的目标。“划”是指划定饮用水水源保护区。重点检查是否依法划定饮用水水源保护区。尚未完成保护区划定或保护区划定不符合法律法规要求的，限期划定或调整。“立”是指设立保护区边界标志。重点检查是否在饮用水水源保护区的边界设立明确的地理界标和明显的警示标志。不符合法律法规要求的，限期整改。“治”是指整治保护区内环境违法问题。重点检查饮用水水源一、二级保护区内是否存在排污口、违法建设项目、违法网箱养殖等问题，保护区内环境违法问题全部限期整改到位。通过落实“划、立、治”三项重点任务，定期开展水质监测，确保饮用水水源地水质得到保持和改善，努力提高饮用水水源环境安全保障水平。

2018 年 12 月，生态环境部和水利部印发《关于进一步开展饮用水水源地环境保护工作的通知》，要求各地于 2019 年年底前完成县级及以上地表水型饮用水水源地清理整治工作。在此基础上，各地要于 2019 年进一步对供水人口在 10 000 人或日供水在 1 000 t 以上的其他所有饮用水水源地（包括地下水型饮用水水源地和县级以下地表水型饮用水水源地）进行摸底排查，并于 2020 年深入开展问题整治，到 2020 年年底前，饮用水水源地清理整治工作基本见效。同时，《长江保护修复攻坚战行动计划》《农业农村污染治理攻坚战行动计划》《地下水污染防治实施方案》均对饮用水水源地保护工作做了部署安排，提出了“划、立、治”以及水源环境状况评估、风险源的调查和监测能力建设的要求，其时限要求也是 2020 年完成。目前，全国县级以上地表水型饮用水水源地环境专项行动“划、立、治”整治工作取得显著成效，各地整改任务基本完成，2020 年水源地保护攻坚战的重点，聚焦在乡镇级以下集中式水源地和地下水型饮用水水源地环境保护方面，由于农村水源数量多，地下水型水源相对复杂，在一年内要求完成有关工作，挑战极大。

第二节　主要问题

一、部分水源水质达标率不能满足“水十条”考核目标要求

2010 年，我国开始对全国地级以上 300 多个城市的 800 多个集中式饮用水水源开展年度环境状况评估，结果表明，集中式饮用水水源水质达标状况略有改善，但距“水十条”要求的水质达标率不低于 93%的要求还有明显差距。根据 2019 年的评估结果，2018 年我国 339 个地级及以上城市的 938 个水源的达标比例仅九成，除区域地质因素背景值较高导致超标外，其余均受人类活动所致，水源水质受流域水环境影响较大，短时间内改善水质困难极大。此外，在 2018 年水质达标水源中，有 158 个水源在历史上因汛期暴雨、上游污染等原因出现过不达标情况，稳定达标不确定性较高。

二、超标指标多且时空分布差异大，水源安全压力大

根据 2019 年地级以上城市水源环境状况评估结果，地表水源主要超标指标有总磷、氨氮、硫酸盐、钼、锰、氟化物、微囊藻毒素-LR 等 13 项，其中，锰、铁、硫酸盐、钼是受区域地质因素影响所致。河流型水源主要超标指标为锰、铁、高锰酸盐指数等。湖库型主要超标指标为总磷、锰、硫酸盐等。地下水源主要超标指标有氨氮、氟化物、硫酸盐、砷、溶解性总固体、钠、四氯化碳、挥发性酚类、总大肠菌群等 16 项，相比 2017 年新增了砷、钠、四氯化碳 3 项超标指标。其中，总硬度、铁、锰、氟化物和硫酸盐是受区域背

景值高影响所致。此外，砷、汞、铅、镉、铬（六价）等指标在水源中均有较高的检出率。除受常规污染物影响外，不少非常规指标在水源中也有较高的检出率，如钡、硼、锑、钒、钼、镍、钛、甲醛、邻苯二甲酸二丁酯、三氯甲烷等。

三、水源地规范化建设成效尚不稳固，部分地区仍存短板

2016 年以来，通过水源地保护专项行动，全国县级以上地表水型饮用水水源保护区内已有 1 万多个环境问题得到整治，但根据 2019 年地级以上城市水源的调查评估结果，部分水源保护区内的历史遗留问题依然未全部整改到位，个别地区甚至出现违法问题“死灰复燃”。2017 年《地下水质量标准》修订后，需要对地下水开展 93 项指标全分析，由于个别地市监测部门能力不足、经费困难等原因，导致目前地下水源水质全分析能力薄弱，121 个地下水源未完成水质全分析监测。另外，由于国家层面尚未出台水源地信息化平台建设相关的管理或指导办法，各地对水源地信息化平台缺乏统一认识，导致水源地信息化平台建设完成率较低，189 个水源地未建设信息化管理平台。

四、突发环境污染事件频发，部分城市应急供水能力不足

统计数据表明，2008—2017 年，经环境保护部应急与事故调查中心处理的 487 起水污染事件中，124 起涉及饮用水水源地，68 起因事故影响导致水源地供水不足或停水，其中固定源和流动源污染事故占突发事件的 80.9%，是引发突发水污染事件的主要原因。从地区分布来看，近 10 年来我国发生的重大饮用水水源地突发环境事件涉及吉林、辽宁、山西、甘肃等 20 多个省份；从频次和影响程度来看，自 2014 年开始，涉饮用水的突发环境事件呈高发态势，2014 年第二季度，连续发生甘肃省兰州市自来水局部苯超标、湖北省汉江武汉段氨氮超标等事件，导致大面积停水和公众“抢水”。在城市备用水源建设方面，目前仍有 45 个未建且尚未实现区域联网供水，其中 29 个城市仅为单水源供水。

五、跨界保护难度大，生态补偿机制亟须建立

2018 年，地级及以上城市饮用水水源中，10 个涉及跨省级行政区域，如河南省商丘市黄河故道水源地、河北省邯郸市岳城水库等，46 个涉及跨市级行政区域，其中 4 个跨界水源 2018 年水质存在超标问题，如湖南省娄底市石埠坝水源，受上游邵阳市废弃锑矿矿渣堆影响导致的锑超标问题。由于缺乏明确的供水方与受益方水源地生态补偿办法，跨界水源地或涵养区，通常要以牺牲上游地区经济社会发展的机会为代价，以保障下游水源水质安全，不仅需要大量资金投入并且还要承担水源保护及整治的责任，导致上游水源地或水源涵养区对跨界水源保护的积极性不高，跨界双方经常因保护区划定、管理投入和整治责任等问题产生纠纷。

第二章 工作安排

第一节 加强组织领导

为支撑打好水源地保护攻坚战，中国环境科学研究院高度重视，精心组织，周密布置，举全院之力做好攻坚战的技术支撑和服务工作，专门组织成立技术支持团队，为攻坚战提供技术保障。根据《全国集中式饮用水水源地环境保护专项行动包保协调工作方案》的通知要求，生态环境部建立包保机制，实行分片包干，成立 14 个协调组，对负责区域的专项行动工作指导调度，协调解决存在的困难和问题，督促如期完成目标任务。中国环境科学研究院作为第十包保组，对口包保四川、辽宁两省。此外，生态环境部还成立专家组，为各地整治工作过程提供政策和技术支持。

第二节 开展技术支撑和服务

2018 年 3 月，生态环境部分管副部长组织召开第一次电视电话会，全面部署水源地保护专项行动，水源地保护攻坚战正式打响。2018 年 4 月、10 月和 2019 年 6 月、11 月 4 次集中开展了全国性的督查行动，从全国统一抽调人员和技术专家，对每个饮用水水源地的每个问题进行全覆盖的督查。中国环境科学研究院包保组按照要求，先后 8 次赴辽宁、四川两省，集中解决行动中出现的问题，督促保护区环境问题整改的进度。

一、支撑出台水源地保护攻坚战整治标准

在生态环境部领导和指导下，编制《关于集中式饮用水水源地规范化建设亟须明确的政策问题建议》被采纳，形成了《关于答复全国集中式饮用水水源地环境保护专项行动有关问题的函》《关于答复 2019 年饮用水水源地环境保护专项行动有关问题的函》《关于推进乡镇及以下集中式饮用水水源地生态环境保护工作的指导意见》《集中式地表水型饮用水水源地突发环境事件应急预案编制指南》等技术文件，为水源保护攻坚战提供了整治标准。另外，积极撰写科技专报，及时反映工作过程中存在的问题，并督促问题顺利解决。

二、开展形式多样的技术培训

攻坚战期间，先后 3 次举办集中式饮用水水源地规范化建设技术培训班，培训全国 31

个省（自治区、直辖市）技术人员 3 000 余人。中国环境科学研究院专家 3 次在督查前技术培训上进行授课，对水源保护区的规范化建设、管理要求和整治要求进行授课，培训学员 1 000 余人。另外，受邀赴甘肃、重庆、云南、四川、广东、海南、湖南、河南、河北、黑龙江、吉林、辽宁等省（市）授课。据不完全统计，3 年来，共培训学员 8 000 余人次。

三、开展技术指导和帮扶

3 年来，受生态环境部委托或地方政府邀请，中国环境科学研究院 200 余人次赴水源地开展现场调研，指导地方开展水源地规范化建设、保护区整治和风险防控等工作，解决技术问题 300 多个。2019 年 6 月，组织了全国 30 余个地方水源保护专家，直接参与生态环境部的专项督查行动，跟班现场解决技术问题，极大地提高了督查和整改效率；开展线上技术答疑和服务，充分利用电话、传真、微信、QQ、部长信箱答复等方式，解决地方的技术问题。据不完全统计，3 年来共答复地方各类技术问题上万个，不仅协助解决了地方面临的技术问题，还进一步提高了地方水源保护的认识和环境管理的水平。

第三章　创新与应用

在 2019 年 12 月召开的中央经济工作会议上，习近平总书记指出：“要打好污染防治攻坚战，坚持方向不变、力度不减，突出精准治污、科学治污、依法治污，推动生态环境质量持续好转。”习近平总书记对科技支撑水源地保护攻坚战提出了更高的要求。加强饮用水水源地的环境保护，不仅需要全社会的共同参与，更需要科学技术支撑，提升水源地污染防治和环境管理能力。中国环境科学研究院经过多年的努力和积淀，基本建立了“污染源解析—风险评估—保护区划分—规范化建设”的饮用水水源地保护技术方法体系，明确了饮用水水源地环境管理的指标体系，有效地支撑了国家和地方饮用水水源地环境管理。

第一节　水源地保护单项技术

一、优控污染物筛选与水质标准制定技术

针对全国重点流域、重大工程区饮用水水源地开展水环境质量调查研究，掌握典型特征污染物的分布特征、迁移转化规律，开展饮用水水源优控污染物筛选（图 6-1）。基于人体健康效应和毒理学实验，阐明了水源地中典型污染物对人体健康影响阈值，结合水源地水质状况和自来水厂污染物去除的技术经济水平，提出了饮用水水源水质标准限值，解决了水源地水质标准与生活饮用水卫生标准不衔接的问题（表 6-1）。

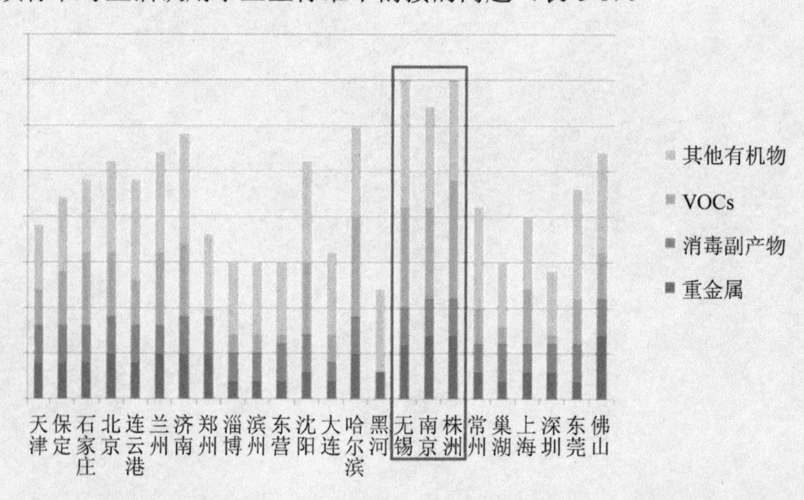

图 6-1　我国部分城市饮用水水源中不同类型污染物分布情况

表 6-1　饮用水水源中不同污染物的人体健康风险值

序号	物质	非致癌风险		致癌风险	
		最大值	最小值	最大值	最小值
1	硼	4.6×10^{-1}	1.48×10^{-3}		
2	钡	1.62×10^{-1}	6.4×10^{-4}		
3	锑	1.75	1.53×10^{-3}		
4	镍	3.2×10^{-1}	7.6×10^{-3}		
5	1,2-二氯乙烷	1.25×10^{-5}	8.33×10^{-8}	1.25×10^{-5}	8.33×10^{-8}
6	二氯甲烷	3.4×10^{-2}	4.04×10^{-5}	4.08×10^{-7}	2.44×10^{-10}
7	三氯甲烷	3.0×10^{-1}	2.1×10^{-5}		
8	丙烯酰胺	5.9×10^{-2}	1.30×10^{-3}	5.9×10^{-5}	1.30×10^{-6}
9	1,2-二氯苯	2.1×10^{-3}	6.8×10^{-7}		
10	苯	1.53×10^{-2}	6.1×10^{-5}	9.2×10^{-7}	3.7×10^{-9}
11	六氯苯	1.90×10^{-4}	3.75×10^{-7}	2.4×10^{-8}	4.8×10^{-10}
12	多氯联苯（总量）			7.02×10^{-7}	1.24×10^{-9}

二、环境风险评估与预警技术

1．污染源调查与风险源评估技术

针对不同类型水源地、不同类型污染源，建立特征污染物筛选方法和不同类型污染负荷核算方法、特征污染物来源解析技术，形成饮用水水源地污染源调查、风险源识别技术方法。建立饮用水水源地环境风险源识别与定量分级技术，为国家饮用水水源地环境风险管理提供技术支撑。

2．监控预警技术

以湖库型水源地为研究重点，一是开展水华与水温、营养盐含量等相关关系研究，构建水源地水华灾害预警监测体系，预测预报典型富营养化水源地水华发展趋势；二是根据水污染事件产生的特征污染物在典型水域的迁移、输运规律，建立典型饮用水水源地水动力模型，按照水污染事件应急响应要求，研究确定预警监控点位布设方法、预警监控指标选择和频率（图 6-2）。

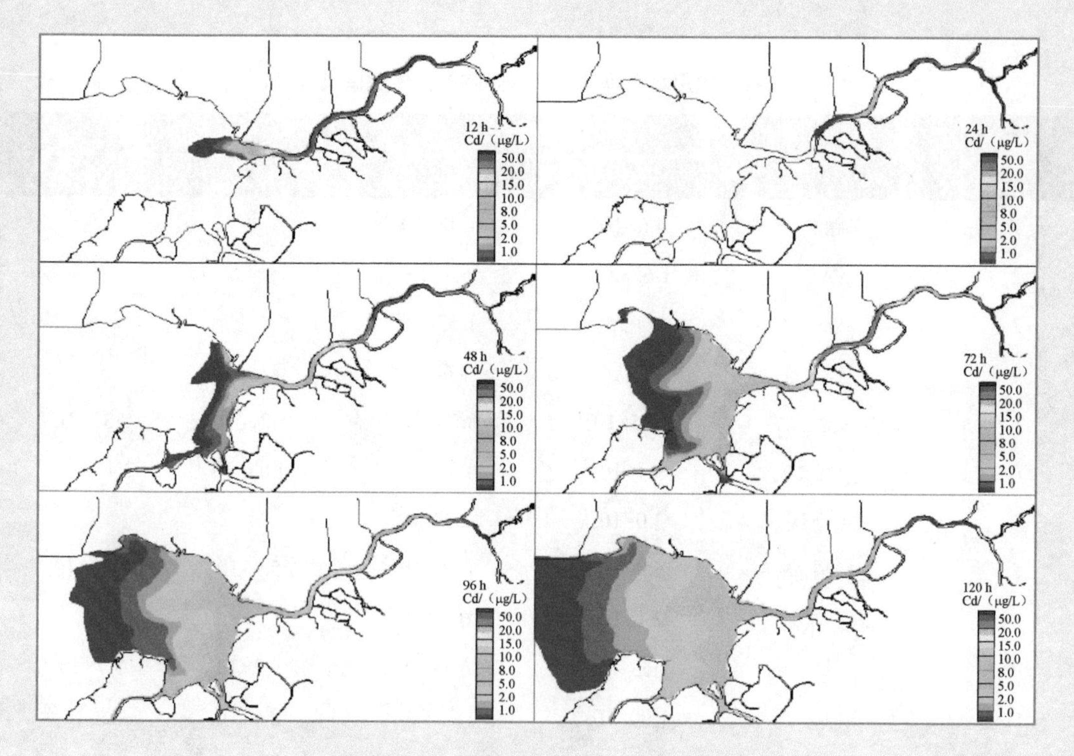

图 6-2 污染物泄漏进入水体后迁移过程

三、风险防控技术

1．饮用水水源保护区划分技术

按照流域整体保护理念，结合饮用水水源环境风险预警和土地利用规划调控，利用 SWAT 模型，建立了基于环境风险防控的水源保护区陆域划分方法；利用多维水质模型，建立了基于污染物迁移距离的水源保护区水域划分方法，构建适宜于我国不同类型饮用水水源地和不同类型保护区的划分技术方法。

2．突发污染应急控制技术

针对突发污染事故条件下的应急决策，将在线实时监测数据与水环境模拟分析技术结合，根据水源地水文和污染风险源情况，预置多种情景条件，构建了河流和湖库型水源地突发污染事故应急决策系统。在发生污染事故时，可立即启动模拟预测系统，对污染物迁移过程和重点区域水质变化进行快速预测分析，进行多种应急措施下水环境改善效果评估，为多种应急方案选择和决策提供依据。根据可行的应急解决措施进行效果分析，为最终决策提供依据（图 6-3）。

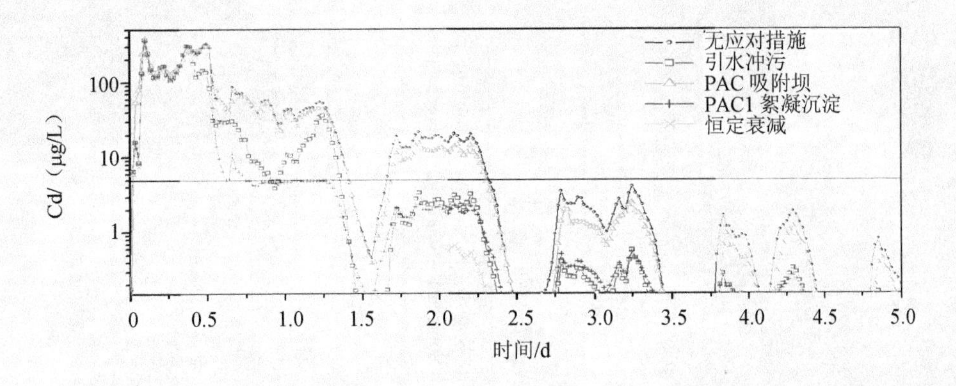

图 6-3　不同应急措施实施效果比较分析

第二节　水源保护技术支撑体系

一、污染源解析技术体系

依托“水专项”课题，针对饮用水水源地污染来源复杂，污染物输移过程中物理、化学和生物影响多样的特征，开展了饮用水水源地的金属类与氮磷等污染物的源解析技术研究。综合利用主成分—聚类统计分析方法进行数据预处理，CMB 模型进行贡献率分析，结合高灵敏度水质监测手段解析了湖库型饮用水水源地内工业污染源、水系支流等对水源地水质的影响，并通过拟合和贡献率分析进一步探明了不同的产业结构影响下湖库型饮用水水源地的水质响应和累积效应等；针对 N、P 等污染源组成较为复杂的污染物，采取了同位素解析技术，更为精确地分析了农业、畜牧、大气降水等多种特征源对饮用水水源地中 N、P 污染物的累积率。分别探明了工业、水系支流、农业污染源、大气降水对水源地水质的贡献率，建立了工业及农业污染源与水源地之间的水质响应关系，构建了水源地污染源识别与解析技术体系（图 6-4）。

二、内外源污染风险评价方法

外源风险评价方面，在湖库型饮用水水源地内，开展工业企业危险化学品类型和储量调查，基于改进的 SevesoIII指令模型，通过定量评价取水口脆弱性、企业内在危险性，进行周边地区工业企业环境风险指数估算。明晰水源地周边高风险企业与区域；针对湖库型水源地内汇水与集水特征进行模拟，结合不同污染物泄漏流态特征识别了各个区域的环境风险指数。内源风险评价方面，利用内源污染物扩散模型（费克定律），建立了沉积物向水体二次污染释放风险的评估方法（图 6-5）。

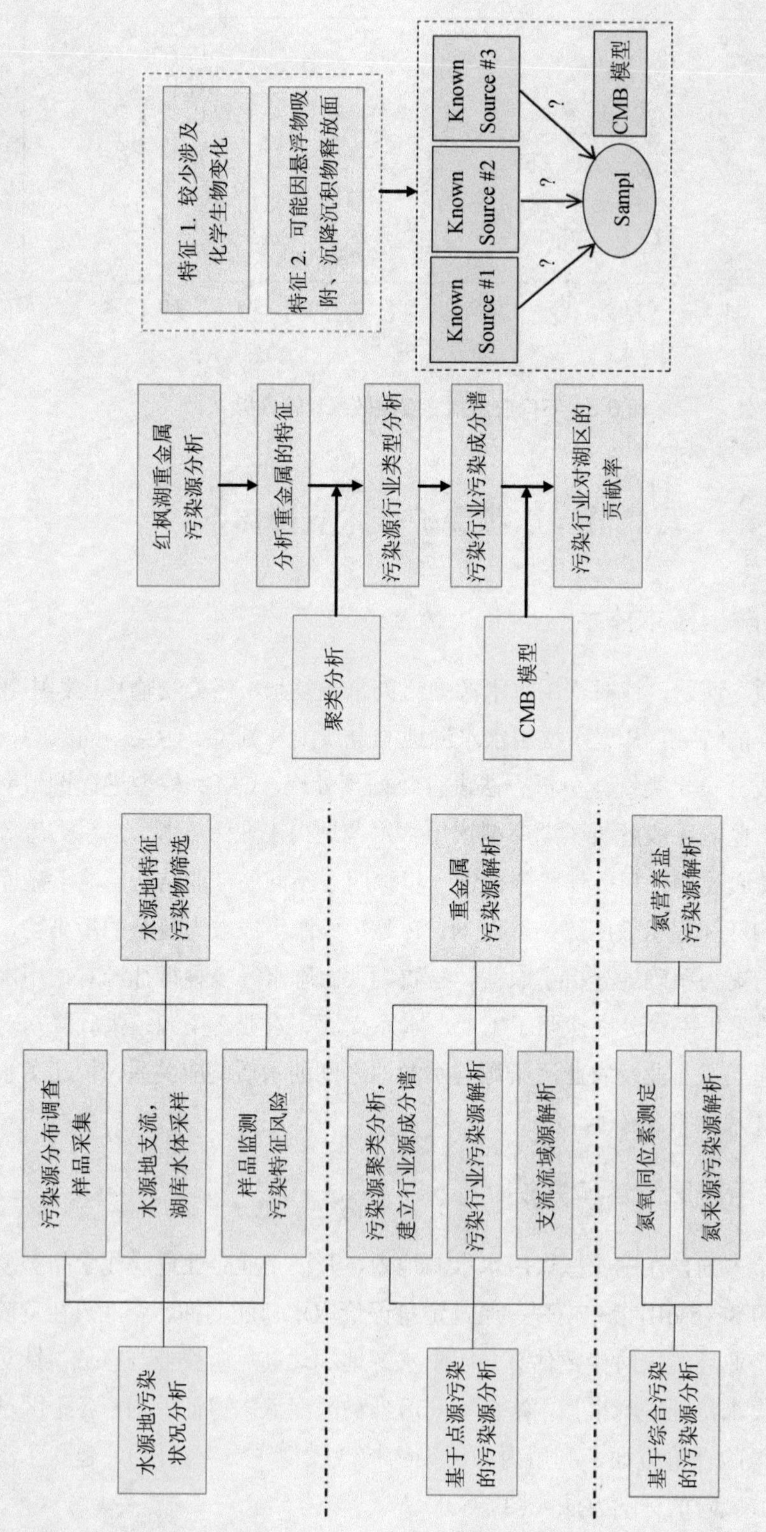

图 6-4 饮用水水源地污染源解析技术方法

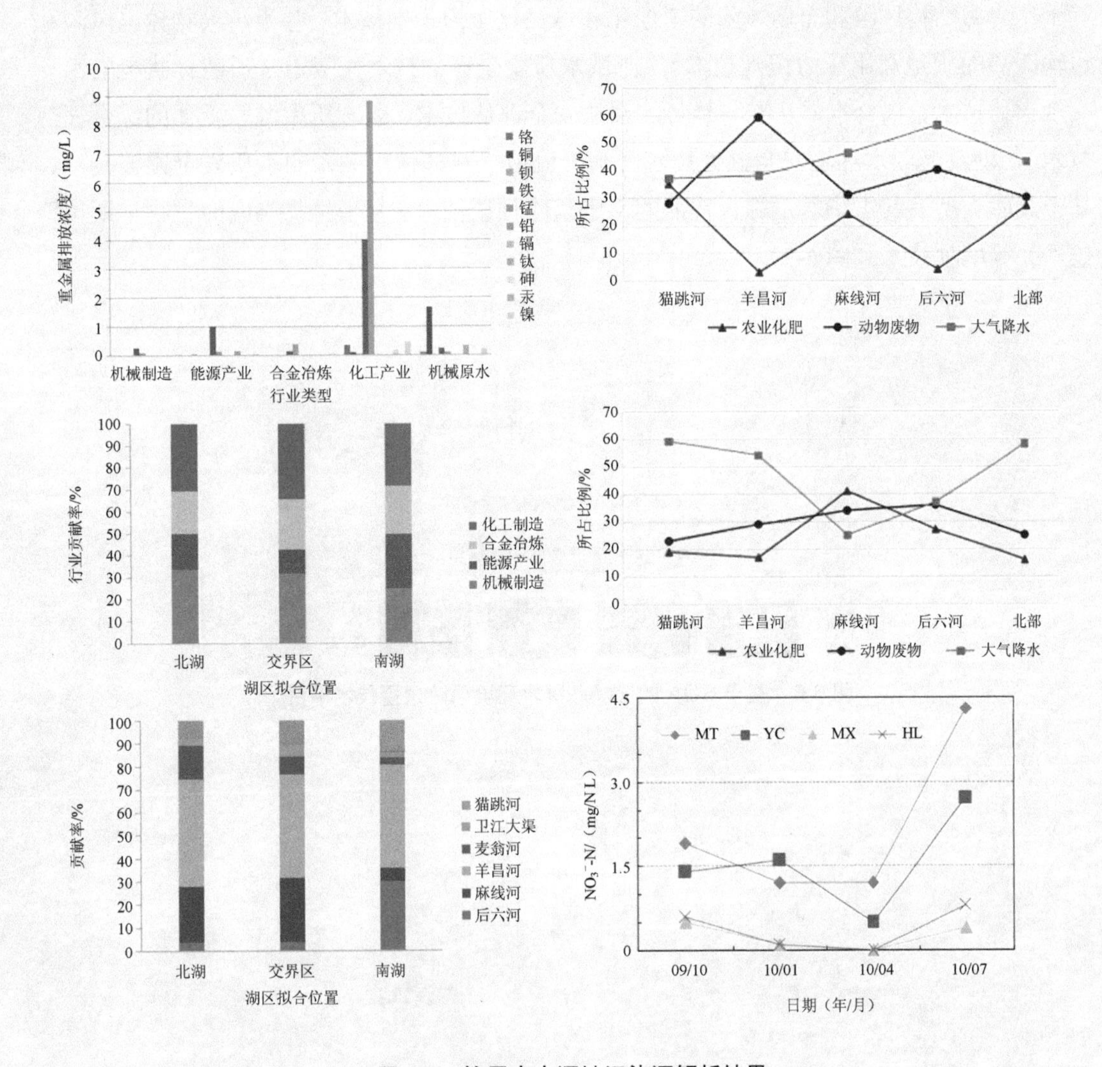

图 6-5　饮用水水源地污染源解析结果

三、突发性和累积性水环境风险预警技术体系

突发性风险预警方面，围绕突发性水环境风险预警保护目标、对象、手段、标准和控制等关键问题，建立了风险源识别、水环境影响快速模拟、阈值确定、监控系统建设和现场应急控制 5 项关键技术，集成构建了“流域水环境突发型风险预警技术体系”，应用于示范流域建设了三峡库区水环境（突发性）风险预警技术平台（图 6-6）。

累积性风险预警方面，以常态压力状态下的水质安全保障为核心，全面建立涵盖“压力源识别—水质安全评估—水质安全预警”等单项技术的流域水质安全预警技术体系。包括流域水质安全压力源识别技术（基于影响系数时空变异特征的上游来水压力识别技术、基于压力源结构风险和布局风险的工业化和城镇化压力识别技术、基于污染物输出风险和传输距离的土地利用压力识别技术），流域水质安全评估技术（基于水质超标状况的水质安全评估技术、耦合水质状态与趋势的水质安全评估技术、兼顾压力源—受体的综合评估技术），以及流域水环境安全预警技术（基于流域—水体作用关系的水质安全预警技术、基于湖库类型及其水华暴发综合特征的水华风险预警技术、基于生物响应的生物早期预警技术）等单项技术（图 6-7）。

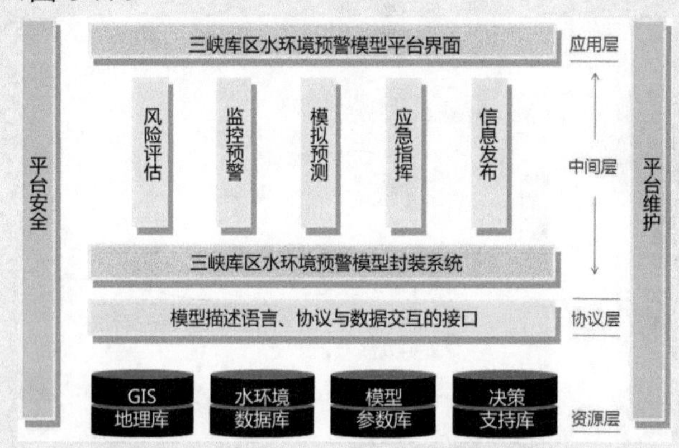

图 6-6 基于 SOA 的三峡库区水环境风险预警技术平台

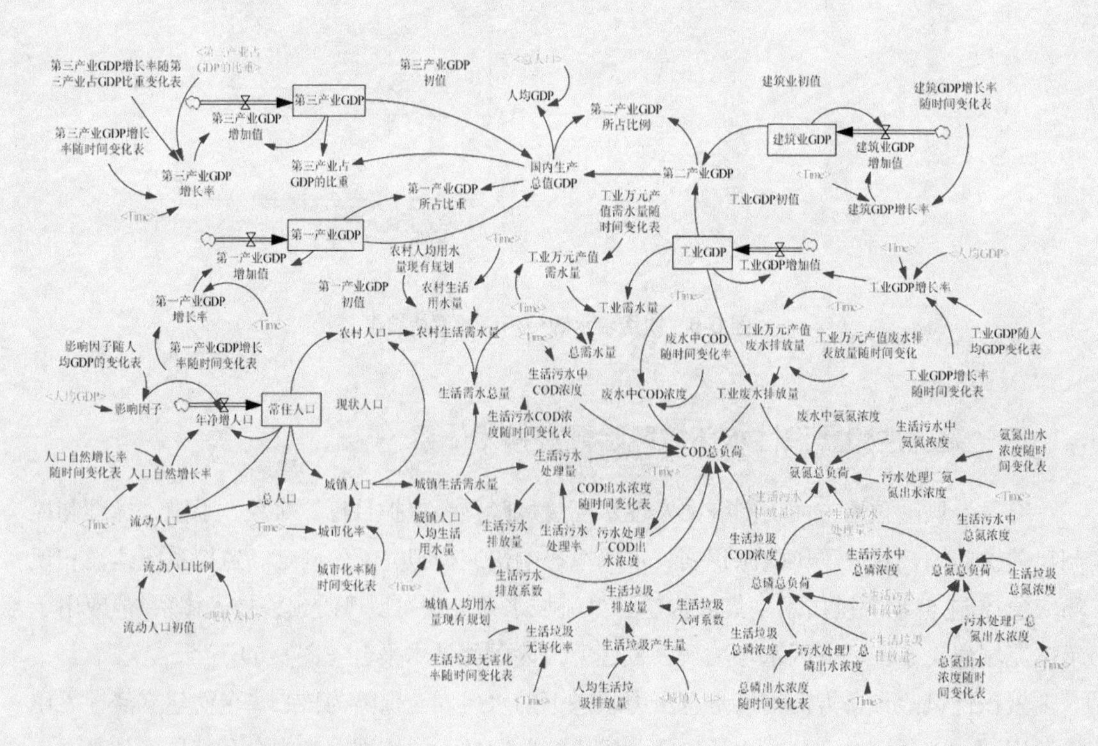

(a) SD 模拟预测

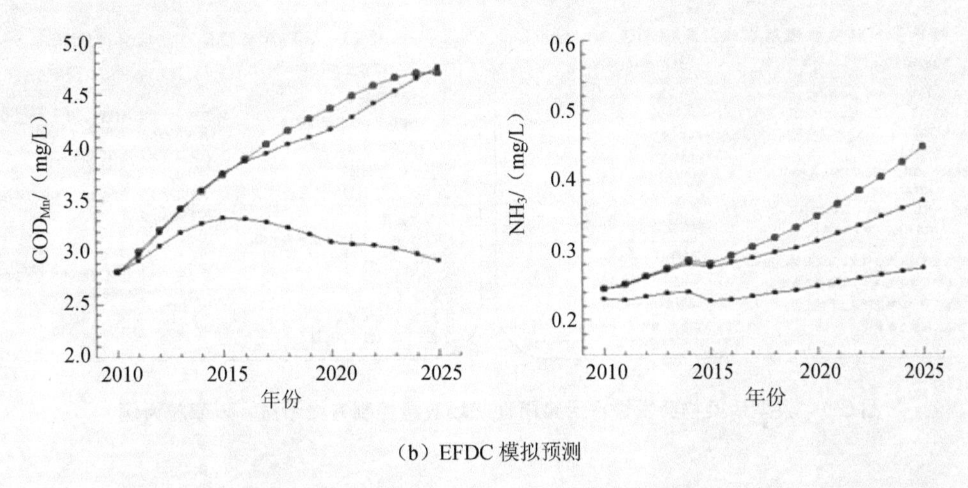

（b）EFDC 模拟预测

图 6-7　基于 S-L-L-W 框架的流域水环境安全综合预警模型研究示例（以三峡小江为例）

四、水源类型和保护区划分技术体系

针对地表水水源二级保护区，以水源地风险高低为依据，采用水质模型，对风险污染物的迁移过程进行模拟，建立了迁移时间法（TOT）和水质模型相结合的二级保护区水域划分方法，确定二级保护区陆域的范围。对于准保护区，以满足污染物排放总量控制为目标，参照二级保护区划分方法，确定准保护区范围。针对地下水水源，建立了基于 Bayesian-MCMC 参数反演的未确知水质模型，运用 MODFLOW、MODPATH 等数值模拟软件对研究区的地下水流场进行模拟，确定水源地的地下水补给来源和补给通道，并计算出从地下水补给区渗流至研究区所经历的时间，结合保护区的时间标准和截获区的概念来确定各级保护区的范围。

五、污染物应急处置技术体系

根据近年来突发性水污染事故情况，系统分析其特点、产生根源、污染物及扩散特征、主要危害和应对措施，根据污染物危害性及溶解度，筛选出有机物、致色物质、石油类、重金属、非金属氧化物和酸碱盐六大类共 120 种物质，以“源头控制”为原则，分别研究了突发事故情况下水污染、土壤污染应急处置方法、条件以及相应的控制措施。针对危险化学品泄漏至土壤的情况，研究确定了挖掘表层 50 mm 的污染土壤和在污染土壤表面撒粉末活性炭（或其他吸附剂）吸附两种应急处理方法。针对危险化学品泄漏至水体的情况，研究确定了物理吸附（粉末活性炭吸附、沸石吸附和稻草吸附等）和化学降解（过氧化氢氧化或 Fenton 试剂降解）两种应急处理方法，为水源地突发性污染事件的应急处置提供了技术支撑（图 6-8）。

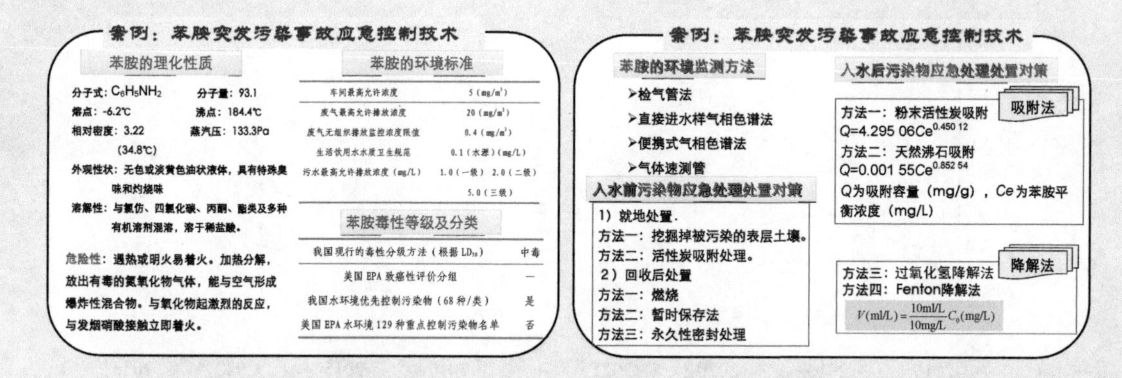

图 6-8　典型污染物突发性水污染事件现场应急控制方案示意（以苯胺为例）

第四章　典型案例

第一节　饮用水水源二级保护区环境问题整改案例

一、基本情况

2018年11月，中国环境科学研究院包保协调组开展了四川省第二次包保现场调研督导，依据地方上报的环境问题清单，德阳市罗江区水源二级保护区有1家需要整改企业。按照整改要求，罗江区政府已对其进行断水断电，企业处于停产状态，部分打米设备已拆除。该企业无职工宿舍，仅20余名员工上班时间产生生活污水，公司采用化粪池处理后，用于周边农业生产，不直接排入外环境。因此，当地对于该企业是否需要拆除难以把握。

二、主要问题

地方的整改难题主要体现在以下几个方面。

一是星桥粮油是一家省级农业龙头企业，影响和辐射面较大。公司每年与罗江区、安州区、三台县、射洪县等县（市区）的62个村3 000余农户签订的水稻收购订单达5 400 t，价值1 590万元，极大地带动了本地区农业发展和农民增收。同时，公司与周边60余所中小学签订了大米供应合同。如果拆迁星桥粮油公司，这些合同均无法正常履约，势必给公司和种粮农户造成巨大损失，容易引发社会问题。

二是该公司建于1998年，保护区划分在2017年，属于先有企业后有保护区的历史遗留问题，且企业位于二级保护区外边界处，距取水口距离已超过 1 000 m。前期区政府就拆迁问题与星桥粮油进行了多次谈判，如果对企业进行拆除，区政府预计将支付6 500余万元的拆迁费用，还有因订单无法执行、员工遣散等产生的后续赔偿费用。罗江区地方公共预算年收入仅3.53亿元，无力承担企业拆除、赔偿费用。

三是通过分析星桥粮油环境影响报告和现场调查，星桥粮油公司无涉水污染物外排。公司员工为周边农民，公司内无职工宿舍，仅 20 余名员工上班时间产生生活污水，现已通过化粪池处理后用于农业生产，不直接进入环境。生产过程中产生的粉尘（米糠），通过收尘设施处理达标排放，无环境风险隐患。且公司通过了国家环境管理体系认证，经四川中硕环境检测有限公司监测，企业悬浮颗粒物浓度、噪声分贝值均符合环保要求。罗江区政府也承诺将强化对企业的日常监管，坚决消除污染隐患，确保环境安全。

三、解决方案

鉴于星桥粮油食品有限公司涉及民生项目，属于历史遗留问题，且不排放污染物等情况，中国环境科学研究院包保协调组向生态环境部做了报告。生态环境部专项办根据中央在环境问题整改过程中坚持实事求是，不搞“一刀切”的精神，同意对该公司予以保留，并要求属地政府要不断强化对企业的日常监管，切实落实企业主体责任和属地网格化管理责任，结合“双随机抽查”，采取定期检查、明察暗访及夜间巡查等方式，确保企业治污设施正常运行，坚决消除污染隐患，确保环境安全，罗江区集中式饮用水水源二级保护区环境整治问题得到较好解决。

第二节　饮用水水源保护区划分技术指导案例

一、基本情况

成都市新都区第三水厂位于新都区新繁镇龙毅村 9 社，取水水源为石杏支渠，供水规模为 10 万 m^3/d，水厂服务范围为新繁镇、龙桥镇、北部商贸城组团（含斑竹园镇）、马家镇、军屯镇、新民镇等乡镇及附近的新型农村社区以及部分新都城区，2020 年服务人口约 34.3 万人，2018 年划定为饮用水水源保护区。

二、主要问题

依据地方上报的问题，该水源地下游二级保护区陆域边界处有长城泡沫制品有限公司需要整改。目前，因涉及搬迁赔偿和工人安置问题，进展缓慢。因工人安置问题迟迟得不到解决，曾经出现过工人围堵大门和道路的群体事件，社会影响很大。

三、解决方案

现场踏勘发现，该企业生产厂房和机械设备都位于保护区外，大约占二级保护区面积的 2/3，其余 1/3 为厂区职工宿舍，在二级保护区范围内，厂区四周均有围墙。中国环境科学研究院包保协调组调阅《成都市新都区自来水公司第三水厂（石堤堰水厂）饮用水水源保护区划分技术报告》时发现，保护区划分技术报告中缺少定界环节，因此初步判定饮用水水源保护区划分过程存在程序不规范的技术问题。另外，现场踏勘结果表明，该企业位于水源汇水区以外。因此，包保督导协调组建议成都市尽快再次对该水源保护区划分方案进行完善，并组织专家做进一步论证，要求进一步明确企业边界与保护区的位置关系，作为对该企业进行整治的技术依据，为地方解决整治问题提出了明确方向。

第七篇

土壤与农业农村污染治理攻坚战

土壤与农业农村污染治理攻坚战

TURANGYUNONGYENONGCUN WURANZHILIGONGJIANZHAN

目前，我国土壤环境总体状况堪忧，部分地区污染较为严重，农业农村生态环境保护形势依然严峻，村庄“脏乱差”问题在一些地区依然比较突出，已成为全面建成小康社会的突出短板。党中央、国务院对此高度重视，2016 年 5 月，国务院印发《土壤污染防治行动计划》，全国土壤污染防治工作全面铺开。2018 年 11 月，生态环境部、农业农村部联合印发《农业农村污染治理攻坚战行动计划》，农业农村污染治理攻坚战全面打响。生态环境部组建土壤与农业农村生态环境监管技术中心，中国环境科学研究院成立土壤与固体废物研究所，围绕国家打好污染防治攻坚战战略需求，为土壤与农业农村污染防治提供全面的技术支撑。在生态环境部的领导下，土壤与农业农村生态环境监管技术中心、中国环境科学研究院围绕摸家底、建体系、控风险等重点任务，在全国农用地土壤污染状况详查与重点行业企业用地土壤污染状况调查技术方法建立、土壤污染防治法规标准体系建设、土壤污染风险管控与修复技术方法的研究与应用，以及农村生活污水治理政策标准体系、农村黑臭水体排查治理技术模式的建立等方面取得了重要成效，助力打好净土保卫战与农业农村污染治理攻坚战。

第一章　背景和意义

第一节　背景和问题

在党中央、国务院的部署下，我国的净土保卫战与农业农村污染治理攻坚战已全面展开，但是尚处于夯实基础阶段，还存在污染形势严峻、科技基础薄弱、管理体系不健全、监管能力不足等困难与挑战。具体表现在：我国土壤污染底数不清，土壤环境监测体系尚不健全。土壤污染防治相关的管理制度、标准和规范、修复技术、风险管控技术仍相对落后，难以满足环境管理需求。农用地土壤管理制度体系有待完善，污染成因精细化诊断技术薄弱，污染源头防控压力大。建设用地污染地块准入管理体系尚不健全，土壤环境治理体系现代化程度偏低，基层土壤污染防治能力薄弱。缺乏经济高效的土壤污染风险管控和修复技术，土壤修复产业发展不平衡，修复市场体系运行不够规范。农业农村生态环境管理标准体系尚不健全，污染监测与评估体系尚不完善，预测预警薄弱，成效评估及考核体系尚不成熟。面对以上困难与挑战，迫切需要建立土壤与农业农村污染防治技术支撑体系，加强科技支撑。

第二节　主要意义

近年来，各地区、各部门积极采取措施，在土壤污染防治方面进行探索和实践，取得了一定成效。但是由于我国经济发展方式总体粗放，产业结构和布局仍不尽合理，污染物排放总量较高，土壤作为大部分污染物的最终受体，其环境质量受到显著影响。当前，我国土壤环境总体状况堪忧，部分地区污染较为严重，已成为全面建成小康社会的突出短板之一，党中央、国务院对此高度重视。习近平总书记、李克强总理多次作出重要批示、指示，要求切实加强土壤污染防治工作。2016 年 5 月，经中央政治局常委会审议，国务院印发《土壤污染防治行动计划》（以下简称“土十条”），全国土壤污染防治工作全面铺开。2018 年 6 月，《中共中央　国务院关于全面加强生态环境保护坚决打好污染防治攻坚战的意见》提出，扎实推进净土保卫战，全面实施土壤污染防治行动计划，突出重点区域、行业和污染物，有效管控农用地和城市建设用地土壤环境风险，包括净土保卫战在内的污染防治攻坚战正式打响。

治理农业农村污染，是实施乡村振兴战略的重要任务，事关全面建成小康社会，事关农村生态文明建设。党中央、国务院高度重视农业农村污染治理工作。《中共中央 国务院关于全面加强生态环境保护坚决打好污染防治攻坚战的意见》明确指出要“打好农业农村污染治理攻坚战”。近年来，各地区各部门认真贯彻落实党中央、国务院决策部署，大力推进农村人居环境整治和农业面源污染防治，农业农村生态环境保护取得积极进展。但总体上看，我国农业农村生态环境保护形势依然严峻，村庄“脏乱差”问题在一些地区依然比较突出，已成为全面建成小康社会的突出短板。2018 年 11 月，生态环境部、农业农村部联合印发《农业农村污染治理攻坚战行动计划》，农业农村污染治理攻坚战全面展开。

第二章 工作安排

2017年，中国环境科学研究院整合全院土壤与固体废物研究力量，成立土壤与固体废物研究所，搭建“土十条”支撑平台，为全面开展土壤环境管理支撑工作做好准备。2019年，为解决生态环境部土壤、农业农村和地下水生态环境保护工作基础薄弱，专业技术人员缺乏，力量分散的问题，在部党组决策部署下，整合部直属单位相关力量，组建土壤与农业农村生态环境监管技术中心（以下简称土壤中心）。

在生态环境部的指导下，土壤中心、中国环境科学研究院全力投身净土保卫战与农业农村污染治理攻坚战工作，为全面实施土壤污染防治行动计划，突出重点区域、行业和污染物，有效管控土壤环境风险，深入推进农村人居环境整治和推动农业绿色发展，补齐农业农村生态环境保护突出短板提供科技支撑。

一是摸家底。2016年8月起，扎实推进全国农用地土壤污染状况详查与重点行业企业用地土壤污染状况调查技术支撑工作。二是建体系。牵头起草我国土壤环境标准体系，并为工矿用地土壤环境管理办法等部门规章、农用地与建设用地土壤污染风险管控标准、土壤污染风险管控和修复技术导则、指南或规范等政策和技术文件制定，以及农村生活污水治理、禁养区划定等政策标准技术体系的建立提供技术支撑。三是控风险。开展耕地土壤重金属污染成因排查分析、农用地风险管控及监管、建设用地土壤和地下水污染状况调查、风险评估、风险管控和修复、农村黑臭水体排查治理等技术方法的研究与应用。

第三章　创新与应用

第一节　土壤污染风险管控标准与基准

一、土壤基准体系

在环保公益性行业科研专项“我国环境基准技术框架与典型案例预研究”的资助下，以中国环境科学研究院为牵头单位的“土壤环境基准框架与案例预研究”课题组，系统集成了当前国际上土壤环境基准理论体系，结合我国土壤污染的实际情况和环境管理需求，根据保护对象的不同，按照保护生态受体的土壤环境基准、保护人体健康的土壤环境基准、保护初级农产品的土壤环境基准及保护地下水的土壤环境基准，提出了我国土壤环境基准的技术框架（图 7-1）。

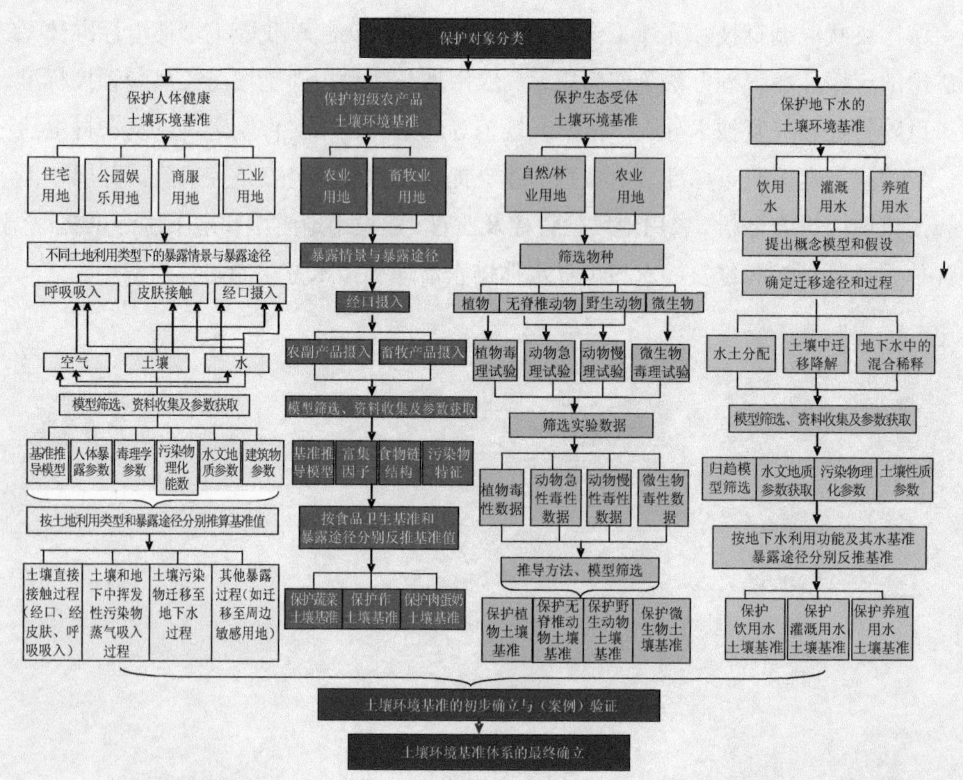

图 7-1　土壤环境基准体系框架

从基准参数的收集、整理和数据质量评价，土壤优先污染物的筛选、风险甄别、监测技术，土壤环境基准关键技术、基准制定方法学，土壤环境基准的推导与制定5个方面，重点围绕我国土壤优先控制污染物，以生态风险和健康风险评估方法为技术手段，以2011年作为规划基础年，规划了今后20年（2010—2030年）我国土壤环境基准发展的总目标，提出了中国到2030年的土壤环境基准研究中长期发展路线图（图7-2）。

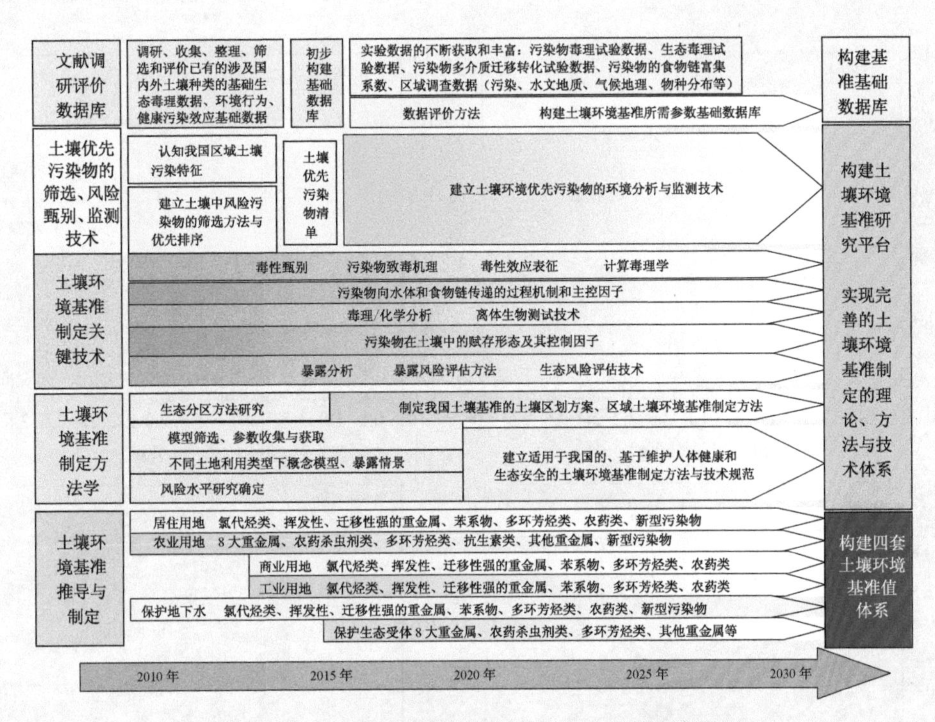

图7-2　我国土壤环境基准研究中长期发展路线

二、农田土壤环境基准

1．我国农田土壤锑的环境基准推导

基于锑（Sb）的植物及动物毒理数据缺乏的研究现状，通过在不同土壤中外源添加不同浓度锑，参考国际标准方法指南，开展了小麦的急性毒性（根伸长抑制）实验及跳虫的急性与慢性毒理实验，研究了老化和淋洗对土壤中锑毒性的影响，比较了不同种类土壤中不同价态锑的毒性差异并建立基于土壤性质锑的毒性预测模型，通过测定不同暴露时间下跳虫体内锑的浓度，研究锑在跳虫中积累与排泄的动力学模型；根据暴露于锑污染土壤中跳虫体内相关酶的变化，从分子水平利用生物标志物研究锑对跳虫的毒性作用机制。在以上工作基础上，进一步收集和筛选文献中锑的毒理数据并补充开展不同土壤条件下跳虫和植物的毒理试验（图7-3），建立了锑的生物毒性预测模型，并以此为依据对收集及试验毒理数据进行归一化处理以消除土壤性质的影响，利用物种敏感度分布法推导我国 4 种典型情景土壤中锑的 HC5（能够保护 95%物种的生态安全阈值），最终建立基于土壤性质参数的环境基准计算模型 $PNEC_{total}=-5.811pH+0.587SOC+55.480+Cb$（土壤锑背景浓度）。

鉴于此，以中性土壤中锑的环境基准值作为我国农用地土壤锑污染风险筛选值的制定参考依据，即农用地土壤 *w*（Sb）限值定为 15 mg/kg。

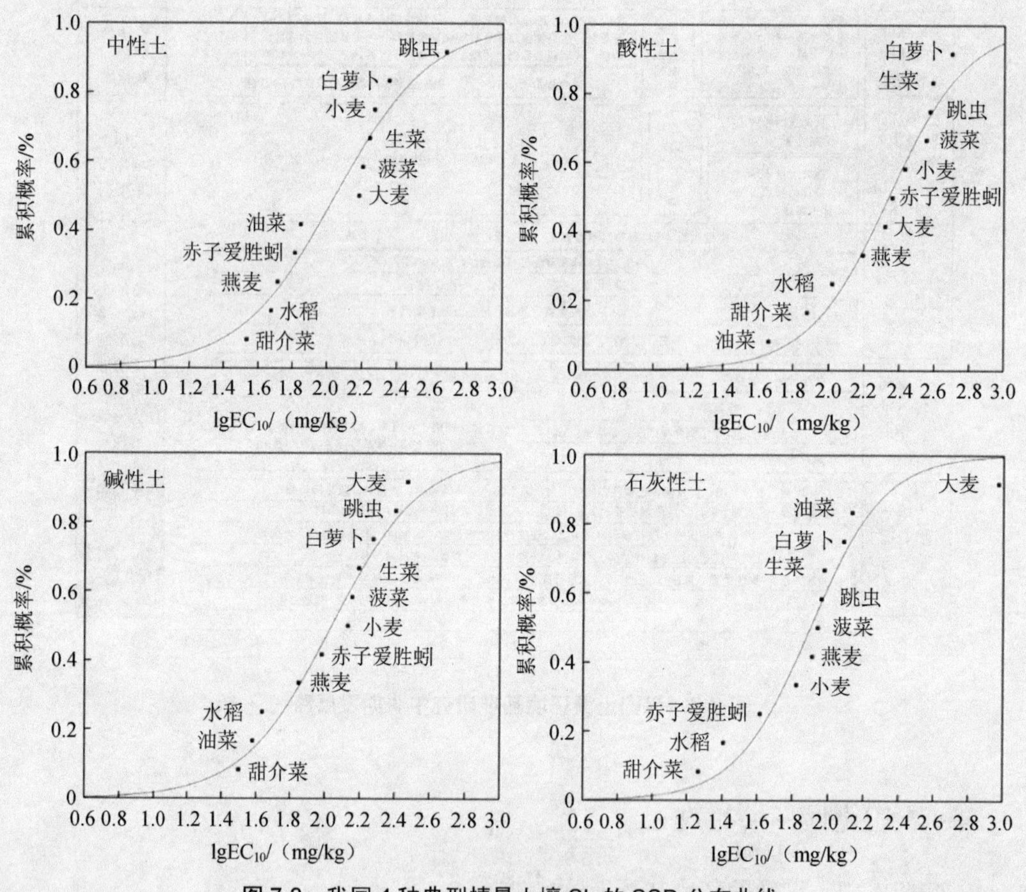

图 7-3　我国 4 种典型情景土壤 Sb 的 SSD 分布曲线

2．农田土壤优先污染物筛选及优先名录研究

结合我国农田污染现状和风险、我国现行食品中污染物限量标准、国内外农田土壤标准以及 POPs 履约需求，我国农田土壤的优先控制污染物分为无机类和有机类。具体名单见表 7-1。

表 7-1 我国农田土壤优先控制污染物名单（108 种）

污染物类型	优先控制污染物
重金属/无机物（23）	砷、铍、镉、铬、六价铬、铜、铅、汞、甲基汞、镍、铊、锰、锑、钼、钡、锌、钴、锡、钒、二硫化碳、氰化物、氟化物、稀土元素
卤代烃类（15）	二氯甲烷、三氯甲烷、1,2-二氯乙烷、1,1,2-三氯乙烷、1,1,2,2-四氯乙烷、四氯化碳、三氯乙烯、四氯乙烯、1,1-二氯乙烯、1,2-二氯乙烯（反式）、六氯丁二烯、氯乙烯、氯甲烷（甲基氯）、二溴氯甲烷、溴二氯甲烷
氯代苯（4）	1,2-二氯苯、1,4-二氯苯、六氯苯、五氯苯
苯系物（6）	苯、甲苯、乙苯、邻二甲苯、间二甲苯、对二甲苯
硝基苯（2）	硝基苯、2,4-二硝基甲苯
多环芳烃（13）	苯并[*a*]芘、蒽、萘、荧蒽、芴、芘、苯并[*b*]荧蒽、苯并[*k*]荧蒽、茚并[1,2,3-*cd*]芘、苯并[*g,h,i*]芘、䓛、苯并[*a*]蒽、苯并[*a,h*]蒽
农药类（22）	七氯、莠去津、敌敌畏、毒死蜱、甲草胺、七氯环氧、马拉硫磷、甲基对硫磷、除草醚、涕灭威、甲拌磷、对硫磷、毒杀芬、硫丹、艾氏剂、狄氏剂、异狄氏剂、氯丹、六六六、林丹、滴滴涕、克百威
苯酚类（5）	苯酚、五氯苯酚、2,4-二氯苯酚、2,4,6-三氯苯酚、氯苯酚
酯类（3）	酞酸二甲酯、酞酸二丁酯、酞酸二辛酯
其他（15）	多氯联苯（PCBs）、苯胺、丙烯酰胺、对硝基苯胺、*N*-亚硝基二甲胺、*N*-亚硝基二正丙胺、丙烯腈、甲醛、丙烯醛、甲基叔丁基醚（MTBE）、对硝基氯苯、4-壬基酚、石棉、二噁英、总石油烃

三、土壤环境标准体系

在系统调研，借鉴美国、英国等发达国家的土壤环境法规标准体系基础上，研究提出“我国土壤污染防治标准规范体系”，并于 2019 年 6 月上报，得到部领导批示肯定。“我国土壤污染防治标准规范体系”的提出，对构建和完善我国土壤污染防治法规标准体系起到了重要作用。

我国土壤环境标准体系的构建原则为：一是结构合理。围绕我国土壤污染防治的三大重点领域（污染地块、工矿用地和农用地），以三个管理办法建立的管理流程为框架，针对管理流程的每个步骤中不同的管理内容，分别制定系列的技术文件。二是层次分明。根据管理内容的复杂程度，单个技术总则不足以满足需求的，则细分为若干导则或指南，分别满足具体环节的技术需求，同时考虑同一层级以及不同层级的标准之间的边界与联系。三是切实可行。紧密结合国家土壤环境保护及相关产业政策动向，以及当前社会经济发展水平与趋势，权衡标准实施在经济、技术上的可行性与可操作性。四是动态调整。根据管理的需要和社会经济发展情况动态调整，适时扩充与修正。

我国土壤环境标准体系分为污染地块、工矿用地、农用地、土壤分析测试方法和其他5大部分。

1．污染地块管理

针对我国污染地块管理流程的每个步骤中不同的管理内容，分别制定系列的标准规范。主要包括土壤污染状况调查、污染地块风险筛查、污染地块风险评估、污染地块风险管控、污染地块修复、风险管控与修复效果评估、后期管理、典型污染地块风险管控和修复；绿色可持续修复；管理类、基础类术语。

2．工矿用地管理

针对《土壤污染防治法》规定的土壤污染重点监管单位的相关责任和义务，制定相关技术规范。主要包括重点设施防渗防漏、土壤污染隐患排查、土壤环境自行监测和拆除活动土壤污染防治。

3．农用地管理

针对我国农用地管理的主要环节，分别制定成系列的技术规范。主要包括土壤污染状况调查、风险筛查与评估、农用地土壤环境质量分类、安全利用、严格管控、治理修复、效果评估、综合类术语和其他。

4．土壤分析测试类

土壤分析测试方法标准主要规定土壤中各种（类）污染物分析标准方法，包括重金属和无机物、有机物、生物和微生物、土壤理化性质等，以及土壤分析测试的前处理方法的标准，如土壤和沉积物中有机污染物的超声波提取法、土壤中有机污染物测定样品的预处理方法等。

5．其他

如土壤环境影响评价、土壤环境监测相关技术规范等。

四、土壤环境标准

1．建设用地土壤环境质量标准

中国环境科学研究院参与建设用地土壤环境质量标准研究，统计分析了207个地块土壤中污染物的浓度并与土壤筛选值和管制值进行比较，为标准值的调整提供了参考依据。《土壤环境质量　建设用地土壤污染风险管控标准》（试行）（GB 36600—2018）于2018年6月22日发布，规定了第一类用地和第二类用地的土壤污染风险筛选值和管制值，共包含污染物基本项目指标45项，其他项目指标40项，为开展建设用地准入管理提供了技术支撑，对于贯彻落实“土十条”，保障人居环境安全具有重要的意义。

2．建设用地土壤污染风险管控和修复术语

中国环境科学研究院主持制定了《建设用地土壤污染风险管控和修复术语》（HJ 682—2019），规定了与建设用地土壤污染相关的名词术语与定义，包括基本概念、污染与环境过程、调查与环境监测、环境风险评估、修复和管理等5个方面的术语，为规范我国建设用地土壤污染风险管控和修复相关活动中的术语起到重要作用。

3．污染地块风险管控和修复相关技术指南

中国环境科学研究院系统研究分析发达国家和我国开展污染地块风险管控和修复相关技术应用的程序和方法，对部分关键参数进行了本土化研究，提出符合我国国情和环境管理需求的技术要求，主持制定了《异位热解吸技术修复污染土壤工程技术规范》（征求意见稿）、《污染地块修复技术指南　固化/稳定化技术》（征求意见稿）、《污染地块风险管控技术指南　阻隔技术》（征求意见稿）、《铬污染地块风险管控技术指南（试行）》（征求意见稿）等技术规范和指南，为规范异位热解吸、固化/稳定化、阻隔等污染地块风险管控和修复技术工程的设计、建设和运行维护起到重要作用。

第二节　重点行业企业用地土壤污染状况调查方法

为贯彻落实《土壤污染防治行动计划》，开展全国土壤污染状况详查工作，掌握全国重点行业企业用地中污染地块的分布及其环境风险情况，在生态环境部指导下，广泛查阅国内外相关文献，开展调研工作，构建风险筛查模型与指标体系，建立了重点行业企业用地土壤污染状况调查方法。

一、风险筛查指标筛选

风险筛查是指基于“源—途径—受体”风险三要素，对企业地块的相对风险水平进行评估。风险筛查指标包含三个级别。一级指标包括土壤和地下水 2 项。二级指标包括污染特性、污染迁移途径与敏感受体 3 项。其中，关闭搬迁企业地块的污染特性指标主要考虑地块污染现状，即历史经营活动造成地块土壤和地下水污染的可能性及环境风险，而在产企业的污染特性指标除了考虑地块污染现状外还需考虑企业环境风险管理水平，即在产企业现有生产经营方式对土壤和地下水环境的潜在危害（包括生产过程中的“三废”排放和“跑冒滴漏”）。每个二级指标分别包含若干三级指标（各级指标如图 7-4～图 7-7 所示）。

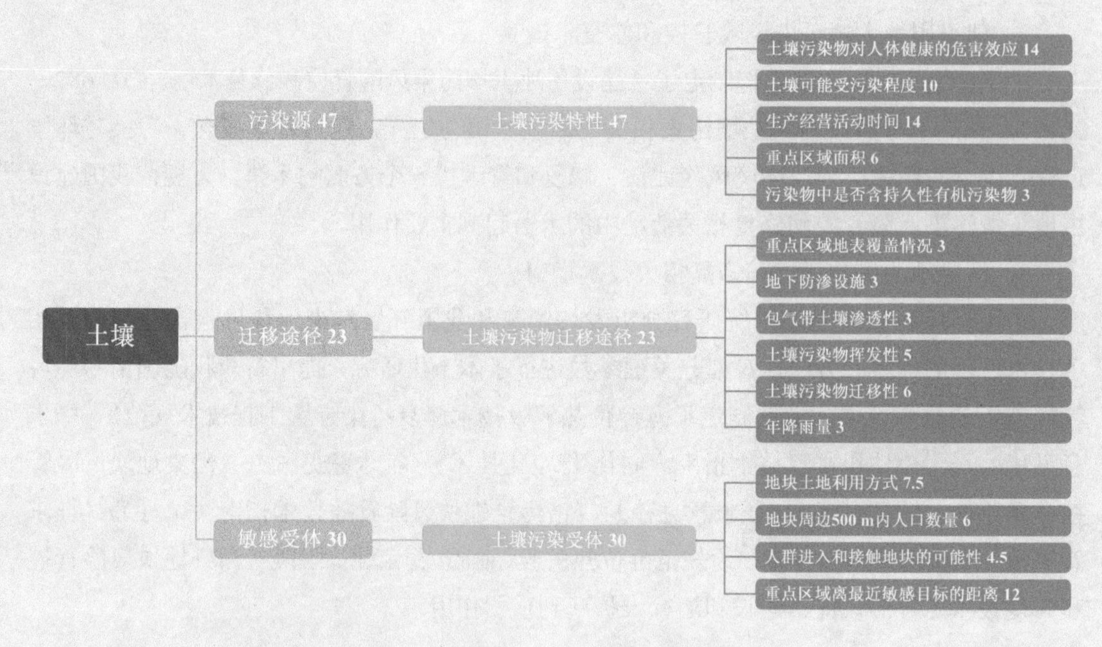

图 7-4　关闭搬迁企业土壤风险筛查指标设置

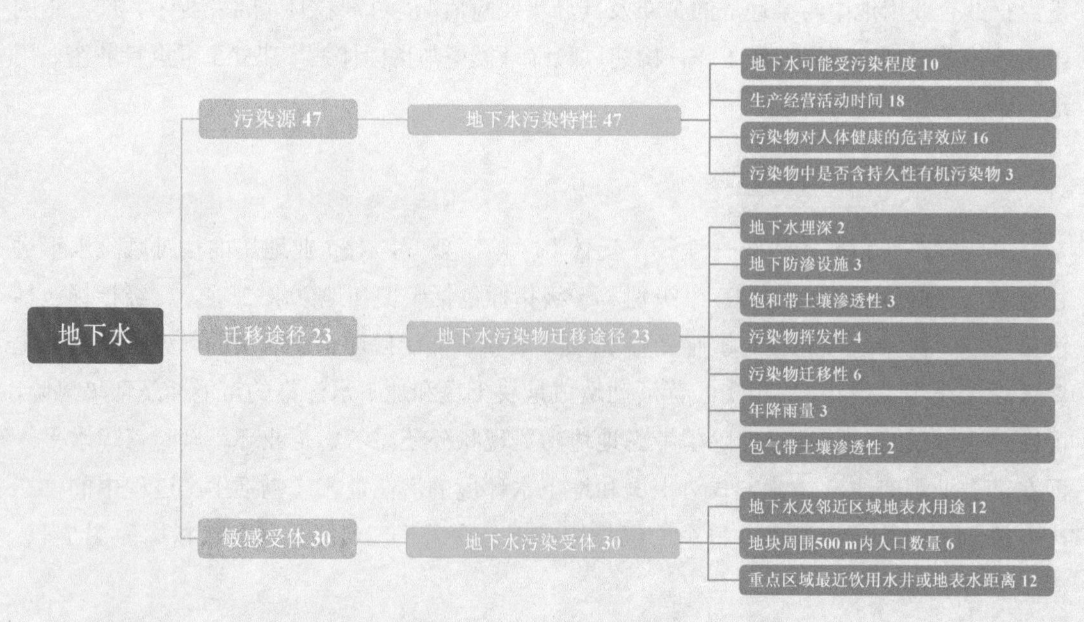

图 7-5　关闭搬迁企业地下水风险筛查指标设置

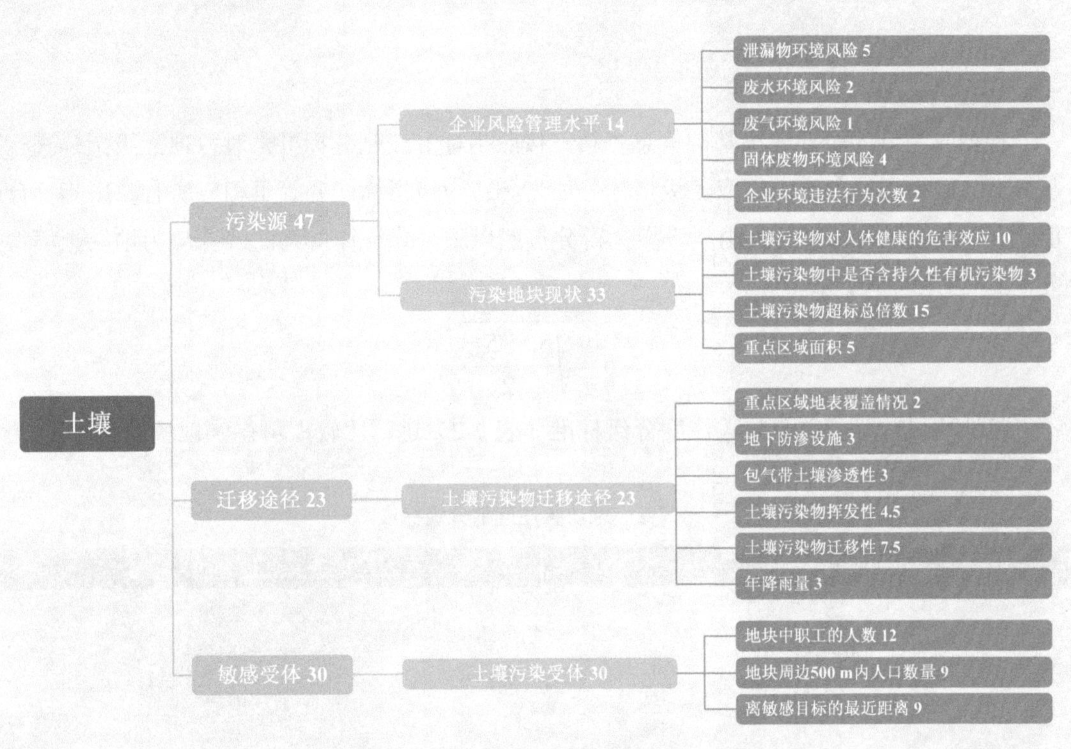

图 7-6　在产企业土壤风险筛查指标设置

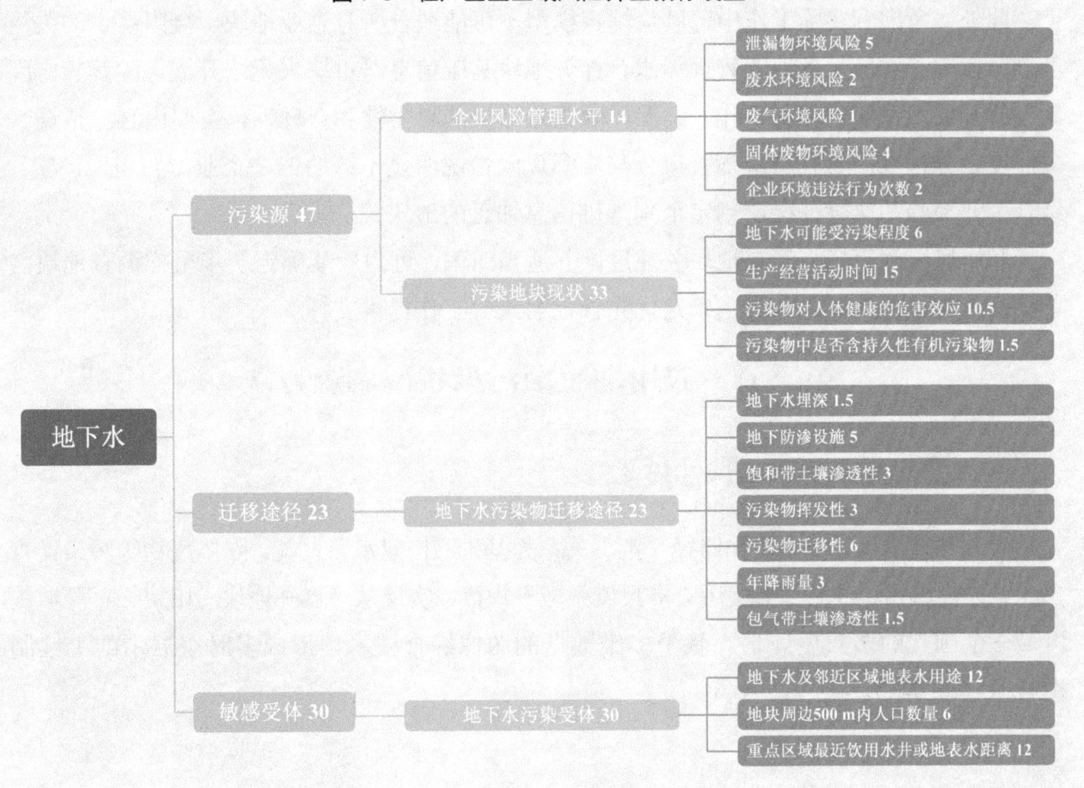

图 7-7　在产企业地下水风险筛查指标设置

二、指标赋分与地块关注度划分

根据收集到的企业地块基础信息资料，按照指标分级赋分标准，对各项三级指标进行赋分。二级指标得分等于相应三级指标分值之和；一级指标得分等于相应所有二级指标分值之和。地块风险筛查总分由一级指标得分按照以下公式计算得到，其中 S_s 为地块土壤得分，S_{gw} 为地块地下水得分。

$$S=\sqrt{\frac{S_s^2+S_{gw}^2}{2}}$$

将地块风险筛查总分与关注度分级标准（表 7-2）进行比较，可得到地块的关注度。

表 7-2　地块关注度的分级标准

地块风险筛查总分	地块关注度分级
$S \geqslant 70$	高度关注地块
$40 \leqslant S < 70$	中度关注地块
$S < 40$	低度关注地块

此外，考虑到实际工作中，风险筛查模型不可能适合所有企业地块，全国统一的关注度划分标准无法满足各地的管理需求，部分地块基础信息严重缺失无法开展风险筛查。因此创新开展专家纠偏调整工作，确保风险筛查结果的科学性和合理性，主要内容包括调整关注度划分标准；查找风险筛查得分与实际风险情况明显不符的偏差企业，并纠偏调整；结合专业经验和实际情况，判定个别基础信息缺乏的地块关注度等。

利用风险筛查模型确定地块关注度，并适当纠偏，可为后续确定初步采样调查地块名单提供依据，也为风险分级、确定优先管控名录等工作提供支撑。

第三节　农用地土壤污染状况调查方法

一、多尺度增量调查评估技术

研究开发出以“源—传输路径—汇”关系为基础，构建水、大气、固体废物等污染详查单元、评价单元。遵循“土壤污染多尺度效应”规律，实现从“点—地块（田块）—流域—区域—全国”的多尺度评估。基于多维数据的图像综合技术，形成多时空展示的土壤制图技术（图 7-8）。

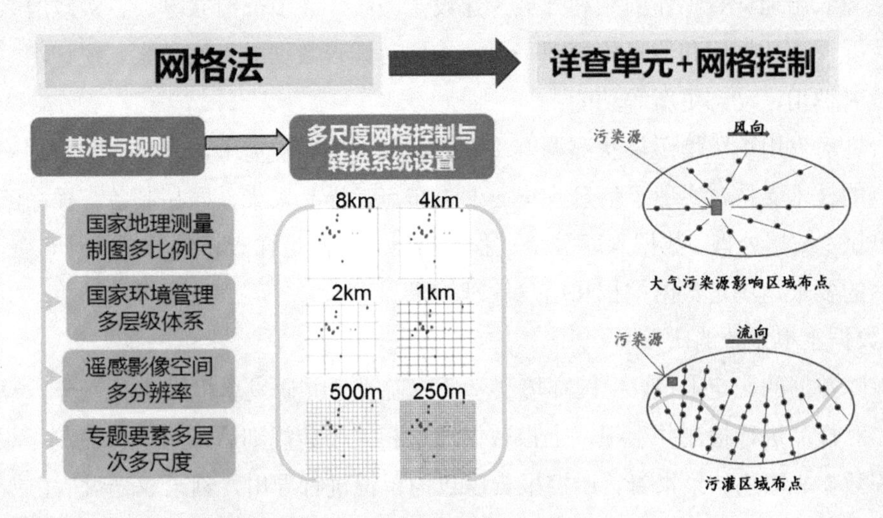

图 7-8　多尺度增量调查评估技术

二、详查单元优化调整技术规定

为落实《全国农用地土壤污染状况详查成果集成工作方案》，依据《农用地土壤环境风险评价技术规定》，编制《详查单元优化调整技术手册》，用于指导详查单元优化调整。手册中规定了工作内容包括准备工作、单元筛选、单元调整（表层土）、辅助调整、边界微调、类别初步划分 6 个部分，并对每个部分的具体操作细则进行了规定和说明。同时，为提高工作效率，减轻单元优化调整工作量，针对单元优化调整开发出一整套脚本工具，协助操作人员顺利完成该项工作。此外，编写《详查单元优化调整工具使用说明》，提供操作教程视频，更好地帮助操作人员理解操作过程。

三、多源数据融合方法

农用地土壤污染状况详查的工作基于生态环境部、自然资源部和农业农村部已有的土壤污染调查工作成果开展，包括生态环境部第一次全国土壤污染普查数据 4 万余条、自然资源部多目标地球化学背景调查数据 37 万余条、农业农村部全国农产品产地土壤污染状况调查数据 174 万余条。

为计算全国土壤质量面积，根据三部委数据空间分布不均的现状，先后设计了多重网格、空间插值、小流域分析、机器学习等多个分析模型。在进行土壤环境格局分析时，基于空间自相关性等地理统计规律，最终划定了全国土壤环境格局。

1．信息系统的构建

为保障农用地详查工作的顺利开展，建设全国统一、多部门共享、各级政府共用的土壤污染状况详查数据库和信息化管理平台；提供对详查数据的查询检索、统计汇总、分析输出、及时调用、动态更新等功能。

平台针对农用地土壤污染状况调查“三区叠加”的布点需求，建设相关数据库，满足详查布点的技术支持，实现了信息收集、调查布点、样品采集、样品制备、样品流转、样品分析测试、数据处理、数据入库等全过程数据管理，满足详查相关数据统计、质量评价、危害评估的要求，满足数据挖掘和信息管理需求。

2．数据上报系统的研发

为保障数据的稳定上报，中国环境科学研究院设计并研发单机版实验室分析检测系统子模块，对样品进行检测并上报，上报数据通过相关校验规则后，系统将检测结果数据、内部质控数据、检测结果报告、质控报告以包为单位进行导出，刻录成光盘后由专人送入对应省级质量控制中心。为确保上报环节畅通，中国环境科学研究院安排技术人员先后赴河北、广西、湖北等多个省份开展实验室培训，组建了 32 个省级检测实验室数据填报微信交流群，确保系统更新、应用指导专人对接，确保全国数据上报高峰阶段顺利稳定完成，全国 238 家详查实验室圆满完成所有检测任务。全国共制备分析测试子样 147.06 万件，其中表层土壤测试样品 131.73 万件，深层土壤测试样品 5.80 万件，农产品测试样品 6.53 万件。

3．系统平台汇总

中国环境科学研究院组织汇总了农用地详查数据审核系统、成果集成系统，汇总到全国土壤污染状况调查农用地详查数据库与信息管理平台，搭建了成果集成专用工作环境。通过 3 台服务器群上搭建全国土壤污染状况调查农用地详查数据库与信息管理平台，提供详查成果集成数据统计分析服务。同时，提供了详查基础数据准备和 31 个省份、新疆生产建设兵团的基础数据文件，确保系统平台高效运转，全力保障专家组提供的各章节数据真实有效，并进行实时的定制化的计算分析。

2019年8月起，中国环境科学研究院组织整理全国农用地土壤污染状况详查成果数据，根据数据共享要求，该成果的部分数据已与国土等部门进行了数据共享。

第四节　耕地土壤重金属成因排查分析技术

一、耕地土壤重金属污染成因排查工作模式

开展耕地土壤重金属污染成因排查，基础数据收集分析是关键的第一步。通过对目标地块土壤调查数据、相关污染源数据及自然环境、社会环境资料的收集，明确受污染农用地的空间位置、污染物类型、污染程度等信息，进一步摸清受污染农用地周边重点行业企

业、灌溉水、肥料、农药、固废堆场等潜在污染源，以及自然环境、社会环境等基本情况（图 7-9）。

图 7-9　耕地污染成因精准排查与溯源工作模式

在充分掌握基础信息后，通过现场踏勘了解目标耕地周边灌溉水、重点行业企业、农业投入品、固体废物堆存情况及其他可能引起环境污染的因素。根据资料调研及现场勘查，初步分析排查结果（图 7-10）。

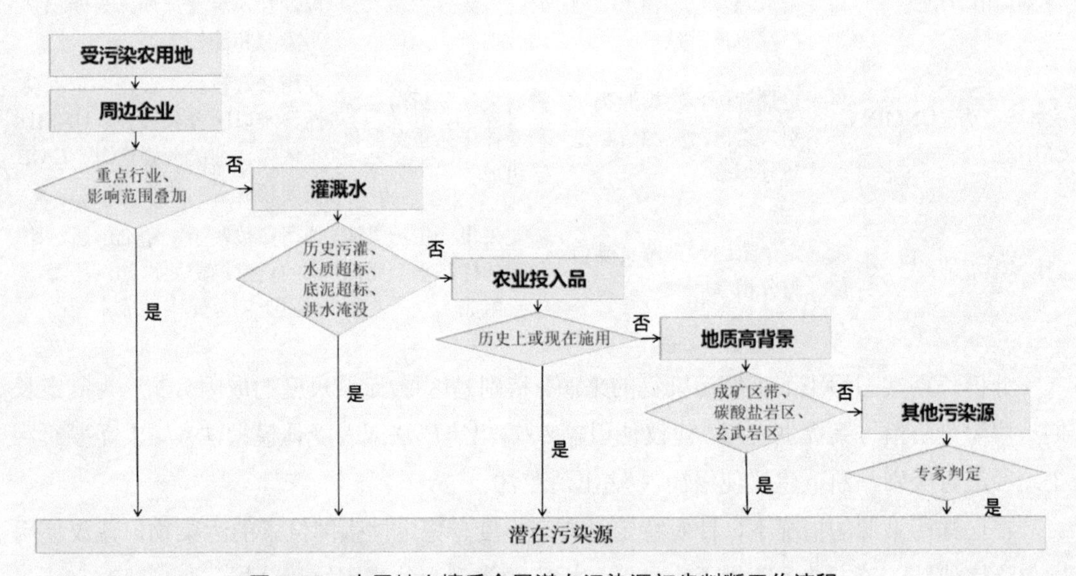

图 7-10　农用地土壤重金属潜在污染源初步判断工作流程

①确定部分污染源。如历史上发生洪灾，上游尾矿库尾砂随洪水淹没农用地造成污染。

②排除部分污染源。如灌溉用水发源于上游水库，水库沿线无工矿污染源，可以排除

灌溉用水污染。

③部分污染源待进一步分析。如农用地属于高背景值地区，周边无工矿污染源，待进一步分析是否农药化肥施用导致土壤污染；待进一步分析是否灌溉用水中底泥受重金属污染，底泥随灌溉用水沉积农用地造成污染。

在初步定性判断的基础上，针对需要进一步明确污染源和贡献率的情况，选择适合实际情况的定量成因分析技术方法。

二、耕地土壤重金属污染成因分析技术要点

目前，土壤污染定量成因分析技术方法主要包括主成分分析/多元线性回归法、输入/输出清单法、受体模型法、同位素比值法等，土壤污染定量成因分析技术方法的适用性见表 7-3。

表 7-3 农用地土壤常用成因分析技术方法的适用性

技术方法	可达目标	必备条件	优势和局限性
主成分分析/多元线性回归法（PCA/MLR）	可大致定量给出污染源贡献值与分担率	需要获取受体信息及污染源大概组成	方法简单、易操作。贡献值常出现负值，且解析出来的因子物理意义不明确，主观性强
输入/输出清单法	可定量得到污染物、污染来源输入、输出类型以及通量贡献	需要设置通量监测实验，得到各种输入输出数据	物理意义明确，较客观。实验周期长，步骤烦琐，只能识别污染源和途径大类
受体模型法（UNMIX 法/CMB 法）	定量解析各污染源类别，给出污染源贡献值与分担率	需要采集分析污染源和受体样品重金属化学组成	使用参数较少，存在一定主观性，难以区分共线源。UNMIX 不依赖详细的源强信息，CMB 需要较完善的特征谱信息
同位素比值法	定量给出污染源贡献值与分担率	需要采集分析污染源和受体样品重金属同位素组成	使用参数较少，精准解析污染源的贡献；需要已知污染源，局限于部分元素，成本较高

分析长期常态污染下土壤污染物的来源，特别是区域/流域尺度的成因分析，为制定长期土壤污染防治方案提供支撑，建议使用输入/输出清单法或者受体模型法。如果需要对污染途径进行类别判断，建议使用输入/输出清单法。

在已知污染源的情况下，针对特定具有高丰度、稳定性强同位素的污染物，建议使用同位素比值法，该方法多应用于小尺度且污染源类型少的成因快速分析。

在土壤污染源特征信息明确、受体数据比较充足的条件下，如果需要较快获取成因分析结果，建议使用 UNMIX 模型和主成分分析/多元线性回归法。

对于土壤污染防治工作基础较好的重点区域，如土壤污染综合防治先行区等，建议在

动态更新污染输入/输出清单的基础上，结合主成分分析/多元线性回归和受体模型等联用解析本地和区域的污染来源；其他城市或区域根据自身条件，以输入/输出清单或者受体模型为基础开展成因分析工作，并逐步建立土壤污染源成分谱、详细的输入/输出清单和模型联用的方法体系。

除以上常用的土壤污染成因分析方法外，可进一步探索使用随机森林、大数据挖掘、三维仿真模拟、人工智能等先进的技术和方法。

三、耕地土壤重金属污染成因排查分析技术试点

以耕地土壤重金属污染成因排查分析技术方案为主要支撑，2019 年 11 月，生态环境部土壤生态环境司部署在江西、湖北、湖南、广东、广西、重庆、四川、贵州及云南 9 个省（直辖市）开展耕地土壤污染成因排查和分析，深入推进受污染耕地土壤污染源头管控，开展耕地土壤污染成因排查和分析试点工作。

作为主要技术支撑单位，土壤中心负责整个试点工作的技术指导和工作进展调度汇总。边探索边总结，在试点工作中不断打磨技术，土壤中心已形成从污染识别到模型解析溯源的一整套成因排查分析工作模式。以镉污染为重点，兼顾当地其他突出污染物，重点排查和分析受污染耕地当前存在的污染源，兼顾分析污染历史成因，为实施耕地土壤污染源头管控提供依据。

第五节　农村生活污水治理政策标准技术体系

《农村生活污水处理设施水污染物排放控制规范编制工作指南（试行）》确定了农村生活污水治理排放标准控制指标，明确了污染物排放限值、尾水利用及采样监测等细化要求，指导各地加快推进农村生活污水排放标准制（修）订工作，目前 30 个省份颁布农村生活污水处理排放标准。

制定《县域农村生活污水治理专项规划编制指南（试行）》指导各地以县域为单元编制农村生活污水治理专项规划，推动农村生活污水治理统一规划、统一建设、统一运行、统一管理。

针对农村生活污水处理设施底数不清、覆盖率较低等问题，2019 年 3—5 月参加土壤司组织的 22 个省（区、市）的 396 个村生活污水治理情况调研，基本摸清全国农村生活污水处理设施现状，以及运维中存在的问题，参与编制《农村生活污水处理技术手册》，分区分类建立处理技术名录，指导各地因地制宜选择建设模式和技术工艺（图 7-11）。

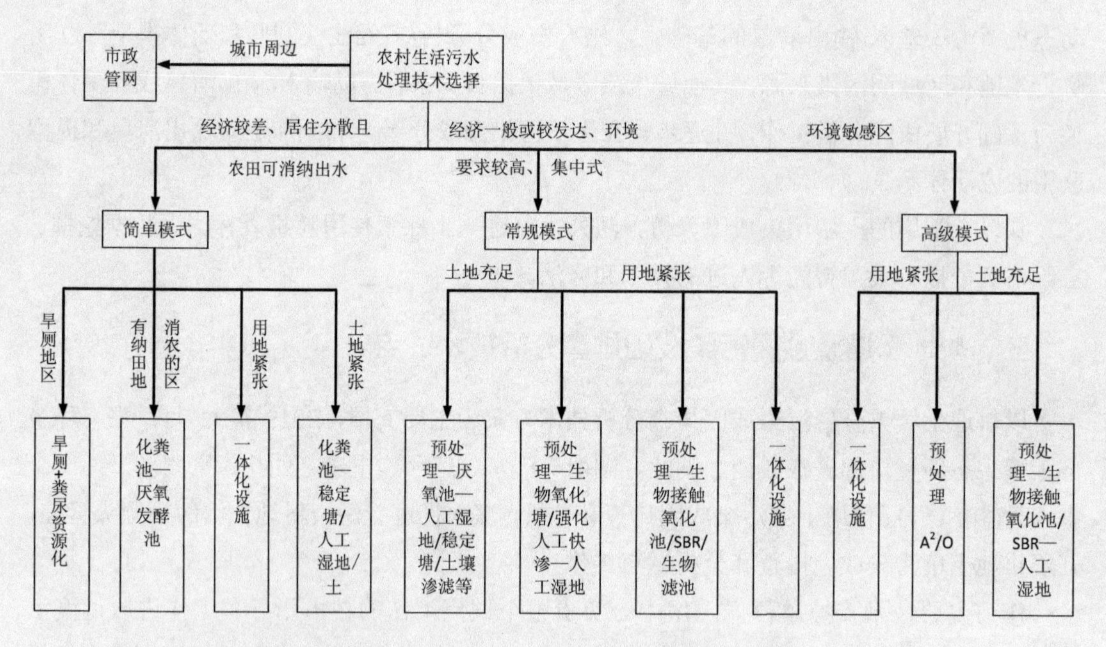

图 7-11　农村生活污水处理组合技术模式的选择

第六节　农村黑臭水体排查治理技术模式

土壤中心参与编制《关于推进农村黑臭水体治理工作的指导意见》《农村黑臭水体治理工作指南》，选择典型区域先行先试，按照“分类治理、分期推进”的工作思路，从“查、治、管”3 个方面构建了农村黑臭水体识别、排查、治理、评估考核技术体系，分类提出河、塘、沟渠治理的技术模式。

一、农村黑臭水体的识别

农村黑臭水体是指各县（市、区）行政村（社区等）范围内颜色明显异常或散发浓烈（难闻）气味的水体。识别范围由行政村内村民主要集聚区适当向外延伸，南方为 200～500 m，北方为 500～1 000 m 区域内的水体，以及村民反映强烈的黑臭水体。对于城乡接合部已列入城市黑臭水体清单的黑臭水体不再列入。其中，农村黑臭汇水水体包括与列入当地地表水环境功能区划的河流干流、支流以及湖泊相连通的水体。农村黑臭非汇水水体包括河、溪、沟、渠、池塘、水库等与外界主要水系基本不直接连通的水体。

根据水体感官特征进行识别，如果某水体存在异味、颜色明显异常（如发黑、发黄、发白等）任意一种情况，即可判定为黑臭水体。对于感官判断或遥感识别有争议的水体，由村民委员会组织村民代表对当地疑似黑臭水体进行评议并公示，问卷有效数量不少于 30 份，60%以上认为“黑”或“臭”即可判定为黑臭水体，同时留存会议纪要等资料备查。

对于通过评议仍然无法判定的水体，可通过水质监测判定是否属于黑臭水体。水质监测指标包括透明度、溶解氧、氨氮 3 项，指标阈值分别为＜25 cm、＜2 mg/L、＞15 mg/L，3 项指标中任意 1 项进入阈值范围以内即为黑臭水体。

二、农村黑臭水体的认定

黑臭水体排查识别范围是行政村内村民主要集聚区向外延伸，南方为 200～500 m，北方为 500～1 000 m。如果向外延伸的范围超出行政村边界的，原则上以行政村范围内的黑臭段作为黑臭水体填报相关信息。此范围外，村民反映强烈的黑臭水体也应纳入清单。只针对公共区域的水体，村民自家庭院的水塘、自家的鱼塘不纳入排查范畴。对于跨行政村的黑臭水体，如果为上下游关系且责任明确的，原则上以行政边界为界进行分割，按两个黑臭水体填报；如果左右岸关系或责任不清，可以按一个黑臭水体填报。对于跨县级行政区的黑臭水体，如果左右岸关系或责任不清，由市级农村黑臭水体主管部门确定责任主体，按一个黑臭水体上报；对于行政村边界范围内，一个水体有多个黑臭段的，可以作为多个黑臭水体，也可以作为一个黑臭水体纳入排查清单。

对季节性水体，根据排查时水体的具体情况判定。如在排查时，某水体不黑臭或无水，但在其他时期或有水时出现黑臭现象的，要进行公众评议来判断是否为黑臭水体。黑臭水体的大小不作硬性规定。根据水体黑臭程度、黑臭成因复杂程度、群众反映强烈程度等因素酌情考虑是否纳入上报国家的清单。如果成因简单，容易治理，可以不纳入上报国家的清单，只纳入省级或市级的治理清单。如果黑臭成因复杂、治理难度大、时间长，即使水体小，也应纳入上报国家的清单。

三、农村黑臭水体治理的技术模式

建立河流型黑臭水体“控源截污、清淤疏浚、自然恢复”治理技术。对于水域面积较大的河流型黑臭水体，主要通过控源截污，严格控制周边农户生活污水进入水体，同时做好河流沿岸垃圾及水面漂浮物保洁工作，进行清淤疏浚，保证河流畅通。结合实际情况，选择河流岸带生态修复技术改造硬质驳岸、提高水体自净能力、恢复水体生态功能。

建立沟渠型黑臭水体“污水管控、面源控制、内源治理”技术模式。沟渠型黑臭水体往往水面狭窄、水深较浅，垃圾堆积等容易造成水体流通性差，需要注重清淤及生态补水。沟渠周边农田种植及水产养殖可能对水体污染大，主要控制生活污水及农业面源污染物进入水体。应建立沿岸垃圾收运系统，对淤积严重的水体清淤扫障，整治内源污染。生态修复技术可根据水体功能定位、控制目标及经济水平等进行选择。

建立水塘型黑臭水体“控源截污、岸线修复、景观美化”技术模式。水塘多为封闭性水体，流动性差，周边农户生活污水等点源，农田种植、水产养殖等面源对水体污染较大，应以控源截污为主。水塘岸线土壤多呈裸露状态，需要考虑生态岸线修复，同时营造生态景观。

农村黑臭水体治理的技术路径如图 7-12 所示。

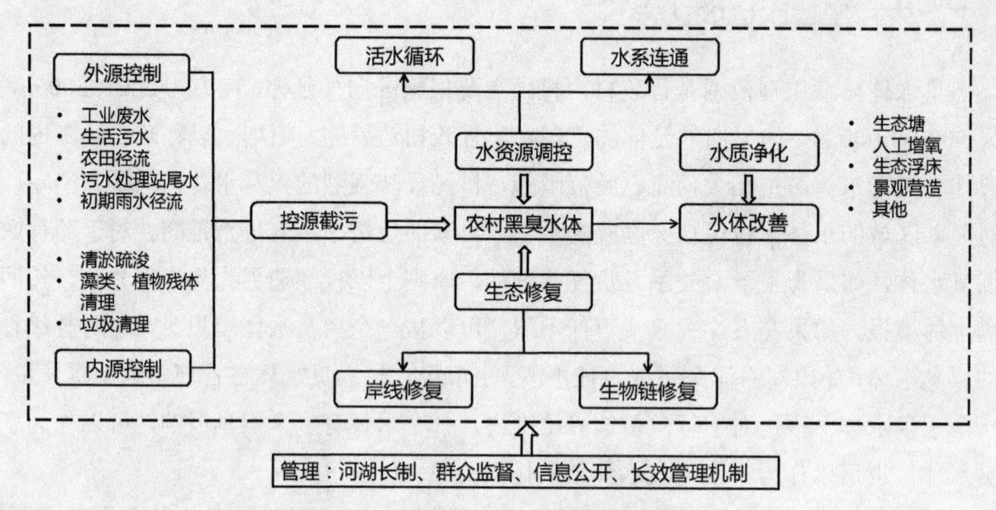

图 7-12　农村黑臭水体治理的技术路径

四、农村黑臭水体治理效果评估

对已完成治理的黑臭水体，根据工作需要，对透明度、溶解氧、氨氮 3 项指标进行水质监测，省级有关部门要组织开展黑臭水体水质监测，每年第三季度至少监测 1 次，并于监测次月底前报告监测数据。评估内容主要包括农村黑臭水体治理效果、探索治理模式和长效管理机制等三部分，包括以下指标。

村民满意度＞80%（原则上不低于 30 份）；

水体无异味，颜色无异常（如发黑、发黄、发白等由于污水排入造成的水体颜色变化）；

河（塘、沟渠）无污水直排；

河（塘、沟渠）底无明显黑臭淤泥，岸边无垃圾；

水质优于黑臭水体监测指标限值；

建立河（塘、沟渠）及沿岸定期清理及保洁机制，落实保洁人员和工作经费；

建立“可复制、可推广”的农村黑臭水体治理模式与机制；

将农村黑臭水体治理纳入村规民约，吸引当地村民充分参与；

遇重大自然灾害（如滑坡、泥石流、地震等）或重大工程建设、调度等，对农村黑臭水体治理产生重大影响以及其他重大特殊情形，可延期评估。

第四章　攻坚战主要成果展示（案例）

第一节　湖北某钢厂退役地块风险管控和修复模式

根据《关于加强工业企业关停、搬迁及原址场地再开发利用过程中污染防治工作的通知》（环发〔2014〕66 号）等相关要求，冶炼企业的退役场地再开发利用前需要进行风险评估，对污染的地块要进行修复。但早期的企业在发展阶段，环保措施不到位，存在较为普遍的污染问题，其特点为污染物种类多样、污染程度大、修复难度高等。

该场地未来土地利用规划拟作为工业遗迹公园进行二次开发利用，因此针对该类型的场地提出钢铁冶炼厂区退役地块修复思路和管理决策建议：①多工艺技术组合，修复彻底，提高污染场地修复效率；②管控与修复相结合，实现修复工程减量化；③以结果为导向，根据地块的用地规划指导污染地块的防治措施。

一、多工艺技术组合，修复彻底，提高污染场地修复效率

该地块污染物类型多，包括挥发性有机物（苯、乙苯）、半挥发性有机物（咔唑、多环芳烃类）、石油烃、重金属（钴、镍、铜、锌、砷、镉、铅、汞）和氟化物等，为典型的重金属、VOCs、PAHs、石油烃复合污染场地。结合污染物的特性、空间分布（图 7-13）及施工条件等因素，提出了有机污染土壤采用原地异位热脱附技术修复治理、无机污染土壤采用原地异位固化/稳定化技术修复治理、复合污染土壤采用原地异位热脱附技术修复达标后采用原地异位固化/稳定化技术的修复和风险管控思路。

二、风险管控与修复相结合，实现修复工程减量化

污染物的暴露风险主要包含 3 个要素：污染源、暴露途径和受体。因此通常污染场地的修复与风险管控可以从 3 个基本要素入手，如通过移除污染源、切断暴露途径、隔离受体等形式，达到修复和风险管控的目的。治理修复主要是以物理、化学、生物等方法控制污染源的形式降低或去除污染物的毒性。风险管控主要以覆盖、阻隔、围堵、制度控制等措施切断暴露途径或者隔离受体，实现污染场地的风险管控目标。

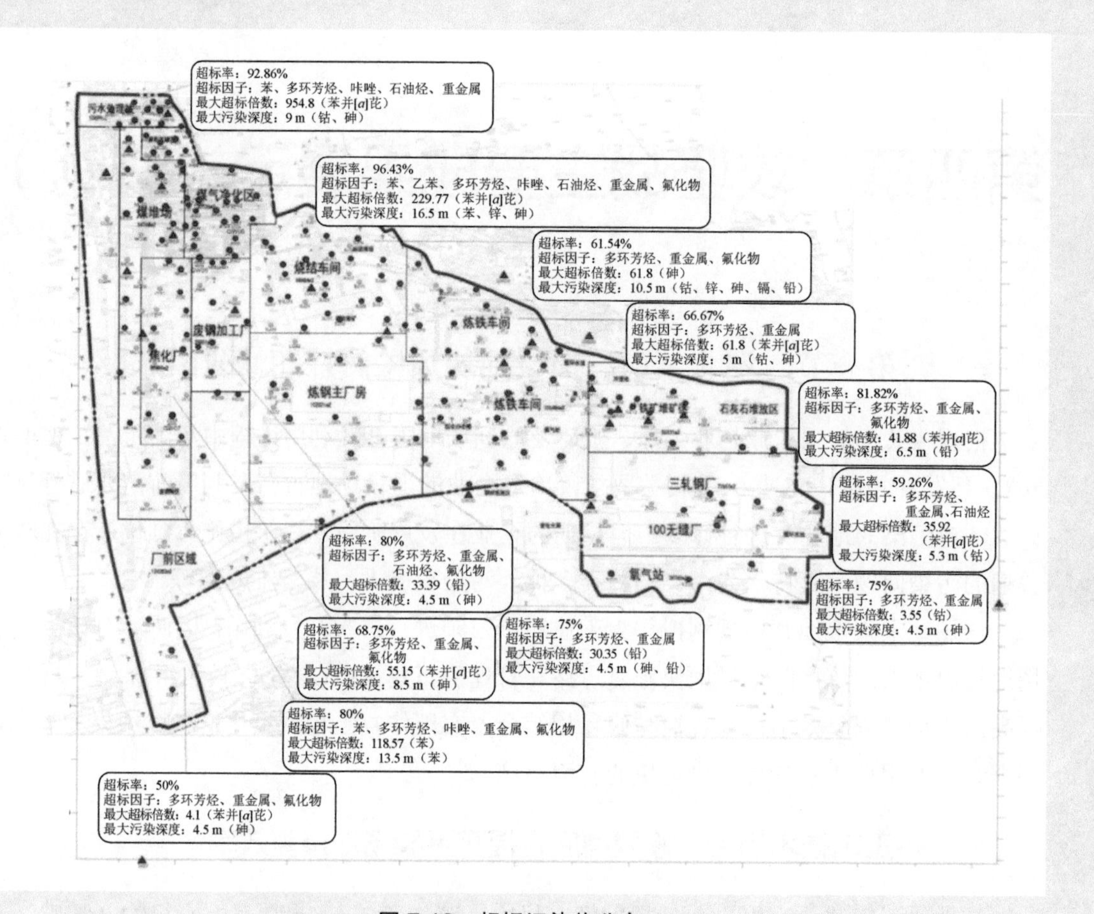

图 7-13　超标污染物分布

该地块附合污染物的空间分布规律（非重污染区 3.0 m 以上主要污染物为重金属和多环芳烃，3.0 m 以下主要污染物为重金属和氟化物；重污染区 6.0 m 以上主要污染物为重金属和多环芳烃，6.0 m 以下主要污染物为重金属、氟化物、多环芳烃和苯系物）。因此基于以上污染特点，地块 3.0 m 以上（重污染区 6.0 m 以上）采用异位热脱附和固化/稳定化相结合的修复技术；地块 3.0 m 以下污染土壤（重污染区为 6.0 m 以下）采用原位阻隔技术进行风险管控。

治理修复与原位阻隔技术相结合，大大降低了开挖的土壤量，修复工程量减少，符合国家对污染场地管路思路，修复路线绿色可持续。

三、以结果为导向，根据地块的用地规划指导污染地块的防治措施

该地块后期土地利用规划为工业遗址公园及其协调区；其中工业遗产核心保护区的建筑物、设施需要保留，协调区的建筑物、设施进行拆除。厂区规划分四期依次进行开发建设。

基于后期土地利用规划，修复思路以原位修复、风险管控、保留建筑物表面污染等措施为主，满足场地后期开发建设及环境管理需求。该地块修复及风险管理工程结合后期开发建设次序，分为四个阶段分别进行。四个阶段分别为场地开发建设的第一期、第二期至第四期的东部、第二期至第四期的西部、重污染区（图 7-14）。

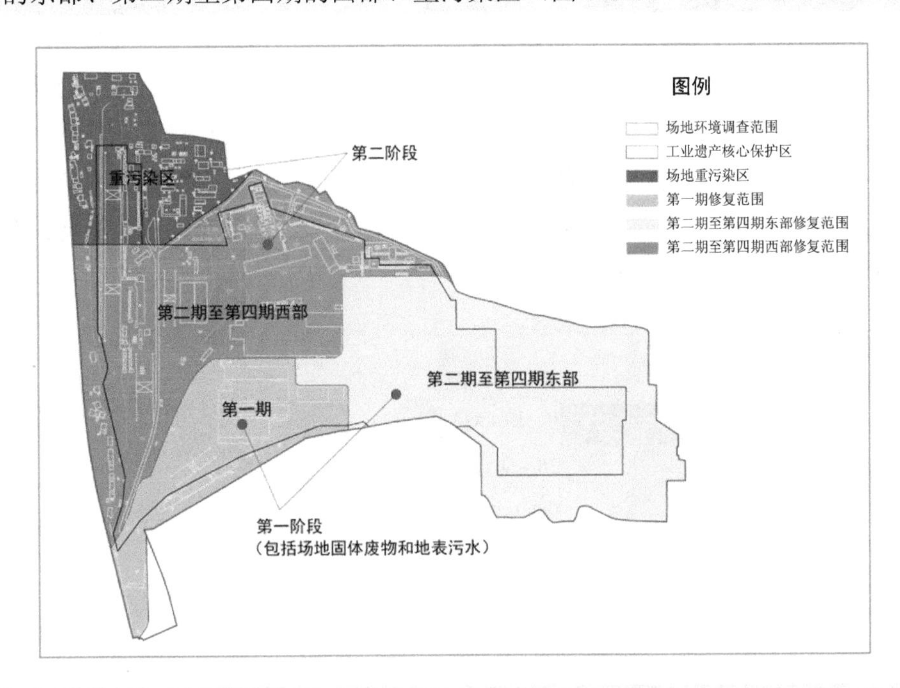

图 7-14　地块修复治理工程分阶段实施

以上风险管控与修复模式实现了该地块的高效彻底修复与修复工程减量化，同时也为类似的钢铁企业污染地块风险管控提供借鉴。

第二节　太原污灌区农用地治理修复案例

太原污灌区是我国污灌历史较长、面积较大的典型污灌区之一，现有污灌面积约 40 万亩，主要集中在晋源区、小店区和清徐县 3 个污灌面积较大的县区，占到全市污灌面积的 98%，污水灌溉占到灌溉用水量的 30%。特别是小店区作为太原市粮食及蔬菜供应的主要产地之一，具有长达 30 年以上的引污灌溉历史，污水经由小店区境内的几条大干渠，通过星罗棋布的支渠、斗渠、毛渠输送到各个乡镇的农田。3 条主干渠分别是东干渠（南北走向）、北张退水渠（南北走向）、太榆退水渠（东西走向）。渠内所用污水主要来自太原市区的生活污水，还有部分是经处理的工业废水。近年来，由于国民经济的大力发展，沿途一些企业每年向邻近退水渠排放一定数量的工业废水，使污水的成分变得更加复杂。该区域长期引用污水灌溉农田已造成镉、汞、砷等土壤重金属累积，同时导致土壤的结构和功能失调，土壤生态平衡受到破坏，并影响农产品和地下水安全，最终对人体健康构成严重威胁。

在项目之前所进行的耕地土壤治理与修复技术筛选的基础上，依照“绿色、原位、可持续”的修复原则，遵循“因地制宜、就地取材、简易可行”的修复方针，针对小店区污灌区农田土壤提出了三套较为可行的修复技术方案。具体的治理修复模式如下所述：

示范区 A：位于流涧村的北端及北张退水渠的西侧，农田土壤中的污染物以汞、镉和多环芳烃为主，污染程度相对较重，采用翻土置换的方法对其进行修复。具体来说，即将表层（0～30 cm）污染浓度较高的耕作层翻置于下层，而将下层干净土壤置换至表层，并进行熟化，施以有机肥、牛粪、鸡粪等，原来的种植结构保持不变，治理修复流程及模式如图 7-15。

示范区 B 修复技术见图 7-16。

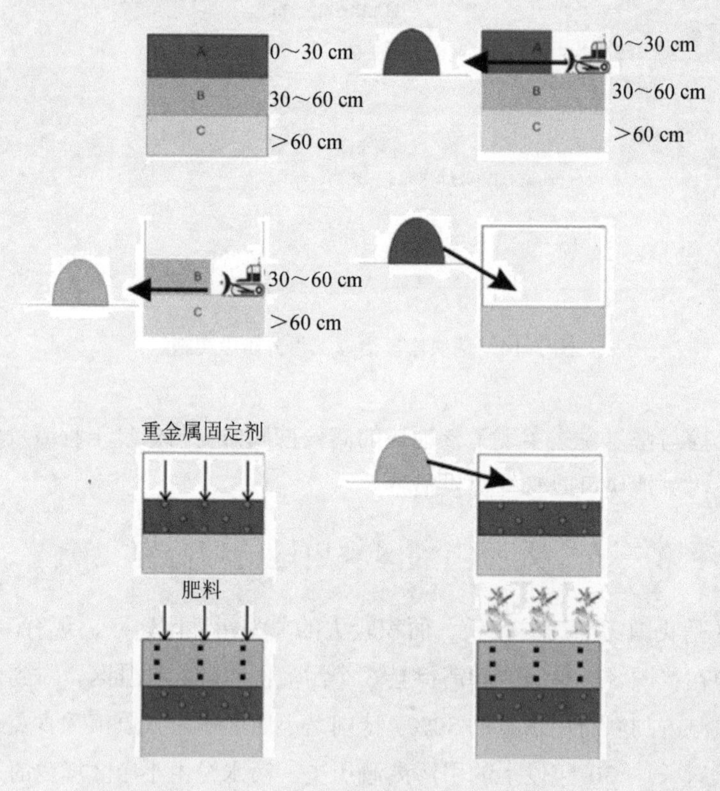

图 7-15 小店区污染农田土壤——翻土置换法流程

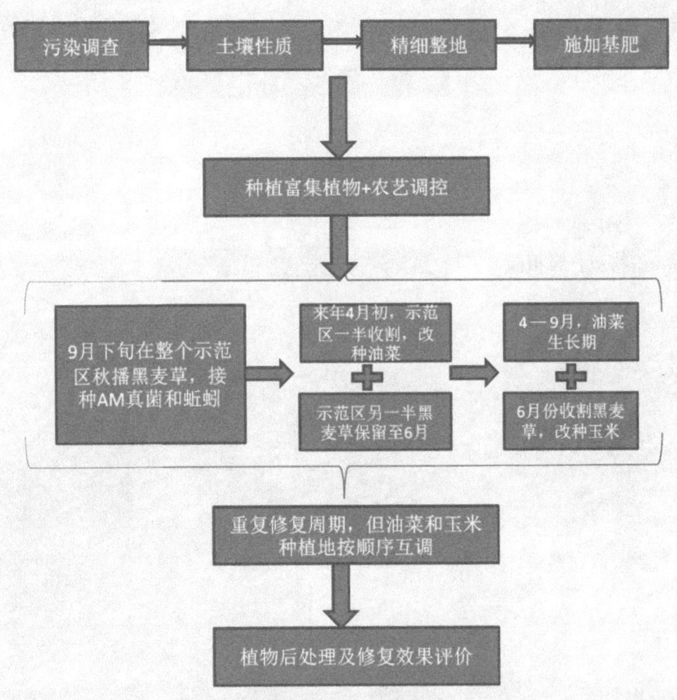

图 7-16　小店区污染农田土壤——植物提取+农艺调控技术流程

示范区 C：位于流涧村小牛线南侧及北张退水渠的西侧，农田土壤中的污染物以汞、镉和多环芳烃为主，污染程度处于中、轻度污染，将采用钝化+微生物降解+低积累作物种植的方式对农田土壤中的重金属和多环芳烃进行处理，治理修复模式及流程如图 7-17 所示。

针对太原市小店区污灌区耕地土壤治理修复效果成效评估，在完成治理修复的 3 个示范区分别进行了土壤和农产品样品的采集及分析测试工作。根据各区所采用的不同治理修复技术及模式，设定了不同的治理修复效果评价指标。

总体来说，A 区共采集了 28 个表层土壤样品和 3 个平行样，用于测定重金属（汞和镉）含量，另采集了 6 个表层土壤样品用于测定土壤肥力；B 区共采集了 13 个表层土壤样品和 2 个平行样，用于测定重金属（汞和镉）含量，另采集了 3 个表层土壤样品用于测定土壤肥力；C 区共采集了 52 个农产品样点和 8 个土壤样点，用于测定重金属（汞和镉）含量，另采集了 6 个表层土壤样品用于测定土壤肥力和有效态含量。

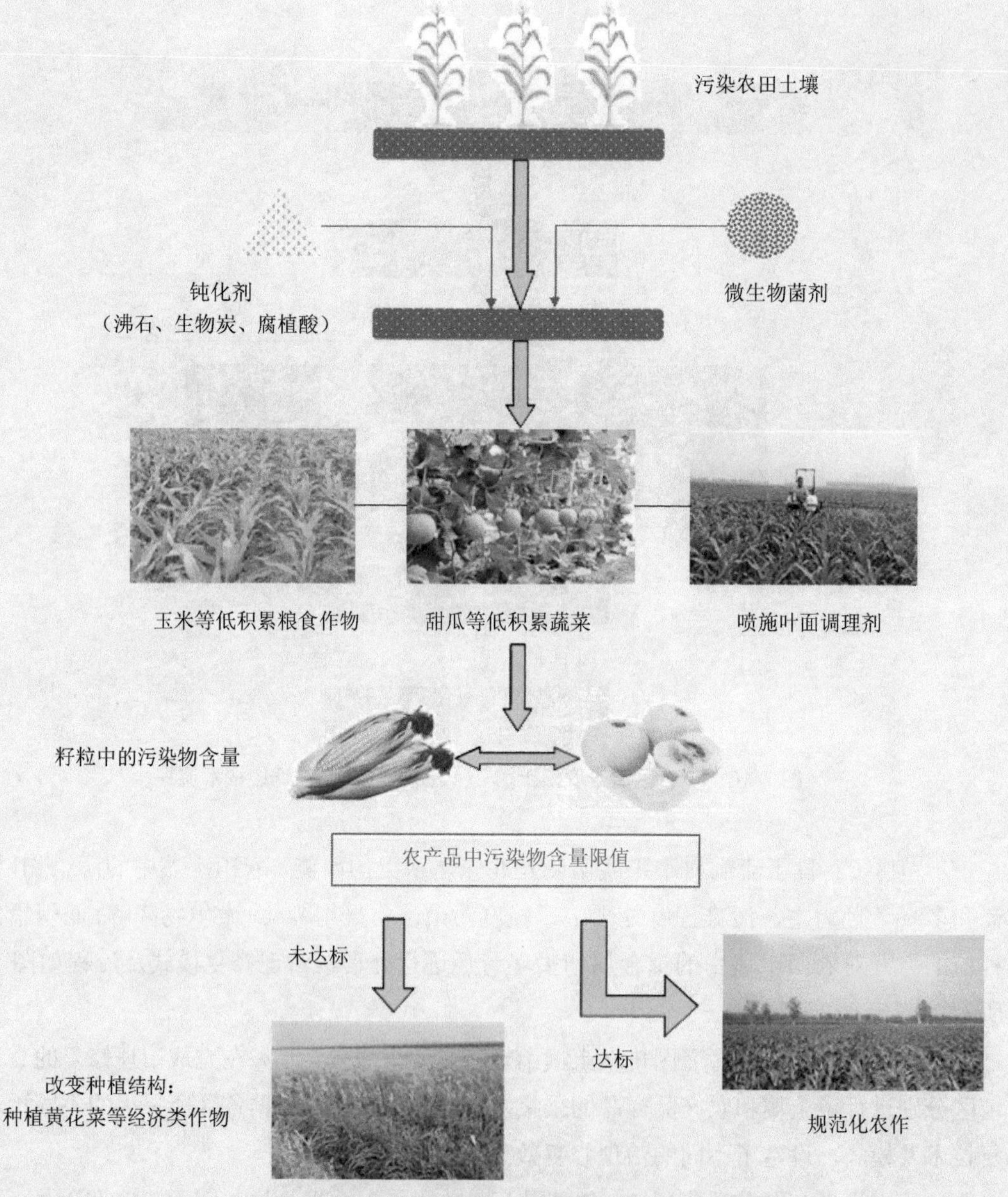

图 7-17　小店区污染农田土壤钝化+微生物降解+低积累作物种植流程

检测结果表明：A 区耕地土壤中汞的浓度范围为 0.017～0.092 mg/kg，平均值为 0.028 mg/kg；镉浓度范围为 0.28～0.60 mg/kg，平均值为 0.42 mg/kg。B 区耕地土壤中汞的浓度范围为 0.050～0.19 mg/kg，平均值为 0.084 mg/kg；镉浓度范围为 0.47～0.55 mg/kg，平均值为 0.51 mg/kg。C 区耕地农产品中汞均未检出；镉浓度范围为 0.001 8～0.012 mg/kg，平均值为 0.006 1 mg/kg。

采用耕地土壤污染地块风险管控的成效评估方法，可以清晰地评估案例地土壤在污染治理过程前后，农产品安全、土壤生态功能、环境风险的改善程度，并以此来衡量管控技术的优劣，为今后的污染治理和环境监管提供依据。

第三节　陕西省泾阳县农村黑臭水体治理案例

陕西省泾阳县农村黑臭水体主要是当地传统的涝池（图7-18），涝池是关中农村重要的小型蓄水工程，汛期能够积蓄洪水、排除内涝、保护农田；旱季则能引水浇地、饮畜解渴。涝池又是防止水土流失、提供应急水源、改善生态环境、美化农村景观的主要设施。该地由于长期生活污水、垃圾汇入，加之地势低洼，排水不畅，流动性不足而形成黑臭水体。

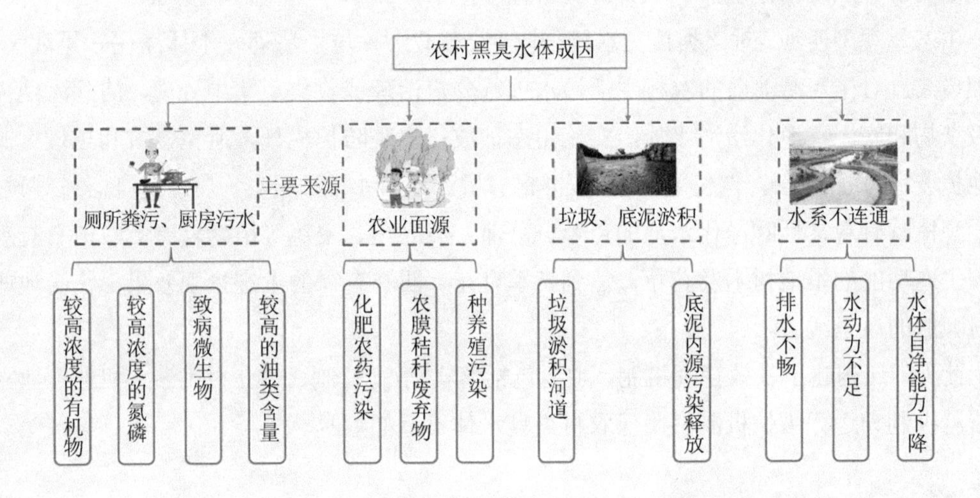

图 7-18　陕西省泾阳县农村黑臭水体污染成因

针对“涝池”式农村黑臭水体，根据其不同功能，科学确定了相应的治理技术模式（图 7-19），为其他地区坑塘型黑臭水体治理提供借鉴。

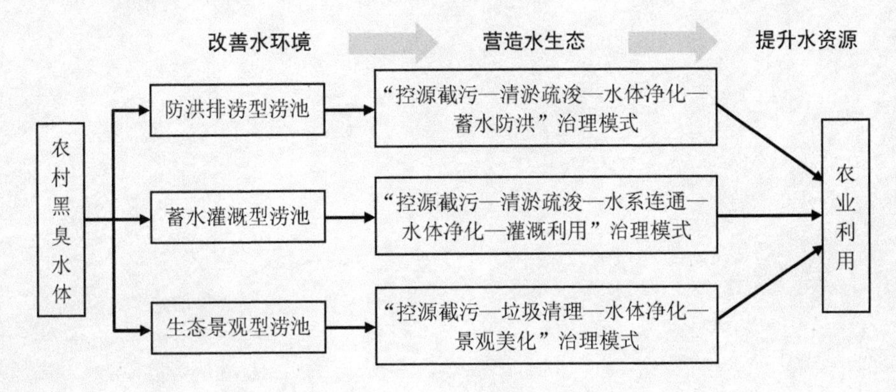

图 7-19　陕西省泾阳县农村黑臭水体治理技术模式

防洪排涝型涝池。对该类黑臭水体采取“控源截污—清淤疏浚—水体净化—蓄水防洪”治理模式。根据污染来源、污染程度及污染物类型，逐一制定修复方案，明确整治措施，选取有效技术模式，清除涝池内污水、底泥。对涝池实施生态修复，尽快恢复生态功能，实现蓄水、景观、渔业等功能，以利用促管理和保护。

蓄水灌溉型涝池。对该类黑臭水体采取“控源截污—清淤疏浚—水系连通—水体净化—灌溉利用”治理模式。重点实施截污控源、清淤疏浚，治理涝池周边汇水区内的农村生活污水，清除涝池内的垃圾杂物和底泥，疏挖引排水沟渠，疏通水系，恢复涝池灌排功能；安装防护栏杆，避免侵占和填埋；开展涝池岸坡修整，对涝池护坡进行护砌，实现环境整洁美观；加固涝池堤岸，做好绿化。

生态景观型涝池。对该类黑臭水体采取“控源截污—垃圾清理—水体净化—景观美化”治理模式。对排入涝池前的农村生活污水进行分户治理或收集后集中处理，清除涝池内的垃圾杂物和底泥，净化涝池水质，实施生态护坡；安装防护栏杆，避免侵占和填埋；美化涝池护坡，因地制宜修建休闲步道和娱乐区，增添建筑小品、坐凳、户外健身器材等设施；水中种植具有观赏性和净化水质的芦苇、菖蒲、美人蕉、聚草等植物，岸上栽植具有观赏性和生态功能的本地树木及花草，达到三季有花、四季有绿的生态景观效果，使涝池成为乡村亮丽的风景线。

此外，还构建了长效管理机制，主要包括落实河/湖长制、建立村民参与机制、建立监管监测机制和运行维护机制，确保农村黑臭水体不返黑返臭。

第八篇

打击洋垃圾
专项行动

打击洋垃圾专项行动

DAJIYANGLAJIZHUANXIANGXINGDONG

20 世纪 80 年代以来，为缓解原料不足，我国开始从境外进口可用作原料的固体废物。2017 年 7 月 27 日，国务院办公厅印发《禁止洋垃圾入境推进固体废物进口管理制度改革实施方案》，要求严格固体废物进口管理，并提出了减少固体废物进口的时间表和路线图。2018 年 6 月 16 日，《中共中央 国务院关于全面加强生态环境保护 坚决打好污染防治攻坚战的意见》中提出全面禁止洋垃圾入境，严厉打击走私，大幅减少固体废物进口种类和数量，力争 2020 年年底前基本实现固体废物零进口。2020 年 4 月 29 日第二次修订的《中华人民共和国固体废物污染环境防治法》中第二十四条规定，国家逐步实现固体废物零进口。

禁止洋垃圾入境是党中央、国务院在新时期新形势下作出的一项重大决策部署，是我国生态文明建设的标志性举措。中国环境科学研究院作为打击洋垃圾专项行动的重要支撑力量，在生态环境部的指导下，积极参与打击洋垃圾进口与固体废物非法转移倾倒行动、绿篱行动、强化监管严厉打击洋垃圾违法专项行动等，开展固体废物污染防治、进口物品固体废物属性鉴别、进口固体废物环境影响评估研究，支撑做好禁止进口固体废物目录的调整工作，制定（修订）《固体废物鉴别标准 通则》（GB 34330—2017）《固体废物鉴别程序》等多个技术文件，为全面禁止洋垃圾入境提供技术支撑，为我国完善进口固体废物管理工作发挥重要作用。

第一章　背景和意义

第一节　背景情况

一、洋垃圾的危害

洋垃圾是社会上的俗称，它有时指进口固体废物，有时又特指以走私、夹带等方式进口国家禁止进口的固体废物或未经许可擅自进口属于限制进口的固体废物。中国的洋垃圾主要来自美国、欧洲、日本、韩国等发达国家和地区，其中美国是中国电子垃圾的最大出口国。欧洲每年向中国出口的数万吨固体废物中70%是没有经过分类处理的，这些洋垃圾主要包括电子废物、旧服装、废纸、废塑料、废金属等。在2017年之前的20年中，中国处理了全世界60%～70%的垃圾。

这些垃圾对我国的生态环境造成了十分严重的污染，对人体健康也造成了严重的威胁。洋垃圾中往往夹杂着很多有毒有害物质，以非正规渠道入境后，大部分流向“散乱污”企业进行分解。这些“作坊式”企业技术水平低、产品附加值低、污染控制能力差，在加工过程中采用简单粗暴的方式，严重危害工人健康和周边环境。焚烧产生的有害气体会污染大气环境，酸浸、水洗废物则会危害水体、土壤环境。还有一部分洋垃圾几经倒手，没有得到再生利用，而是进入了垃圾填埋场，加重了环境负担。如电子垃圾的流入使我国广东某镇的土壤重金属浓度超标10～1 338倍不等，水源呈强酸性，超过90%的居民健康受损，呼吸道疾病、肺炎甚至癌症高发，部分怀孕拆解女工生产的婴儿皮肤漆黑并很快夭折。

二、洋垃圾入境的表现形式

洋垃圾入境表现形式可分为以下四种：一是进口不符合我国环境保护要求的固体废物，以往我国允许进口少量13类资源性废物作为原材料，但发现存在进口不符合政策要求和环境保护标准要求的废物的情况。二是违法违规走私进口固体废物，给正常进口固体废物的守法经营企业带来了严重不利影响。这类情形非常复杂，隐蔽性强，没有情报信息几乎难以发现，海关监管部门和缉私部门年年开展打击走私固体废物专项行动，查处了数量众多的案件。三是有较多企业和贸易商不关心进口固体废物政策，按照个人的理解不合规进口、冒险进口甚至错误进口一些属于禁止进口的固体废物。如生活垃圾、放射性废物、危险废物、废弃电子产品等早已被明令禁止进口，但违法进口情形仍在发生。四是相当长时间以来，我国对境外质量较高的再生资源如何与固体废物区分没有清晰的界限，很多企业单纯从经济利益和资源可利用性角度，贸然进口一些高值资源性废物或者介于正常资源性产品和废物之间灰色区间的货物，此类情况也较常见。

2017 年下半年以来，口岸执法机关还发现了洋垃圾化整为零的入境新动向，具有较强的隐蔽性。一是旅客携带入境，以“蚂蚁搬家”的形式，少量多批次通过旅客行李携带固体废物进境，如某机场海关相继查扣了多起航班旅客入境时携带的废手机显示屏、废手机的案件（图 8-1），通过现场鉴别认定为禁止进口的固体废物。二是货船空载夹藏进口固体废物的方式，如某海关查获了船舶舱底夹带生活垃圾和货运船舶侧壁夹层私藏废钢铁入境的情况。三是海关查获船舶携带废轮胎，看似为防撞击和增加浮力，实则为变相走私进口废轮胎。四是陆路口岸旅客携带废线路板入境。这些情况下入境废物形态相对简单、数量很小、货值较低。

图 8-1 某机场海关查扣的装满废旧手机显示屏的旅客行李

三、我国禁止洋垃圾入境的决策部署

2017 年 4 月，中央全面深化改革领导小组第 34 次会议审议通过了《禁止洋垃圾入境推进固体废物进口管理制度改革实施方案》（以下简称《实施方案》），这是党中央、国务院在新时期新形势下作出的一项重大决策，是保护生态环境安全和人民群众身体健康的一项重要制度改革。

《实施方案》突出体现创新、协调、绿色、开放、共享的发展理念，坚持以人民为中心的发展思想，坚持稳中求进工作总基调，坚持标本兼治、分类施策的原则，对禁止洋垃圾入境推进固体废物进口管理制度改革作出全面部署。

一是完善堵住洋垃圾入境的监管制度。分批分类调整进口固体废物管理目录，逐步有序减少固体废物进口种类和数量。2017 年年底前，全面禁止进口环境危害大、群众反映强烈的固体废物；2019年年底前，逐步禁止进口国内资源可以替代的固体废物。进一步加严环境保护控制标准，提高固体废物进口门槛。完善法律法规和相关制度，限定进口固体废物口岸，取消贸易单位代理进口。加强政策引导，保障政策平稳过渡。

二是强化洋垃圾非法入境管控。持续严厉打击洋垃圾走私，开展强化监管严厉打击洋垃圾违法专项行动，重点打击走私、非法进口利用废塑料、废纸、生活垃圾、电子废物、废旧服装等固体废物的各类违法行为。加大全过程监管力度，从严审查、减量审批固体废物进口许可证，加强进口固体废物检验检疫和查验，严厉查处倒卖、非法加工利用进口固体废物以及其他环境污染违法行为。

三是建立堵住洋垃圾入境长效机制。落实企业主体责任，强化日常执法监管，加大违法犯罪行为查处力度；加强普法宣传培训，进一步提升企业守法意识；建立健全信息共享机制，开展联合惩戒。建立国际合作机制，适时发起区域性联合执法行动。推动贸易和加工模式转变，开拓新的再生资源渠道。

四是提升国内固体废物回收利用水平。加快国内固体废物回收利用体系建设，建立健全生产者责任延伸制，提高国内固体废物的回收利用率。完善再生资源回收利用基础设施，规范国内固体废物加工利用产业发展。加大科技研发力度，提升固体废物资源化利用装备技术水平。积极引导公众参与垃圾分类，努力营造全社会共同支持、积极践行环境保护和资源节约的良好氛围。

第二节　主要意义

禁止洋垃圾入境是推进固体废物进口管理制度改革的风向标，在我国再生资源回收利用领域中起到了举足轻重的作用，为推进供给侧改革、促进再生资源回收利用领域的高质量发展做出了重要贡献。

禁止洋垃圾入境是改善环境质量的有效手段。当前，我国大气、水、土壤污染治理任务艰巨，环境质量改善难度之大前所未有。包括洋垃圾在内的许多进口固体废物质劣价低，以其为原料的再生资源加工利用企业不少为“散、乱、污”企业，污染治理能力低下，多数甚至没有污染治理设施，加工利用过程中污染排放严重。禁止洋垃圾入境，能有效切断“散、乱、污”企业的原料供给，从根本上铲除洋垃圾藏身之地，对改善生态环境质量、维护国家生态环境安全具有重要作用。

禁止洋垃圾入境是保护人民群众身体健康的必然要求。洋垃圾携带的病毒、细菌等有毒有害物质可能直接感染从业人员，其加工利用所产生的环境污染也会损害当地人民群众身体健康。禁止进口环境危害大、群众反映强烈的固体废物，将有效防范环境污染风险，切实保护人民群众身体健康。

禁止洋垃圾入境是提升国内固体废物回收利用水平的抓手。我国已将资源循环利用产业列入战略性新兴行业，但目前国内固体废物回收体系建设仍滞后于固体废物加工利用行业的发展需求。推进固体废物进口管理制度改革，大幅减少固体废物进口的品种与数量，可有效促进国内固体废物回收利用行业发展，淘汰落后和过剩产能，加快相关产业转型升级。

第三节 管理制度改革进程

一、印发《实施方案》

2017 年 7 月，国务院办公厅印发了《实施方案》，对各项任务进行了明确分工和安排，包括调整进口固体废物目录、提高固体废物进口门槛、开展打击洋垃圾走私行动、从严审查进口固体废物申请、增加固体废物鉴别机构、修订完善相关法规制度、整治固体废物集散地等内容。

二、调整进口固体废物管理目录

2017 年 7 月，环境保护部向世界贸易组织提交文件，要求紧急调整进口固体废物清单，拟于 2017 年年底前，禁止进口 4 类 24 种废物，包括生活来源废塑料、钒渣、未经分拣的废纸和废纺织原料等高污染固体废物。后陆续出台了调整进口固体废物管理目录的 39 号公告、6 号公告、68 号公告（表 8-1）。

表 8-1 调整进口固体废物管理目录公告详情

公告号	内容	实施时间	发布单位
2017 年第 39 号公告	将来自生活源的废塑料（8 个品种）、未经分拣的废纸（1 个品种）、废纺织原料（11 个品种）、钒渣（4 个品种）4 类 24 种固体废物，从《限制进口类可用作原料的固体废物目录》调整列入《禁止进口固体废物目录》	2017 年 12 月 31 日起执行	环境保护部、商务部、国家发展改革委、海关总署、国家质量监督检验检疫总局
2018 年第 6 号公告	将废五金类、废船、废汽车压件、冶炼渣、工业来源废塑料等 16 个品种固体废物，从《限制进口类可用作原料的固体废物目录》调入《禁止进口固体废物目录》	2018 年 12 月 31 日起执行	生态环境部、商务部、国家发展改革委、海关总署
	将不锈钢废碎料、钛废碎料、木废碎料等 16 个品种固体废物，从《限制进口类可用作原料的固体废物目录》《非限制进口类可用作原料的固体废物目录》调入《禁止进口固体废物目录》	2019 年 12 月 31 日起执行	
2018 年第 68 号公告	将废钢铁、铜废碎料、铝废碎料等 8 个品种固体废物，从《非限制进口类可用作原料的固体废物目录》调入《限制进口类可用作原料的固体废物目录》	2019 年 7 月 1 日起执行	生态环境部、商务部、国家发展改革委、海关总署

第二章 支撑行动

第一节 制定（修订）进口固体废物相关标准

我国进口固体废物属性鉴别是一个较新的领域，尚处于起步阶段存在进口固体废物属性鉴别程序缺失、方法不明等问题，属性鉴别的依据主要为2006年制定的《固体废物鉴别导则（试行）》（已废止），而《固体废物鉴别导则（试行）》中的原则过于笼统、可操作性不强，对容易混淆或有歧义的物质，如副产品与副产物、原有利用价值与利用价值等缺乏明确的判断规则，构建科学合理并具有良好可操作性的属性鉴别标准是亟待解决的关键问题。针对以上问题，中国环境科学研究院主持制定《固体废物鉴别标准　通则》（GB 34330—2017）、《进口可用作原料的固体废物环境保护控制标准》、《进口货物的固体废物属性鉴别程序》等，形成了以法律条文、部门规章和国家标准为内容的固体废物属性鉴别基本规范，织就了精准快速鉴别“洋垃圾”的技术网。技术成果在20家鉴别专业机构推广使用，近五年来累计鉴别上万批次，近四成被鉴定属于固体废物，涉及固体废物数千万吨，为我国开展打击洋垃圾入境专项行动提供了有力的保障。

一、制定《固体废物鉴别标准　通则》（GB 34330—2017）

通过汇总千余例进口固体废物属性鉴别案例，中国环境科学研究院建立了以进口固体废物产生来源和利用处置过程环境风险为基础的属性鉴别方法，揭示了原辅材料、生产工艺、目标产物、利用处置过程中环境风险等属性鉴别的关键环节，阐明了固体废物的产生来源和处置方式，提出了固体废物排除和豁免种类。在这些研究基础上，编制《固体废物鉴别标准　通则》（GB 34330—2017），这是国际上第一个关于固体废物属性鉴别的强制性国家标准，细化了进口固体废物属性鉴别的判断准则。

在进口固体废物属性鉴别案例中，依据产生来源和利用处置过程得出属性鉴别结论的案例占比分别为 85%和 15%，其中依据产生来源得出属性鉴别结论的分别为电子废物等类型明确的固体废物（5%）、有相应环境保护控制标准的固体废物（5%）、原矿和精矿（5%）、正常原材料生产的目标产物（15%）、丧失原有使用价值的物质（15%）、生产过程中产生的副产物（20%）、环境治理和污染控制过程中产生的物质（20%）。依据利用处置过程得出属性鉴别结论的包括施用于土地的物质（3%）和以固体废物为原料加工的产物（12%）（图8-2）。

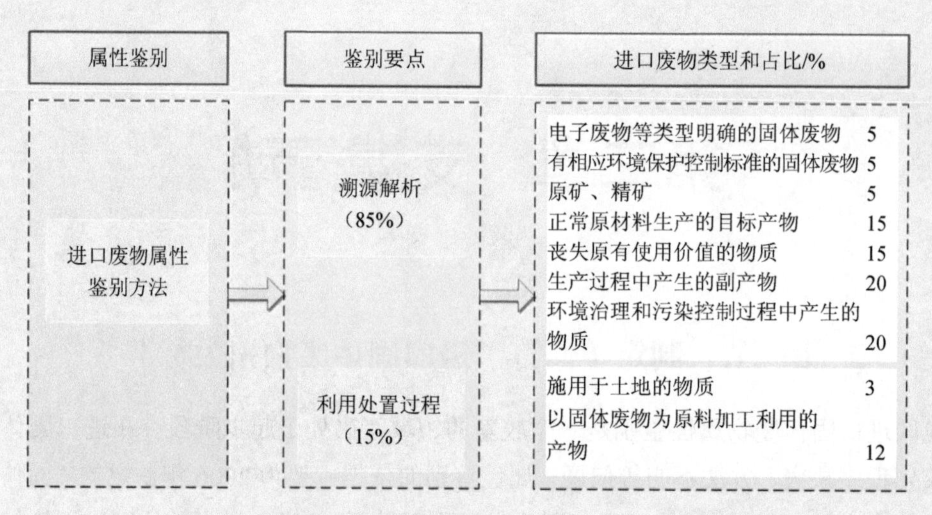

图 8-2 进口固体废物属性鉴别方法

在进口固体废物属性鉴别案例中，对废物产生来源进行归纳总结，形成“依据产生来源的固体废物鉴别”判断准则，包含丧失原有使用价值的物质、生产过程中产生的副产物、环境治理和污染控制过程中产生的物质、法律禁止使用的四类物质，每一类物质列举出了常见产生来源以及典型固体废物种类，包含了我国固体废物90%以上产生量的固体废物大类。另外，还首次建立了副产品与副产物、固体废物与污染土壤等的区分原则（图 8-3）。

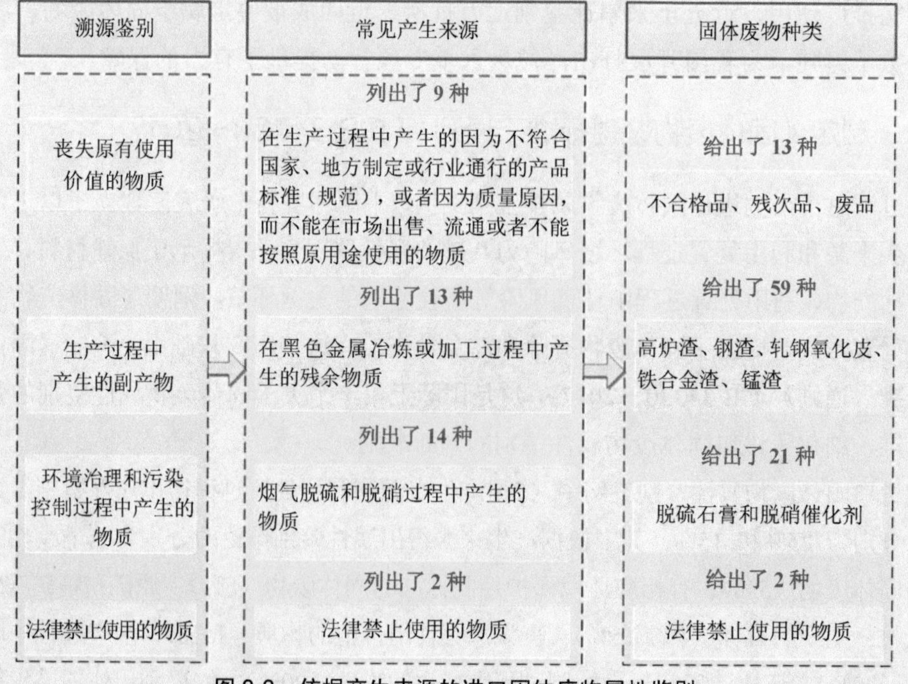

图 8-3 依据产生来源的进口固体废物属性鉴别

二、修订《进口可用作原料的固体废物环境保护控制标准》

为落实《实施方案》的要求，2017 年环境保护部委托中国环境科学研究院对《进口可用作原料的固体废物环境保护控制标准》（以下简称《环控标准》）进行修订。由于进口废物目录调整，骨废料已于 2009 年禁止进口、废纤维将于 2017 年年底禁止进口，所以骨废料和废纤维 2 项标准取消，因而修订标准实际包括 11 项（表 8-2）。

表 8-2 中国环境科学研究院 2017 年修订的《环控标准》

名称	类别	编号
《进口可用作原料的固体废物环境保护控制标准 冶炼渣》	国家标准	GB 16487.2—2017
《进口可用作原料的固体废物环境保护控制标准 木、木制品废料》	国家标准	GB 16487.3—2017
《进口可用作原料的固体废物环境保护控制标准 废纸或纸板》	国家标准	GB 16487.4—2017
《进口可用作原料的固体废物环境保护控制标准 废钢铁》	国家标准	GB 16487.6—2017
《进口可用作原料的固体废物环境保护控制标准 废有色金属》	国家标准	GB 16487.7—2017
《进口可用作原料的固体废物环境保护控制标准 废电机》	国家标准	GB 16487.8—2017
《进口可用作原料的固体废物环境保护控制标准 废电线电缆》	国家标准	GB 16487.9—2017
《进口可用作原料的固体废物环境保护控制标准 废五金电器》	国家标准	GB 16487.10—2017
《进口可用作原料的固体废物环境保护控制标准 供拆卸的船舶及其他浮动结构体》	国家标准	GB 16487.11—2017
《进口可用作原料的固体废物环境保护控制标准 废塑料》	国家标准	GB 16487.12—2017
《进口可用作原料的固体废物环境保护控制标准 废汽车压件》	国家标准	GB 16487.13—2017

对可用作原料进口固体废物的环境影响研究，揭示了进口固体废物的污染特征，明晰了夹杂物的类型和污染特性，明确了进口固体废物加工利用过程中污染物迁移转化风险，建立了进口固体废物放射性污染控制指标和以夹杂物为主的限制指标，有效地加强了进口固体废物环境管理，防范进口固体废物及其夹杂物带来的环境污染风险。

研究表明，夹杂物限值是控制进口固体废物环境污染风险的关键指标，须将进口固体废物中夹杂物控制在可接受的范围内，对于第一类风险大的夹杂物（炮弹、爆炸物等），严禁在进口固体废物中混有。第二类危险废物夹杂物中的有毒有害物质可能通过土壤、大气、水体和生物等多种途径危害人体健康（图 8-4）。选择多介质、多路径、多受体暴露和风险评估模型（3MRA 模型），开展夹杂物环境风险评估。通过量化评估运输、贮存、处置过程对环境介质和暴露受体可能产生的环境风险，得到可接受风险时危险废物夹杂物的阈值，形成《环控标准》限值。

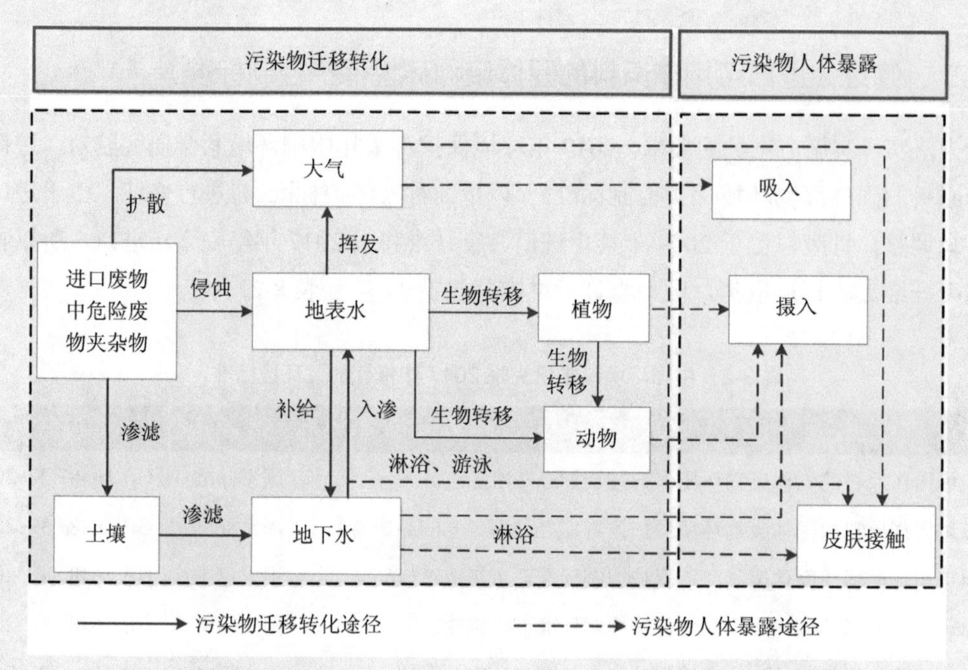

图 8-4 进口固体废物中危险废物夹杂物有毒有害物质迁移转化和暴露途径

针对进口固体废物中危害性较小的第三类一般固体废物夹杂物，通过对我国现阶段的经济基础、进口固体废物的需求水平、国内固体废物产生、回收及加工利用技术、环境容量的综合分析，得到一般固体废物夹杂物处置的社会效益、环境效益和经济效益综合效益最大化时的一般固体废物夹杂物限值（图 8-5）。

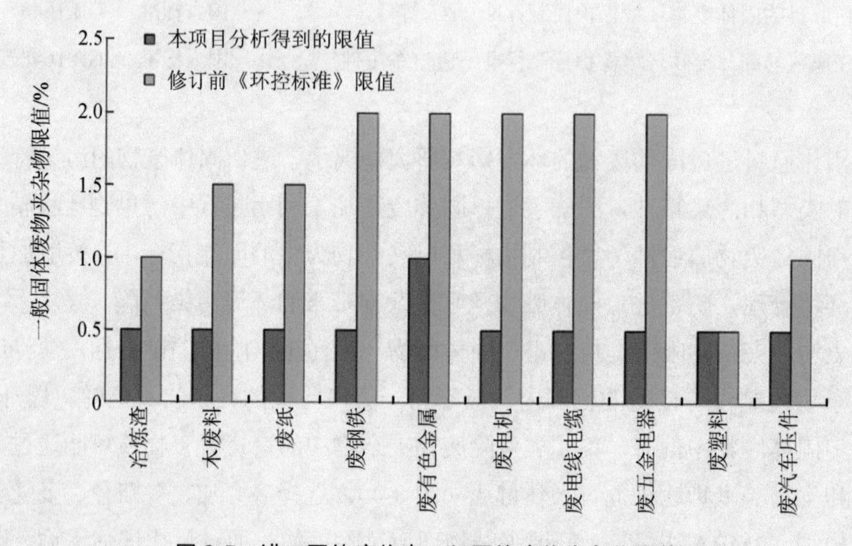

图 8-5 进口固体废物中一般固体废物夹杂物限值

三、制定《进口货物的固体废物属性鉴别程序》

我国进口固体废物种类繁杂，形态各异，海关通关人员对其成分和含量、物相组成、有害物质种类和含量、产生工艺等认知有限，固体废物鉴别成为甄别货物固体废物属性、判断口岸对进口固体废物实施通关放行还是退运处理的关键依据，同时还是各级生态环境保护部门实施环境管理的重要依据。中国环境科学研究院多年来从事进口物品固体废物鉴别工作，积累了丰富的实践经验和鉴别数据，总结出进口固体废物属性鉴别的关键技术方法，支撑制定《进口货物的固体废物属性鉴别程序》。

程序中明确了固体废物鉴别中主要技术内容，规定了选择检测项目以判断物质产生来源和属性为主要目的，根据不同样品特点选择性地进行分析检测。按照属性鉴别方式分为现场鉴别和非现场鉴别两类，分别占总鉴别案例的比例分别为 10%和 90%。现场鉴别适用于废纸、废塑料、废木材、废汽车压件等有相应《环控标准》的进口固体废物，以及种类明确且废弃特征明显的电子废物、旧衣服、渔网缆绳、废轮胎等产品类进口固体废物，其他进口固体废物属性都适用于非现场鉴别。

1．现场鉴别的关键技术方法

进口固体废物现场鉴别基本方法为：

①查看进口固体废物外观；②集装箱装运时，掏箱查验数不少于该批属性鉴别进口固体废物集装箱数量的 10%；③集装箱装运时，掏出进口固体废物拆件分拣比例，不少于该箱掏出进口固体废物的 20%，散装或暂存进口固体废物，拆件占比不少于该批属性鉴别进口固体废物数量的 10%；④将分拣出的夹杂物占比与对应《环控标准》限值进行比对，得出属性鉴别结论。另外，对其他产品类进口固体废物进行现场鉴别时，技术要点是查看货物废弃特征，看是否丧失原有利用价值（图 8-6）。

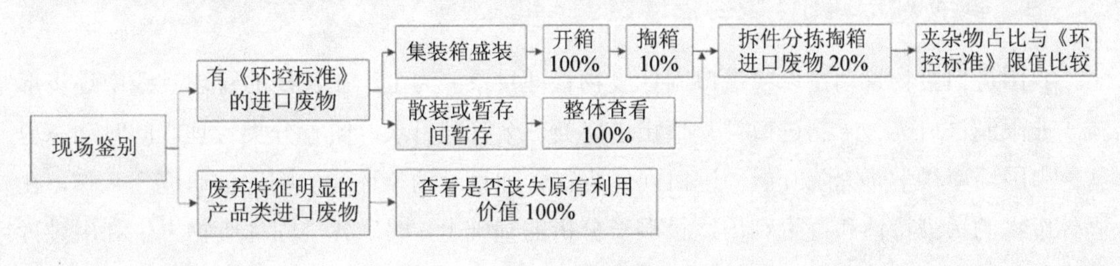

图 8-6　进口固体废物现场鉴别技术方法

2．非现场鉴别的关键技术方法

非现场鉴别时，需要利用仪器进行理化特性检测和性能测试，以此为基础进行溯源分析和属性判断，具体方法和程序为：①对于主要成分为有机物的进口固体废物，采用 FTIR、DSC、GC-MS、HPLC-MS、凝胶色谱法等检测方法，确定其分子量、主要组成和含量、性能指标等。对于主要成分为无机物的进口固体废物，利用 XRF、XRD、EDS、SEM、PM、粒度分布仪、化学滴定法等多种检测手段，确定其主要成分和含量、物相组成、污染物含量和形态、粒径分布、微观形貌等理化特性及其性能；②根据进口固体废物的外观特征和试验结果，结合与文献资料中相似物质对比、咨询行业专家、企业现场调研等方法，明确进口固体废物的产生工艺、该工艺的原辅材料和目标产物，以及在我国现有技术条件下利用该进口固体废物时的环境风险，实现源解析；③根据《固体废物鉴别标准　通则》（GB 34330—2017）的相关判断准则，得出进口固体废物属性鉴别结论（图 8-7）。

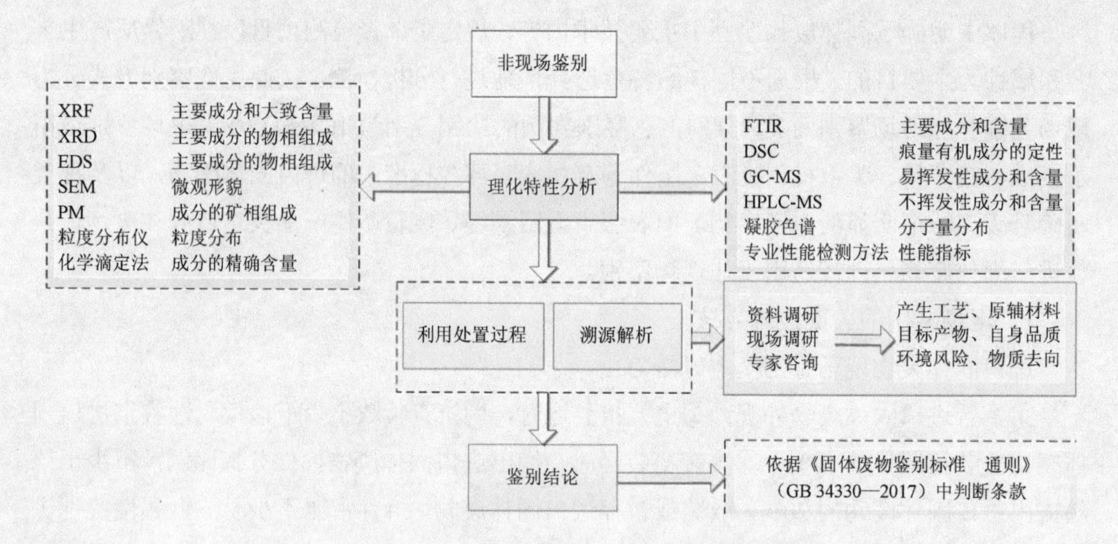

图 8-7　进口固体废物非现场鉴别技术方法

四、参与《进口固体废物管理目录》调整

我国进口废物管理是以《进口固体废物管理目录》为主，在长期的管理实践中逐步形成了非限制进口类、限制进口类、禁止进口类三个管理目录，实行分类管理，同时动态更新。中国环境科学研究院开展“进口固体废物管理目录调整环境影响评估研究”工作，在固体废物的污染特性和再生利用途径调查分析的基础上，明确各类固体废物再生利用过程的排放节点和主要有毒有害物质的释放环节；进一步采用资料调研结合现场调查的方法，明确各排放节点污染物排放负荷以及有毒有害物质的释放和归属。在此基础上，定量计算各类固体废物利用过程污染物的排放量及其对周边区域环境介质的污染情况，分析有毒有害物质释放对再生利用场所周边的健康风险和生态风险，定量分析措施实施后对环境效益的影响。选取进口废纸、废五金、废金属、废纺织品、废塑料和钒渣 6 大类固体废物，针对夹杂物、夹杂物处置以及废纸处理三个方面，开展环境影响研究工作，明确了进口固体

废物的污染特征，明晰了夹杂物的类型和污染特性。

夹杂物：夹杂物问题一是夹杂物严重超标，可达到 5%～10%甚至更高，分拣夹杂物含量最高的为 18.67%，这类货物表观脏污、混杂、废碎，夹杂使用过的卫生用品、纸尿片（禁止类）、输液管、废药物、废针头，甚至红火蚁等生物活体等；二是货物干净、相对规整，夹杂物种类较少，但含量不符合《环控标准》要求，很多属于废纸收集过程中故意混入或掺杂进入，或者分拣不细所致。

夹杂物处置：进口废纸中不能被回收利用的主要是各类夹杂物，这些夹杂物除个别铁丝等物质经分拣收集后可卖给物资回收公司；剩下分拣出来的塑料片、尼龙、树脂等均进行填埋处理。

废纸处理：废纸制浆工艺产生的污染包括水污染、固体废物污染、大气污染和噪声污染，其中水污染是主要环境问题。废纸制浆产生的废水主要来自废纸的碎浆、疏解，废纸浆的洗涤、筛选、净化、脱墨及漂白过程，牛皮纸箱以及瓦楞纸吨产品废水排放量为 15.1 m^3/t，涂布白板纸吨产品废水排放量为 19.5 m^3/t。废纸制浆产生的固体废物主要包括废纸碎浆时分离出的砂石、金属、塑料等废物，净化、筛选、脱墨过程分离出的矿物涂料、油墨微粒、胶黏剂、塑料碎片、流失纤维等，浮选产生的脱墨污泥和废水处理产生的污泥。废纸制浆产生的大气污染主要为漂白工序产生的少量污染物质，污染物的排放量因漂白方法、漂白剂的种类、未漂浆的种类及质量不同而异。

五、参与制定固体废物初步加工产品质量标准

固体废物可作为生产原料，经过加工处理生产出初级原材料，满足相关标准即可作为产品进口。针对行业亟须的再生资源开展研究，与行业协会合作，共同完善固体废物初步加工产品的行业标准，为行业发展所需要的资源建立进口渠道。针对回收铜原料、回收铝原料、再生塑料颗粒三类产品标准进行反复调研论证，明确我国进口废铜、废铝及塑料颗粒数量、类型，分析其主要污染特性、国内外主要再生利用工艺、主要生产企业的污染控制水平和区域分布、再生利用产品的用途等，明确进口废铜、废铝、塑料颗粒再生利用过程中主要污染物的类型和排放节点，提出再生利用过程中有毒有害物质的释放节点及清单。参与制定完成《再生黄铜原料》《再生铜原料》《再生铸造铝合金原料》标准，并于 2020 年 7 月 1 日开始正式实施。另外，中国环境科学研究院拟参与制定再生塑料系列国家标准 8 项。

第二节　参与打击洋垃圾入境专项行动

中国环境科学研究院作为主要技术支撑单位，积极参与打击洋垃圾入境的各项专项行动。包括海关总署、原环境保护部、公安部、原国家质量监督检查检疫总局联合开展的“强

化监管严厉打击洋垃圾违法专项行动”“国门利剑专项行动”“绿篱行动”“蓝天系列专项行动”“打击进口固体废物环境违法专项行动”等。针对固体废物进口管理制度改革工作，落实《实施方案》要求，实施“分批分类调整进口固体废物管理目录”“逐步有序减少固体废物进口种类和数量”措施，生态环境部联合商务部、国家发展改革委、海关总署等多部门分批调整《进口废物管理目录》。中国环境科学研究院为配合目录的顺利调整，开展固体废物的污染特性研究工作，为应对外方质询提供技术支撑。

中国环境科学研究院为阻止洋垃圾入境工作提供技术支持。针对洋垃圾进口中面临的关键难题开展政策研究，提出了加强鉴别能力、完善加工产品标准体系、加强固体废物鉴别标准体系等政策建议。撰写《进口废物鉴别和进口废物目录动态调整报告》《进口固体废物管理目录调整环境影响评估研究》，推动了《进口废物管理目录》的调整，生态环境部分三次进行了四个批次的调整，持续削减固体废物进口种类和数量，共计 56 种固体废物被调整为禁止进口。近年提交的科技专报中提及的多个政策建议在我国固体废物政策不断调整中得以实现，充分发挥科技支撑作用。

针对进口货物通关环节，海关总署强化正面监管措施落实力度，加强风险研判，事前根据舱单、货物物流线路实施风险分析和布控；事中通过人工、机检严格查验并对疑似固体废物的货物进行属性鉴别；事后通过稽查，缉私完成后续管理。中国环境科学研究院配合海关专项行动，派遣人员参加布控、稽查等工作。针对国内进口固体废物企业监管环节，生态环境部持续加大对进口固体废物企业监管力度，强化日常执法监管，开展打击进口固体废物加工利用企业环境违法行为专项行动。中国环境科学研究院分批次派出技术人员，赴进口固体废物加工利用企业现场进行技术指导。

第三节　开展进口固体废物属性鉴别工作

受各地监管和执法大队（如口岸缉私机构、检验机构、查验监管机构等）的鉴别委托，中国环境科学研究院通过科学的鉴别技术和手段，缜密精准的分析和判断，撰写出具《进口物品固体废物属性鉴别报告》，为执法和监督管理提供技术支持。10 年来，中国环境科学研究院承担的进口物品固体废物属性鉴别工作稳步开展，累计完成《进口物品固体废物属性鉴别报告》884 个，其中结论为禁止进口固体废物的案例有 650 个，占比 73.53%；限制进口类固体废物的案例 13 个，占比 6.10%；非限制进口类固体废物案例 7 个，占比 0.79%；不属于固体废物案例 173 个，占比 19.57%（其他分类此处略）。2018 年鉴别案例数量多、涵盖样品种类范围广，年度共完成《进口物品固体废物属性鉴别报告》152 个，其中结论为禁止进口固体废物的案例有 90 个，占比 59.21%；限制进口类固体废物的案例 13 个，占比 8.6%；非限制进口类固体废物案例 1 个，占比 0.7%；不属于固体废物案例 48 个，占比 31.5%。

2018年案例主要包括氧化锌类、其他矿物及冶炼渣类、再生塑料颗粒类、橡胶类及电子产品液晶显示屏类，这五类案例占总案例数的74%。除此之外，2018年案例中还涉及有化纤纤维、动物毛皮、粉末涂料、多晶硅、大豆脱臭馏出物等20余种类型样品。

一、含氧化锌废物

鉴别为含氧化锌的废物样品出现多种报关名称，如氧化锌、粗制氧化锌、次氧化锌、副产品氧化锌等。该类案例特点是进口量大，从几吨至数百吨不等。鉴别样品外观颜色复杂，样品外观呈粉末状、团状、粒状等形态，颜色有灰黑色、灰白色、红褐色、黄绿色等。通过综合分析，来源以电弧炉炼钢烟尘、含锌废物二次挥发烟尘为主，也有转底炉工艺来源的，对于氧化锌含量小于50%的基本上鉴别为禁止进口固体废物，对于是经过二次挥发富集获得的且氧化锌含量不低于50%的，通常不判为废物。含锌废物是近十年来海关重点查扣的对象。

二、冶炼渣

冶炼渣类样品产生来源总体可分为湿法工艺和火法工艺两大类，由于样品形态多样、组分复杂、工艺流程烦琐，确定样品出自具体哪个工艺环节成为鉴别的重点和难点；从主要金属成分角度分析，有常用有色金属、黑色金属、稀有金属、稀土金属等。有的样品由于在国外经过简单的物理或化学方法处理，使用的工艺先进程度不一，使得废物原始用途发生一定改变，增加了鉴别难度。某些样品金属含量显著高于国内相应金属原矿或精矿的金属含量，导致在鉴别过程中不易把握判断尺度。例如，判断为禁止进口的富铅渣中铅的含量高于一般铅精矿铅的相应含量，更显著高于冶炼弃渣中铅的含量；又如，很多含镍废料其镍的含量比红土镍矿高得多。

三、再生塑料颗粒

2018年全国各地海关查扣了大量再生塑料颗粒，这类样品大多数满足颜色基本一致、颗粒大小形状基本一致、成分基本一致，但不能仅依据外观特征就简单判断固体废物属性。鉴别过程中，通常还需从材料性能上判断其是否可以代替相应合成材料进行使用，对不符合可替代物相关产品标准的判断为限制进口类固体废物，对明显成分混杂的塑料颗粒判断为固体废物，对明显含有刺激性异味并且检测出含有挥发性有害组分的判断为禁止进口废物。再生塑料颗粒复检比例高是突出特点，一是废塑料禁止进口后正常通道被阻断，企业其转向境外加工成塑料颗粒，作为原料进口的数量增加；二是再生塑料行业缺乏产品标准和固体废物鉴别规范，口岸海关又不轻易放行，导致被查扣和需鉴别比例增高。

四、液态废物

液态废物历来是鉴别的一大难点，主要原因是属于成分混杂的物质，对其成分分析和来源解析非常困难。典型案例为粮油加工过程中的脱臭馏出物等高浓度有机废物，其中有些是利用价值较高的废物。因鉴别为废物对进口企业造成影响而引起较大争议，最后通过生态环境部和海关总署组织召开专家会议予以裁定，不作为固体废物管理。

五、产品类废物

一是电子废物仍是突出类别。例如，成都双流机场海关在 2017—2019 年，陆续查扣 20 余名入境旅客携带的行李中有打包或未打包的、废旧特征明显的、贴有明显故障信息的电子产品，包括废手机、平板电脑、手机液晶显示屏、显示板、手机线路板等，每批次入境货物数量不多（正常情况下经济舱每人不超过 20 kg、公务舱不超过 30 kg），属于“蚂蚁搬家”式的废物入境新动向。同时，也有废旧家电部件、废电池和废偏光片进口情况，废旧家电多以再维修和制造货物名义进境。

二是空冷冻集装箱。蛇口海关缉私分局查扣了多批冷冻集装箱。空冷冻集装箱以空车入境的方式由香港驶入内地，在国内维修、拆解、变卖或改装为移动办公用房等，具有明显报废特征，不能直接作为冷冻运输工具使用，从整批进口货物角度，鉴别为禁止进口固体废物，此结果将对当地已经形成的产业链构成冲击。

三是毛皮边角废料。某海关查扣的绵羊毛皮边角碎料，某海关查扣的水貂毛皮的边角碎料，因为均属于“产品加工和制造过程中产生的下脚料、边角料”而被判断为固体废物。这类废物近几年在北方口岸也多次被查扣，其利用价值相对较高。

四是废轮胎。某海关海缉处查处的通过空货船返回携带的废轮胎，为大型工程车的废轮胎，伪装作为船舶防撞击的悬挂胎，具有隐蔽性。近几年在其他口岸也有被查扣的非法进口废轮胎。

五是插花泥。某海关查处了某公司进口的插花泥废料，大部分插花泥是压缩成块打包，颜色各异，也有不少粉末、碎屑和片状的，主要成分为酚醛树脂，进口作为生产碳分子筛的原料。

六、其他废物

除上述废物外，还有镁碳砖废料、以炼钢促进剂名义进口的铝灰、聚酯泡泡料、橡胶副产物废物、咖啡渣、乳胶枕废料、合成纤维、人造纤维、废粉末涂料、废纸、燃料废物、混炼胶废料、钼酸钠、植物酸性油、土壤改良剂等，由于不是以废物名义进口，因而均有较大的鉴别难度。

七、非废物案例

2018 年完成的案例中判断为非废物的案例占 31.5%，高于往年大约 25%的比例。下面是一些判断为非废物的典型情况：

一是再生塑料颗粒。2018 年全国各地海关查扣了大量各种树脂成分的再生塑料颗粒，进口货物的确有良莠不齐的情况，口岸检验系统的鉴别以严为主，导致很多企业对判断为固体废物的情况不认可，因而中国环境科学研究院承接的复检鉴别案例较多。例如，其中有几个案例为多种颜色（黑、绿、红、灰）的再生聚乙烯塑料颗粒，成分和大小规格均匀，分别对样品中不同颜色部分进行成分和加工性能测试，再与混合样的测试结果综合对比，未见明显差异，加工性能较好，可替代原生料使用，颜色混杂只是表象，并不影响后续加工利用，因此，判断为初级加工再生产品，不属于固体废物。

二是金属矿物。金属矿物在每年的鉴别案例中都会出现一些有争议，判断其是矿物还是固体废物鉴别难度很大，不能依靠感观进行直接判断，也不能仅凭主要成分含量进行判断，必须要进行矿物相合理性分析，将其还原至产生工艺场景中进行分析。2018 年案例涉及铁矿砂、铁矿粉、锌矿、铜精矿、红土镍矿、含金银多金属混合矿粉等。

三是含金属成分的加工产物。鉴别案例中包括副产品氧化锌、有意识加工获得的氧化钴、高碳锰铁等。

四是次级品、等外品等初级原材料。初级原材料是口岸查扣货物中的又一大类，包括再生橡胶、有意加工的混炼胶、塑料板材、盐湿牛皮、整张或裁切规整的偏光片材料、多晶硅粉、有机玻璃板材、聚酰胺材料、聚丙烯腈纶次级丝等。

第四节　开展技术交流与宣贯工作

为进一步推广鉴别技术方法，实现鉴别尺度与方法一致，中国环境科学研究院积极开展技术培训工作，以专家座谈、技术培训等多种形式，在全国十余个海关、海关技术中心开展相关培训，通过分享典型案例、详解进口固体废物相关法律法规及管理政策，为海关一线关员及从事进口固体废物鉴别工作的技术人员提供了丰富的学习、培训资源。

为更深入了解国内进口固体废物行业、企业现状，开展多次实地调研，走访国内塑料颗粒加工厂、废锌废铝回收利用企业、亚麻短纤进口企业、保税区机电产品回收再制造企业、废钢回收利用企业等，深入探访行业内情，了解加工工艺过程，分析工艺过程中产生废物节点，收集现场真实数据。同时倾听行业、企业诉求，解答疑问，对其宣贯我国进口固体废物现行国家方针、政策，普及相关法律法规及环保专业知识，分析探讨进口过程中的技术难题。

第三章　主要成效

第一节　固体废物进口数量大幅削减

中国环境科学研究院牵头制定《固体废物属性鉴别标准　通则》（GB 34330—2017）规定了固体废物的范围、属性鉴别准则。进口可用作原料的固体废物环境保护控制系列标准，规定了冶炼渣、废纸等 11 种进口可用作原料的固体废物环境保护控制要求。通过调整《进口固体废物管理目录》，逐步实现了管理政策的稳步推进。最终形成了鉴别原理、鉴别方法、政策管理三个层次相互关联的鉴别体系，织就了精准快速鉴别“洋垃圾”的技术网。以上技术成果在 20 家鉴别专业机构推广使用，近五年来累计鉴别上万批次样品，其中近四成被鉴定属于固体废物，涉及固体废物数千万吨，为我国开展打击洋垃圾入境专项行动提供了有力的保障。

废纸是我国造纸行业的重要原料之一，中国造纸协会统计数据显示，2019 年全国纸及纸板生产企业约有 2 700 家，纸及纸板生产量为 10 765 万 t，较上年增长 3.16%。我国有近 70%的纸张来源于废纸，而历年进口废纸量则占据我国废纸原料总量的 1/3。2018 年、2019 年，中国废纸进口量分别为 1 702 万 t 和 1 075 万 t，这已经是分别同比下降了 34%和 37%的进口量。废塑料、废钢铁的进口量同时呈下降趋势（图 8-8）。

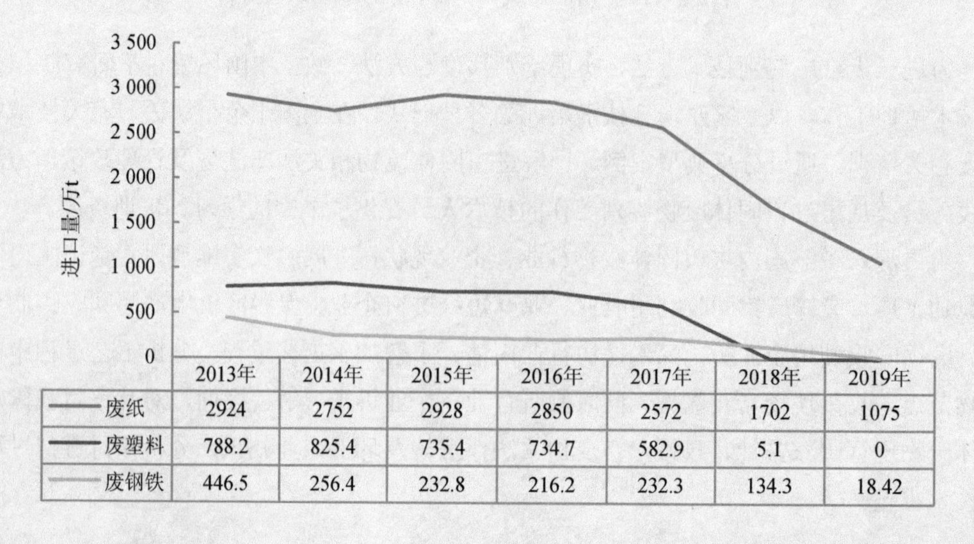

	2013年	2014年	2015年	2016年	2017年	2018年	2019年
废纸	2924	2752	2928	2850	2572	1702	1075
废塑料	788.2	825.4	735.4	734.7	582.9	5.1	0
废钢铁	446.5	256.4	232.8	216.2	232.3	134.3	18.42

图 8-8　2013—2019 年我国废纸、废塑料、废钢铁进口量变化趋势

生态环境部实施三次四批目录调整，持续削减固体废物进口种类和数量，有 56 种固体废物被调整为禁止进口。截至 2019 年年底，固体废物进口种类和数量比改革前（2016 年）分别下降了 76%、71%。2017 年、2018 年，固体废物实际进口量分别同比下降 9.2%、46.5%。2019 年全国固体废物进口总量为 1 347.8 万 t，同比减少 40.4%。2020 年是禁止洋垃圾入境推动固体废物进口管理制度改革的收官之年，中国环境科学研究院会同各有关部门和地区，坚定不移抓好禁止洋垃圾进口这一生态文明建设标志性举措，配合国家基本实现 2020 年年底固体废物零进口，全面完成各项改革任务。

第二节　促进国内再生资源行业产业升级

国家出台一系列打击洋垃圾进口举措，改革固体废物进口管理制度，制定禁止进口时间表，分批分类调整进口管理目录，综合运用法律、经济、行政手段，大幅减少固体废物进口种类和数量，倒逼国内提高固体废物回收利用效率，发展循环经济。随着固体废物进口政策的变化，国际市场将逐渐成为再生资源企业开展产能合作、完成产品加工、实现技术输出和产品销售的新战场，促进了国内再生资源回收产业升级。

近年来，随着监管力度不断加大，许多进口固体废物加工企业的生产状况有所好转，但是依然没有从根本上改变“散、乱、污”的局面。禁止进口洋垃圾，也是供给侧结构性改革的内容，从原料品质控制、产业水平提升上淘汰落后产能、过剩产能和低端业态。禁止洋垃圾入境短期之内对以进口固体废物为主要原料的再生资源加工利用行业，将产生一定冲击，大量“散、乱、污”企业将面临淘汰关停命运，但从长远来看，有助于产业集聚度、技术水平、管理水平、环保标准和产品质量的提升。

针对国内再生资源行业存在的非法加工利用行为，原环境保护部联合国家发展改革委等部门，开展电子废物、废轮胎、废塑料、废旧衣服、废家电拆解等再生利用行业清理整顿，督促地方清理整顿电子废物、废轮胎、废塑料、废旧衣物、废家电拆解等再生利用活动。取缔一批污染严重、群众反映强烈的非法加工利用小作坊、“散、乱、污”企业和集散地。引导企业采用先进加工工艺，集聚发展，集中建设和运营污染治理设施，防止污染土壤和地下水，有效地促进了国内再生资源回收利用领域的发展。随着政策的进一步实施，主要洋垃圾品种进口量将进一步下降，以进口固体废物作为主要原料的再生资源利用企业，应适应政策调整需要，加快生产结构调整，加大国内再生资源的采购量，建立高效率、多品种、多渠道的国内回收体系。

第三节　支撑进口固体废物政策调整

近年来，中国环境科学研究院积极投身打击洋垃圾专项行动第一线，为阻止洋垃圾入境工作提供技术支持。针对洋垃圾进口中面临的关键难题开展政策研究，提出了加强鉴别能力、完善加工产品标准体系、加强固体废物鉴别标准体系等政策建议。撰写《进口废物鉴别和进口废物目录动态调整报告》《进口固体废物管理目录调整环境影响评估研究》，推动了《进口废物管理目录》的调整，生态环境部分三次进行了四个批次的调整，持续削减固体废物进口种类和数量，共计 56 种固体废物被调整为禁止进口。

中国环境科学研究院近年来提交的科技专报中提及的多个政策建议在我国固体废物政策不断调整中得以实现，充分发挥科技支撑作用。典型政策建议落实情况如下：

政策建议“持续高压，加大对进口废物加工利用行业、国内再生资源回收利用行业违规违法和洋垃圾走私等行为的打击力度，从严从重从快处罚违法行为”得到采纳。根据建议生态环境部及海关总署组织开展“打击进口固体废物环境违法专项行动”等多个专项行动，对疑似进口固体废物加严审查，对以进口固体废物为原料的加工利用企业开展专项督查，有效阻止洋垃圾入境，降低固体废物进口量。

政策建议“依托物联网、互联网+、大数据等信息化技术，强化部门间进口废物管理和执法信息大数据互通共享机制，建立进口废物智能管理技术体系”得到采纳。根据建议并依托国家重点研发计划“固体废物资源化”重点专项“进口可用作原料固体废物环境风险评估及关联相应研究”项目，进行进口固体废物特征信息提取和数据库框架研究及进口固体废物鉴别案例数据库设计及应用开发，最终实现完成构建涵盖近五年 90%以上种类进口可提供原料固体废物特征信息动态数据的数据库，相关信息涵盖近五年 90%以上进口固体废物类别的鉴别案例，供环境主管部门、海关口岸等单位快速获取相关信息。

政策建议“完善固体废物初级加工产品体系，尽快出台需求大、价值高、影响面广的固体废物初步加工产品国家标准，如回收铜原料、回收铝原料、再生塑料颗粒、再生纸浆等”得到采纳。根据建议中国环境科学研究院在生态环境部、国家市场管理监督总局的大力支持下，参与制定《再生黄铜原料》《再生铜原料》《再生铸造铝合金原料》标准，同时在 2019 年完成的《进口废铜废铝环境影响评估及再生过程污染特征模拟研究》《再生塑料颗粒标准编制研究报告》成为再生铜、铝及塑料颗粒系列标准制定过程中的理论研究成果。科学严谨的环保指标限值设定有利于优化资源的利用，有利于环境保护和降低能耗，促进再生原料回收行业规范化、精细化发展，淘汰落后产能，有效推动符合产品质量标准的再生资源合法化进口。

第四章　典型案例

第一节　丧失原有利用价值或被抛弃的产品类废物

一、再生塑料颗粒

某海关委托中国环境科学研究院对申报的“PE 共聚物塑胶粒”货物样品进行固体废物属性鉴别（复检），进口时间为 2018 年 12 月。样品整体外观颜色属淡黄色系，夹杂有少量米黄、白等颜色颗粒，多为薄厚不均的扁圆状，同时混有较多形状不规则碎屑（图 8-9、图 8-10）。

图 8-9　样品外观　　　图 8-10　分出的大于 5 mm 及小于 2 mm 的颗粒

红外光谱分析表明，样品主要成分为聚乙烯、尼龙 6、少量 EVA 及其他少量成分，其中聚乙烯含量约 57%，尼龙 6 含量约 43%。样品 600℃灼烧后灰分在 0.3%左右，证明样品中添加了少量无机物，推测其为聚乙烯—尼龙共混/共聚再生塑料粒子，熔体流动速率在“聚乙烯（PE）树脂”标准测试条件下无法测出，不满足标准要求。根据《热塑性塑料颗粒外观试验方法》中大粒、小粒的定义，样品大、小粒颗粒分别为 60%、0.5%，仅有不足 40%的样品颗粒尺寸在 2～5 mm。大粒颗粒表现为扁圆片状较厚且颜色较深，小粒样品不成片状，为碎屑渣状，样品外观颜色、形状均表现出较严重的不均匀性。

以上结果表明，样品原料来源杂，在加工生产过程中没有质量控制，进一步判断样品是回收聚乙烯、尼龙等塑料生产中产生的下脚料、不合格品或残次品，根据《固体废物鉴

别标准　通则》(GB 34330—2017)，判断样品属于固体废物。根据《限制进口类可用作原料的固体废物目录》，鉴别样品属于我国限制类进口的固体废物。

二、纸尿裤

某海关委托中国环境科学研究院对申报的“成人纸尿裤”样品进行固体废物属性鉴别，进口时间为 2019 年 2 月。样品均为底衬淡黄色无纺布、内芯为白色绒棉状物质的成人纸尿裤，折叠摆放，样品相互挤压，按层摞放。样品无独立外包装、无品牌、无生产厂家、无生产日期、无保质期，无执行标准等相关信息。较多样品底部、边缘、内芯等部位出现条痕状脏污，部分样品挤压变形、残缺等。将样品内芯撕开后，可见内部除固态状棉絮外，内芯有非常明显的细粉末（尘），浸水后可见较多颗粒膨胀的吸水树脂显现（图 8-11、图 8-12）。

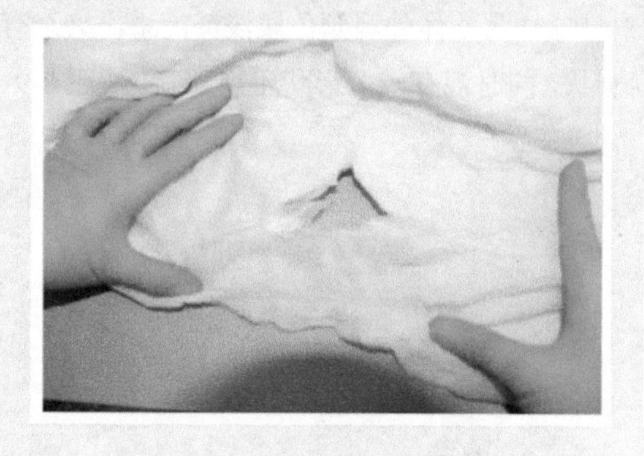

图 8-11　样品内芯有剪裁漏洞

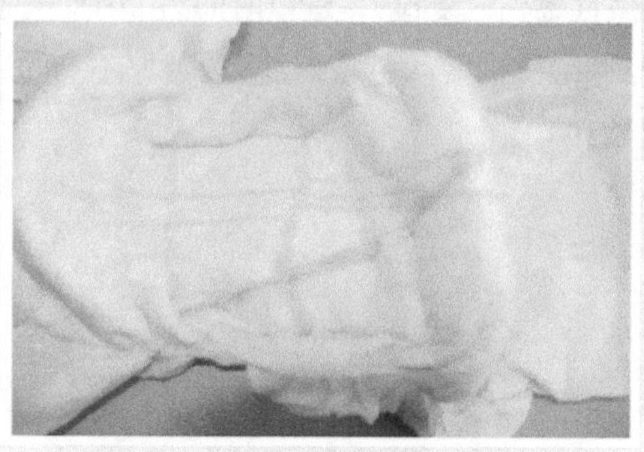

图 8-12　样品底部有条痕状脏污痕迹

样品外观明显不符合我国强制性卫生标准《一次性使用卫生用品卫生标准》(GB 15979—2002)，同时也不符合“纸尿裤（片、垫）”相关要求。对样品进行性能测试，样品全宽偏差、条质量偏差均不符合要求。测试表明，样品是由于被污染、剪裁及其他质量问题等原因，而不能在市场出售、流通或者不能按照原有用途使用的不合格品、残次品、废品，根据《固体废物鉴别标准　通则》(GB 34330—2017)，样品和鉴别货物属于我国禁止进口的固体废物。

第二节　生产过程中产生的副产物类废物

铝基炼钢促进剂

某海关委托中国环境科学研究院对申报的“铝基炼钢促进剂”样品进行固体废物属性鉴别，进口时间为 2018 年 6 月。样品为灰色块状、粉粒的混合物，有结块，不可用手捏碎，有刺鼻氨水气味（图 8-13、图 8-14）。

图 8-13　样品外观

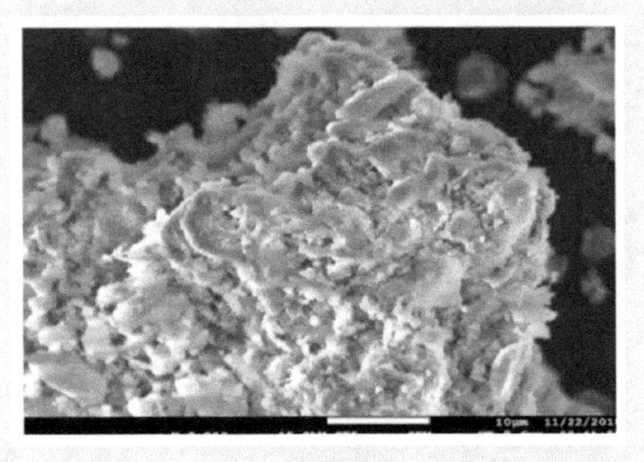

图 8-14　样品放大 2 000 倍

样品为灰色块状固体和颗粒物的混合物，以颗粒物为主，符合铝灰渣外观特征。样品成分复杂，主要含有铝，并明显具有铝冶金过程中的氟、钠、硅、镁、钙等特征杂质元素。X-衍射物相分析样品中主要含有金属铝、氧化铝、氮化铝，与回收废铝再熔炼过程中铝的物质构成相符，其中金属铝来源于原料代入和熔炼还原过程，氧化铝是熔炉表层产生的氧化灰渣，氮化铝是在熔炼中通入氮气后形成。样品中含有氯、氟盐类化合物，其中氯来自再生铝熔炼生产中添加的氯化钠、氯化钾熔剂，氟来自熔剂冰晶石。样品这些特征总体上符合铝废碎料回收熔炼产生的灰渣特征，由于样品颗粒粗细不均，铝含量较高，判断样品是再生铝厂冶炼刚出炉未经提取部分铝的熔炼灰渣，即一次铝灰，具有一定的回收利用价值。由于铝灰（渣）已明确列入《固体废物鉴别标准　通则》（GB 34330—2017），属于固体废物。根据《禁止进口固体废物目录》，样品属于我国禁止进口的固体废物。

第三节　环境治理过程中产生的废物

粗制氧化锌

某海关委托中国环境科学研究院对申报的“粗制氧化锌”样品进行固体废物属性鉴别。样品为土黄色粉末，测定含水率为 0.3%，600℃灼烧后的烧失率为 1.87%（图 8-15、图 8-16）。

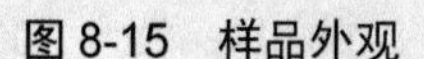
图 8-15　样品外观

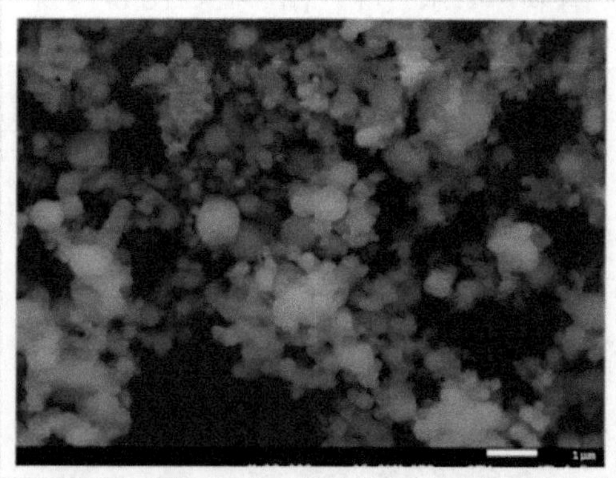
图 8-16　样品放大 10 000 倍的示意（球珠状）

样品主要含有锌、铁、氯、钙、硅、硫、铅、钾、锰、镁等，物相结构以 ZnO、$ZnFe_2O_4$、Fe_3O_4、$ZnCl_2$ 为主，与锌、铁、氯在电弧炉炼废钢烟尘中的主要存在形态相符，由于 $ZnFe_2O_4$ 需在 800～1 300℃的氧化气氛中产出，因此可以推断样品经过了高温处理。经扫描电镜观察，样品主要为微米级的细粉集合体，且夹杂有大量球珠状物质，与电弧炉炼废钢烟尘含有一些圆形的金属或氧化物颗粒以及大量的细小微粒现象相符，样品的棕褐色与电弧炉炼废钢烟尘中含较高三价铁氧化物的特征相符。含有的少量锰，很可能来自 Mn-Fe 合金原料熔炼挥发产物，还含有少量的铜、铅、溴、铬、锡、钡等有害元素，表明样品形成的物质成分较为复杂。综上所述，判断样品主要是来自电弧炉熔炼废钢产生烟尘的混合物。

样品是电弧炉熔炼废钢烟气除尘灰，属于“污染控制设施产生的残余物”；成分复杂且含量会随着原料中成分含量而变化，这类烟气粉尘不是有意生产的物质，也不可能符合产品标准或产品规范。利用这种回收粉尘属于“用于消除污染的物质的回收”，也属于“利用操作产生的残余物质的使用”。根据《固体废物鉴别导则（试行）》，样品属于固体废物。

第四节　以固体废物为原料加工处理之后的固体废物

土壤改良剂

某海关委托中国环境科学研究院对申报的“土壤改良剂”样品进行固体废物属性鉴别，进口时间为 2018 年 2 月。样品为土黄色颗粒状，有轻微甘甜气味，测定样品含水率为 0.52%，样品干基经 550℃灼烧后烧失率为 5.68%，pH 为 7.58（图 8-17）。

图 8-17 样品外观

样品主要含钙、镁、氯等无机成分，含有较为复杂的多种有机组分，具有一种类似糖蜜的芳香气味，有机质质量分数为 10.0%、总养分质量分数为 2.06%，明显不符合《有机肥料》（NY 525—2012）标准中有机质需达到 45%以上及总养分不得低于 5.0%的指标要求，也不符合《复混肥料（复合肥料）》（GB 15063—2009）标准中总养分不得低于 25.0%的要求。结合样品外观特征，综合判断样品不是有机肥料、复合肥，也不能作为有机肥、复合肥来使用。

样品属于土壤改良剂范畴的物质，其应用属于以土壤改良为利用方式直接施用于土地，根据《固体废物鉴别标准　通则》（GB 34330—2017），判断样品属于固体废物。根据《禁止进口固体废物名录》《限制进口类可用作原料的固体废物名录》《非限制进口可用作原料的固体废物名录》中均没有列出“土壤改良剂”类废物，而《禁止进口固体废物目录》中列出了“其他未列名固体废物”，建议鉴别样品归于此类废物，因而鉴别样品属于我国禁止进口固体废物。

第五节　用于物质原始用途不作为固体废物

旧轮胎

某海关委托中国环境科学研究院对申报的“大客车及卡车用旧轮胎”样品进行固体废物属性鉴别，进口时间为 2019 年 2 月。货物采取现场鉴别方式，现场鉴别时货物已从集装箱中掏出，共 293 条。货物是无内胎的载重汽车轮胎，胎面均可见磨损痕迹，部分轮胎胎面、胎肩、胎侧等部位有摩擦、破损伤痕，部分轮胎胎面内嵌有石子、金属等杂物，磨损程度不一。现场初步查看，所有轮胎均未磨损至胎侧的轮胎磨损警报信号标志“△”处，胎面花纹仍可辨识但磨损程度相对较高的轮胎有 51 条，剩余轮胎胎面花纹较为清晰。

旧轮胎与废轮胎确实有区别，废轮胎是失去了原有的使用价值且不能翻修继续使用的轮胎，废轮胎以再生利用其中的橡胶资源、热能利用，改变轮胎原用途的原形利用、处理处置等为目的，旧轮胎以翻新再制造为目的。符合现行政策和管理要求的且满足一定技术质量要求的旧轮胎，不应归为废轮胎。根据《载重汽车翻新轮胎》（GB 7037—2007）标准，对随机抽取的轮胎样品进行外观、损伤测试、充气实验，除未找到速度符号外，其余测试结果均符合标准要求。根据咨询行业相关专家及相关品牌轮胎生产者，了解到不同国家对轮胎生产的标准要求也会有不同，确实会有未标记速度符号的轮胎。最后判断鉴别货物是从使用过的载重汽车轮胎中回收的轮胎，初步检测表明是满足《载重汽车翻新轮胎》（GB 7037—2007）中要求的旧轮胎。

鉴别货物基本满足《载重汽车翻新轮胎》（GB 7037—2007）中要求的旧轮胎，经过翻新仍可作为轮胎继续使用，未丧失其原有利用价值。在当前海关总署和生态环境部没有明确进口旧轮胎为固体废物的情况下，口岸海关核实该批货物相关进口和利用企业资质没有问题的前提下，根据固体废物的法律定义和以往口岸对旧轮胎的管理实践，判断该批鉴别货物不属于固体废物，即不属于废轮胎，为可翻新的旧轮胎。

第九篇

“绿盾”自然保护区监督检查专项行动

〝绿盾〞自然保护区监督检查专项行动

LVDUNZIRANBAOHUQU
JIANDUJIANCHAZHUANXIANGXINGDONG

2018年6月，中共中央、国务院发布《关于全面加强生态环境保护　坚决打好污染防治攻坚战的意见》，提出加快生态保护与修复，明确要求“持续开展‘绿盾’自然保护区监督检查专项行动，严肃查处各类违法违规行为，限期进行整治修复”。2019年6月，中共中央办公厅、国务院办公厅印发了《关于建立以国家公园为主体的自然保护地体系的指导意见》，将自然保护地分为国家公园、自然保护区、自然公园3类，并提出要“建立包括相关部门在内的统一执法机制，在自然保护地范围内实行生态环境保护综合执法”，以及“强化监督检查，定期开展‘绿盾’自然保护地监督检查专项行动，及时发现涉及自然保护地的违法违规问题”。

中国环境科学研究院在“绿盾”专项行动中，不断创新监管技术手段，研发了自然保护区移动监管系统，为“绿盾”专项行动提供了重要技术支撑。同时，进一步发挥学科专业优势，研究制定了自然保护地相关监管政策及标准规范，连续开展了长江经济带、秦岭区域、黄河流域等重点区域国家级自然保护区相关评估工作，与“绿盾”专项行动有机结合，持续深入推动自然保护地生态环境监管工作，为2020年打赢污染防治攻坚战提供了科技支撑。

第一章　背景和主要意义

第一节　背景情况

自然保护地是生态建设的核心载体、中华民族的宝贵财富、美丽中国的重要象征，在维护国家生态安全中居于首要地位。根据《2019 中国生态环境状况公报》，我国已建立数量众多、类型丰富、功能多样的各级各类自然保护地 1.18 万处，保护面积占全国陆域国土面积的 18%、管辖海域面积的 4.1%；在保护生物多样性、保存自然遗产、改善生态环境质量和维护国家生态安全等方面发挥了重要作用。但目前生态环境保护压力依然较大，自然保护区发展还存在保护与开发矛盾、管理机制有待健全、区域布局尚需完善、有关基础工作比较薄弱等问题。

2017 年 7 月，中共中央办公厅、国务院办公厅发布了《关于甘肃祁连山国家级自然保护区生态环境问题督查处理情况及其教训的通报》（以下简称“两办通报”），将祁连山国家级自然保护区生态环境问题作为生态环境破坏典型案例进行了深刻剖析。为深入贯彻习近平总书记重要指示批示精神，认真落实“两办通报”精神，原环境保护部、原国土资源部、水利部等七部门联合开展了“绿盾 2017”国家级自然保护区监督检查专项行动，突出问题导向，层层传导压力，有力提升了地方各级党委、政府及其有关部门的生态保护责任意识，解决了许多长期想解决而没有解决的难题。为进一步巩固成效，2018 年七部门再次联合开展“绿盾 2018”自然保护区监督检查专项行动，持续加大对自然保护区内违法违规问题的整治力度，重点督办习近平总书记和其他中央领导同志作出重要批示的突出问题，强化监督问责，坚决制止和惩处破坏生态环境的行为。2018 年 6 月，中共中央、国务院发布的《关于全面加强生态环境保护　坚决打好污染防治攻坚战的意见》，提出加快生态保护与修复，也明确要求“持续开展‘绿盾’自然保护区监督检查专项行动，严肃查处各类违法违规行为，限期进行整治修复”。

2019 年，按照国务院机构改革方案和有关部门职责，生态环境部联合了水利部、农业农村部等六部门共同开展“绿盾 2019”自然保护地强化监督工作。通过生态环境保护强化监督，继续保持高压态势，紧盯自然保护地突出生态破坏问题不放，突出监督整改，确保习近平总书记重要指示批示精神深入人心、落到实处、见到实效。2020 年，在连续三年开展“绿盾”自然保护地强化监督的基础上，七部门联合开展了“绿盾 2020”自然保护地强化监督工作，严肃查处自然保护区各类违法违规活动，切实加强自然保护区监督管理。

第二节 主要意义

习近平总书记高度重视自然保护地生态保护工作，先后多次对自然保护地问题作出重要指示批示，要求严肃查处，扭住不放、一抓到底，不彻底解决绝不松手，确保绿水青山常在、各类自然生态系统安全稳定。加强自然保护地监管，是保留我国自然本底、保护濒危生物物种、筑牢国家生态屏障的重要手段，是打好污染防治攻坚战的重要内容，是落实生态环境和自然资源保护领域机构改革任务的有力举措。

“绿盾”专项行动全面排查了我国自然保护地特别是国家级和省级自然保护区存在和新增的突出环境问题，检查管理责任落实不到位的问题，严格督办自然保护地问题排查整治工作。此外，“绿盾 2019”专项行动还进一步核查了长江经济带 11 省（市）所有自然保护区，以及长江干流和雅砻江、岷江、嘉陵江、乌江、汉江、沅江、湘江、赣江八条主要支流和鄱阳湖、洞庭湖、洪泽湖、太湖、巢湖五大湖区五公里范围内的各类自然保护地。“绿盾”专项行动由各部门成立联合巡查组，督促地方各级人民政府及相关部门，严肃查处涉及自然保护地的违法违规活动，推动问题整改取得实效。

第二章 工作安排及支撑行动

第一节 移动监管系统研发及应用

“绿盾”专项行动开展以来，中国环境科学研究院不断创新技术手段，研发了自然保护区移动监管系统。在移动终端上，自然保护区移动监管系统集成了自然保护区边界及功能区划、卫星遥感高清影像、人类活动遥感监测点位等数据，基于手机 GPS 等智能终端的单点定位，可辅助督察巡查人员在现场核查工作中实时判别所在点位的性质，实时记录巡查人员的巡查轨迹，并上传到环境云平台（图 9-1）。

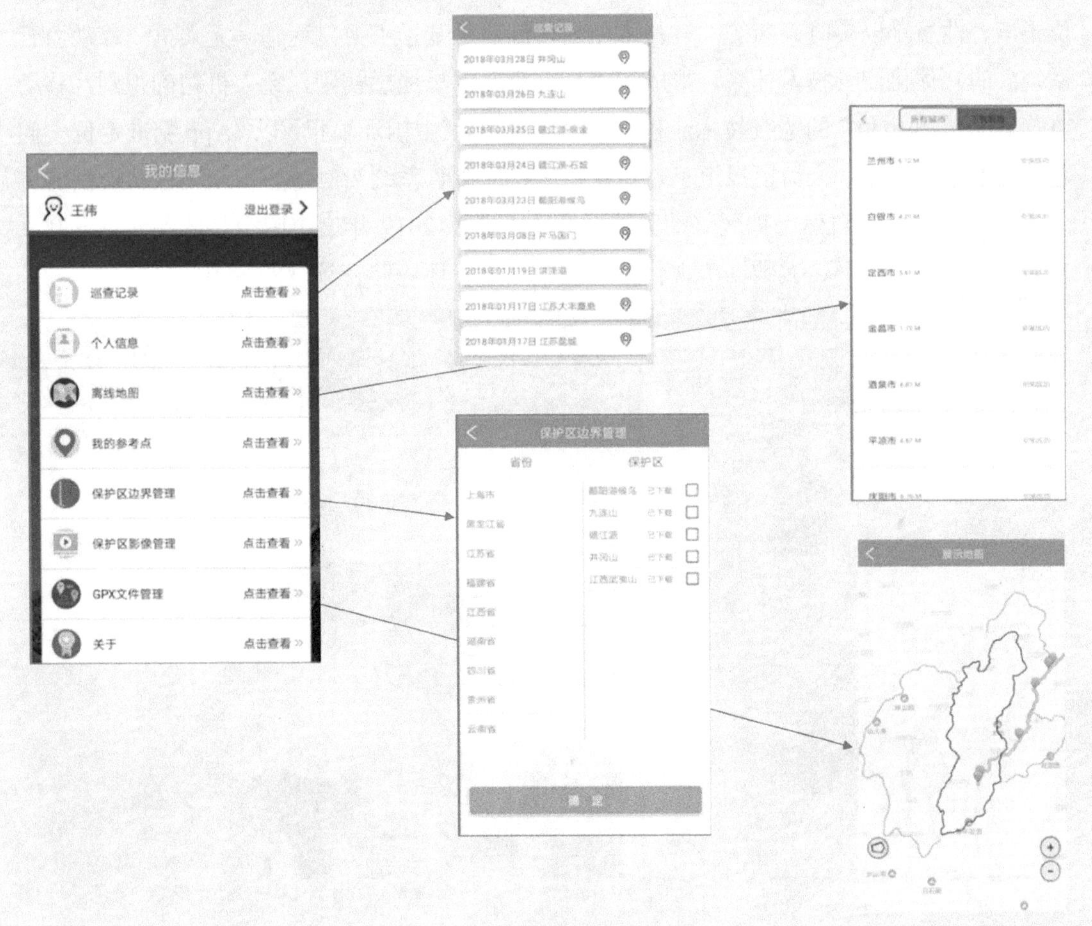

图 9-1 自然保护区移动监管 App 手机终端页面

在环境云平台，工作人员可批量导入自然保护区问题台账，在线进行问题点位分配，实现了问题点位的下发、核查、统计、报表的标准化体系。通过云平台与移动端实时联系，相关管理人员还可实时查询巡查人员状态、位置，核实巡查轨迹与问题点位的拟合程度，并对核查结果进行实时分析，实现了巡查人员现场数据的精细化监管（图 9-2）。

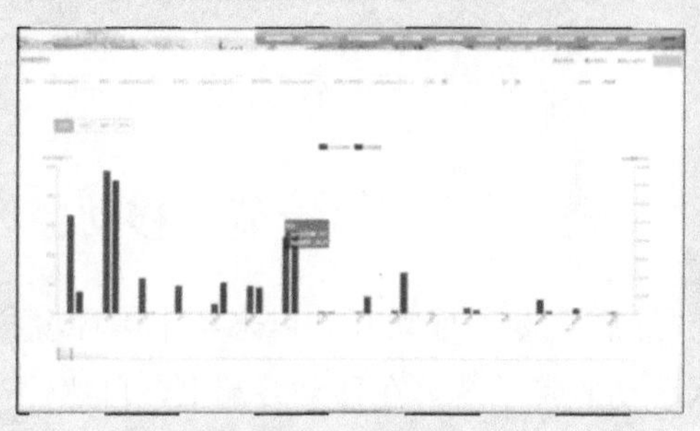

图 9-2 在环境云平台部署的自然保护区移动监管信息管理平台

自然保护区移动监管系统填补了“绿盾”专项行动现场督察巡查时普遍存在的问题点位不清、性质难以实时判断等关键技术空白，创建了基于“卫星遥感—无人机—移动监管系统”的立体化监管技术体系，形成了“高分辨率卫星遥感初判，无人机精确识别，移动监管 App 实地定位”的巡查技术流程。2018 年 8 月，《中国环境报》以《App 精准定位 问题无处遁形》为题，大篇幅报道了自然保护区移动监管系统为“绿盾”专项行动提供的有力支撑（图 9-3）。自然保护区移动监管系统还入选了 2019 年度全国智慧环保创新案例，有力地推动了互联网、大数据等现代信息技术在生态环境监管领域的应用。

中国环境报

中华人民共和国生态环境部主管

国内统一刊号：CN11-0085

邮发代号：1-59

CHINA ENVIRONMENT NEWS

版面导航　返回电子报首页

下一篇▸　2018年8月31日　放大　缩小　默认

自然保护区移动监管系统为“绿盾2018”巡查提供有力支撑

App 精准定位 问题无处遁形

巡查组工作人员使用自然保护区移动监管系统App 开展工作引起关注。

第02版：要闻　◂上一版　下一版▸

图 9-3 《中国环境报》对自然保护区移动监管系统的专题报道

第二节　生态环境监管制度体系研究

按照生态环境部要求，中国环境科学研究院积极组织开展自然保护地生态环境监管相关政策、法规、制度、标准体系的研究工作；支撑完成《自然保护地生态环境监管工作暂行办法》（征求意见稿），将三类自然保护地均纳入了监管范围，明确国家、省级和地市级生态环境部门对于自然保护地的监管职责。同时，全面规范自然保护地生态环境监督制度的内容和程序。从自然保护地的规划制定和实施、设立调整、评估、检查、执法和督察等方面，对自然保护地建设管理的生态环境保护工作实施全程监督，明确各项监督制度的内容、方式和程序，督促自然保护地管理机构、行政主管部门和各级地方政府全面做好自然保护地的生态环境保护工作。中国环境科学研究院支撑完成《生态环境部贯彻落实〈关于建立以国家公园为主体的自然保护地体系的指导意见〉工作方案》，提出构建自然保护地生态环境全过程监管制度体系。积极向生态环境部报送自然保护地生态环境监管相关技术文件，支撑部重点工作，包括《自然保护地生态环境监测网络建设工作机制方案》以及对《中华人民共和国自然保护区条例》《国家公园法》等法律法规文件制定（修订）提出意见和建议。

第三节　“绿盾”技术支持和人员保障

根据“绿盾”专项行动部署安排，中国环境科学研究院选派近百名同志参加实地巡查工作。协助生态环境部编制“绿盾”专项行动实施方案、巡查工作方案，拟订巡查分工计划，准备巡查材料，安排人员分组，开展巡查宣传等各项工作。协助生态环境部撰写了关于自然保护区生态环境问题的约谈建议，得到了中央生态环境保护督察办公室的采纳。积极开展巡查宣传工作，《江苏海安市违规撤销沿海防护林和滩涂县级自然保护区实施开发建设》《浙江武义县违规撤销牛头山县级自然保护区》等多篇文章在生态环境部微信公众号公开发表。

在生态环境部指导下，组织筹办了“绿盾”专项行动巡查工作动员会暨培训班，并联合内蒙古生态环境厅举办了全国自然保护区监督检查专题座谈会，相关工作得到参会人员的一致好评，为开展“绿盾”专项行动提供了重要保障。

第四节　自然保护区评估及相关工作

一、支撑制定自然保护地评估相关标准

在原环境保护部指导下，中国环境科学研究院组织编制了《自然保护区管理评估规范》（以下简称《评估规范》），于2017年由环境保护部正式发布。《评估规范》立足自然

保护区生态环境监管工作需要，为客观反映自然保护区的管理工作状况及保护成效，设置了“开发建设活动影响”扣分指标，与“绿盾”专项行动相结合，重点评估违法违规活动对生态环境的负面影响。同时，《评估规范》还突出了“主要保护对象动态变化”指标分值比重，以自然生态系统、珍稀濒危野生动植物等变化情况，进一步反映了自然保护区生态环境监管成效。《评估规范》的发布，为科学、客观开展自然保护区评估工作提供了重要的指导依据。

随着自然保护地体系的改革，自然保护区的保护成效逐渐受到重视。制订自然保护区生态环境保护成效评估技术规范，推动了自然保护区保护成效评估的规范化，是生态环境部履行自然保护区生态环境监管职能的必然要求。为改变自然保护区保护成效评估缺乏统一技术规范的局面，中国环境科学研究院先后编制完成《自然保护地保护成效评估工作规程》（报送稿）、《自然保护区生态环境保护成效评估标准》（征求意见稿）、《国家公园保护成效评估标准》（报送稿）、《自然公园保护成效评估标准》（报送稿）等标准规范。

二、构建自然保护区生态环境保护成效评估技术体系

在文献调研、专家咨询、现场查勘的基础上，中国环境科学研究院针对不同类型自然保护区的特点，构建各类型自然保护区生态环境保护成效评估指标库。在此基础上，通过因子分析法、频度统计法、问卷调查法及专家决策分析法，筛选与自然保护区生态环境保护成效有关的各项指标，包括主要保护对象、自然生态系统、生态系统服务功能、环境质量、主要威胁因素 5 项评估内容，以及主要保护对象的分布面积、主要保护物种的种群数量、未受人为破坏的自然遗迹范围、天然林覆盖率、天然林蓄积量、天然草地植被盖度、天然湿地面积占比、天然荒漠植被盖度、未利用海域面积占比、海洋自然岸线保有率、重点野生生物物种种数保护率、物种丰富度、水源涵养、水土保持、防风固沙、水质达标率、核心保护区开发建设用地面积、核心保护区外来入侵物种入侵度、核心保护区农业用地面积、一般控制区开发建设用地面积、一般控制区外来入侵物种入侵度、一般控制区农业用地面积等 22 个评估指标。

采用专家咨询法、典型自然保护区试点评估、自然保护区管理部门意见征询等方法，进一步形成了自然保护区生态环境保护成效评估技术体系，主要包括特征分析，选取指标和获取数据，建立评估数据集，指标计算与分析，形成评估分数、等级和问题清单，编写保护成效评估报告等环节（图 9-4）。

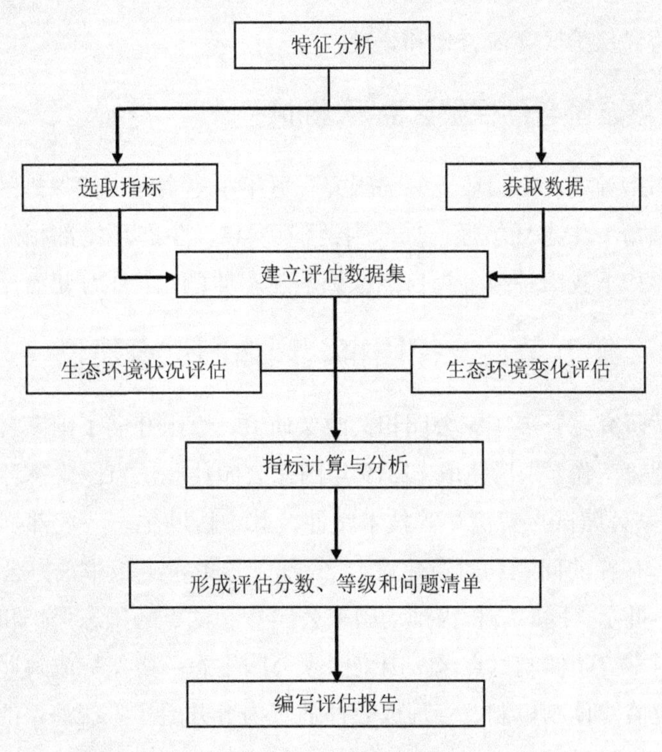

图 9-4　自然保护区生态环境保护成效评估技术体系

三、开展自然保护区管理与保护成效评估

2017 年以来，中国环境科学研究院先后完成了长江经济带、秦岭区域以及黄河流域国家级自然保护区评估工作方案、评估报告等技术文件。2017—2018 年，为贯彻落实习近平总书记对长江经济带“共抓大保护，不搞大开发”指示精神，切实做好长江经济带生态环境保护工作，完成了长江经济带 120 处国家级自然保护区管理评估工作。2019 年，对秦岭区域河南、陕西、甘肃三省 25 处国家级自然保护区开展了保护成效评估，进一步突出了对生态系统完整性、主要保护对象动态变化、生态系统服务以及主要威胁因素等方面的评估。2020 年，为贯彻落实习近平总书记在黄河流域生态保护和高质量发展座谈会上的重要讲话精神，完成黄河流域 20 处国家级自然保护区管护成效评估工作。

四、支撑中俄跨界保护区合作研究

为支撑召开中俄跨界保护区和生物多样性保护工作组会议，中国环境科学研究院编制《中俄跨界保护区和生物多样性保护工作组年度工作进展报告》等文件，推动签署会议纪要并上报中俄环保分委会。同时，每年与黑龙江兴凯湖、黑龙江三江、黑龙江洪河、黑龙江八岔岛、吉林珲春东北虎、吉林汪清、内蒙古呼伦湖 7 个中俄跨界自然保护区开展合作研究，推动中俄跨界保护区交流合作和建设。

五、组织开展全国自然保护区监管培训班

在生态环境部指导下，中国环境科学研究院每年承办全国自然保护区监管培训班，各省（自治区、直辖市）生态环境厅（局）、各督察局以及生态环境部相关直属单位的人员参加培训，就新形势下我国各级各类自然保护地生态环境监管工作进行培训研讨。

第五节　支撑国家公园体制试点建设

中国环境科学研究院开展国家公园相关政策研究，组织开展了国家公园体制试点区生态环境保护专项调研工作。先后完成《2019 年国家公园体制试点区生态环境保护和监管专项调研报告》《国家公园试点案例》等技术文件，其中协助生态环境部撰写《国家公园体制试点建设进展、存在的问题和对策建议》，经部领导批示上报中央办公厅、国务院办公厅，获得中央领导批示。同时，积极推动国家公园体制试点区生态保护和监管工作，在三江源、钱江源等国家公园体制试点区，围绕国家公园生态环境保护成效评估、生态环境综合执法、生态环境监管体制机制、管理成效评估等内容开展了系统深入的研究。